动物标准化检疫技术

田纯见 主编

中国农业出版社

北 京

图书在版编目（CIP）数据

动物标准化检疫技术 / 田纯见主编. -- 北京：中
国农业出版社，2024.9. -- ISBN 978 - 7 - 109 - 32664 - 4

Ⅰ. S851.34 - 65

中国国家版本馆 CIP 数据核字第 2024W316B1 号

动物标准化检疫技术

DONGWU BIAOZHUNHUA JIANYI JISHU

中国农业出版社出版

地址：北京市朝阳区麦子店街 18 号楼

邮编：100125

责任编辑：廖　宁

版式设计：杨　婧　　责任校对：吴丽婷

印刷：中农印务有限公司

版次：2024 年 9 月第 1 版

印次：2024 年 9 月北京第 1 次印刷

发行：新华书店北京发行所

开本：787mm×1092mm　1/16

印张：14.75

字数：365 千字

定价：98.00 元

主　编　田纯见

副主编　梅明珠　刘建利　李群辉　秦智锋　丁　宁
　　　　王连想　鱼海琼

参　编（按姓氏笔画排序）
　　　　马保华　王　莹　王国胜　卢体康　朱广勤
　　　　朱道中　刘永松　刘志玲　孙　洁　李　明
　　　　李　健　杨舒展　吴晓薇　佟铁柱　陈　芳
　　　　陈　兵　陈　茹　陈永红　林志雄　罗　琼
　　　　段瑜燕　康　伟　曾　潇　曾少灵

FOREWORD ——————————————前言

　　动物标准化检疫技术是官方兽医按照法律规定，采用规范的检疫方法和程序对动物和动物产品进行疫病检查和处理的流程。通过运用标准化检疫技术，可以确保动物及其产品的质量安全，预防动物疫病的传播，从而保护人类健康和生态环境的平衡。

　　本书针对我国动物检疫标准化实践方法的特点，强调了实验室建设在标准化过程中的重要作用，并提供了有关能力验证和SPS评议方法的有益建议。此外，还深入探讨了血清学和核酸检测的标准化和质量控制方法。本书的目标是阐明动物标准化检疫技术的意义、应用范围、技术要求及未来发展的趋势，以向读者提供有关动物标准化检疫技术的最新和最全面的信息。

　　我国农业农村部和海关总署公告第256号列出了一类动物传染病、寄生虫病16种，大多数在世界动物卫生组织发布的最新版《陆生动物卫生法典》及《陆生动物诊断试验和疫苗手册》中都有详细介绍。本书更新了这些重大动物疫病的诊断、监测和疫苗使用方面的知识，并考虑到我国动物和动物产品国际贸易的情况，借鉴并分析了美国等国家动物检疫标准化实践和特点，以提高我国在该领域的综合实力。

　　本书在编写过程中，采用了知识增强大语言模型。这一模型能够实现与人对话互动、回答问题、协助创作，并可以高效便捷地帮助人们获取信息、知识和灵感。此外，通过运用该模型，我们成功确保了图书内容的准确性，避免了将谬误传递给读者。这一技术使读者能够更加轻松、高效地理解和掌握图书内容，进而改善了整体的阅读体验。

　　作者在早期完成2项动物检疫行业标准［《进境种猪指定隔离检疫场建

设规范》（SN/T 2032—2019）、《禽偏肺病毒感染检疫技术规范》（SN/T 5280—2020)］的基础上，获得广东省实施标准化战略专项资金的支持并出版本书。在此，表示衷心感谢。

由于编写时间紧迫以及编者水平有限，书中疏漏之处在所难免，恳请读者指正并提出宝贵的建议。

编　者

2024 年 5 月

CONTENTS
目录

Chapter 1

第一章

动物标准化检疫技术的基本概念

　　动物标准化检疫是指为了预防、控制动物疫病的传播、扩散和流行，保护动物生产和人体健康，遵照国家法律，运用强制性手段，由法定的机构、法定的人员，依照法定的检疫项目、标准和方法，对动物及其产品进行检查、定性和处理的技术行政措施。

　　中国的动物检疫历史可以追溯到清朝末年。1840 年第一次鸦片战争之后，资本主义国家入侵，西方的文化、医学不断渗透和传入中国，中国与外国的经济贸易往来明显增加，一些外国动物（如火鸡等）也开始引进到中国，同时一些动物疫病也被传入中国。为了预防和控制动物疫病的传播与扩散，保护动物生产和人体健康，动物检疫开始逐渐发展。1992 年 4 月 1 日，《中华人民共和国进出境动植物检疫法》（以下简称《进出境动植物检疫法》）正式实施，这是中国涉外经济的一部重要法律，也是进出境动植物检疫的基本法。进出境动植物检疫工作的主要目的是防止动物传染病、寄生虫病和植物危险性病、虫、杂草以及其他有害生物传入、传出国境，保护农、林、牧、渔业生产和人体健康，促进对外经济贸易的发展。

　　1997 年 7 月 3 日，第八届全国人民代表大会常务委员会第二十六次会议审议通过了《中华人民共和国动物防疫法》，为动物检疫提供了法律基础。2007 年 8 月 30 日和 2021 年 1 月 22 日，对 1997 版动物防疫法进行两次修订，动物检疫工作得到了进一步的完善。2022 年 9 月 7 日，农业农村部令 2022 年第 7 号公布《动物检疫管理办法》，自 2022 年 12 月 1 日起施行，进一步规范了动物检疫工作。

第一节　动物检疫类别

　　动物检疫可以根据不同的分类方式进行分类。按照检疫的时间先后可分为出境检疫、入境检疫和过境检疫，出境检疫是指动物或动物产品离开生产地之前所进行的检疫；入境检疫是指动物或动物产品进入国境或国境口岸时所进行的检疫；过境检疫是指动物或动物产品途经一国国境时所进行的检疫。按照检疫的对象分为动物检疫和动物产品检疫，动物检疫是指对动物进行检疫，包括屠宰检疫；动物产品检疫是指对动物产品进行检疫。按照检疫的性质分为预防检疫、紧急检疫、出境检疫、入境检疫和过境检疫，预防检疫是指为了预防疫病传入或传播，对动物或动物产品进行的检疫；紧急检疫是指为了紧急防止或控制疫病的传播，对动物或动物产品进行的检疫。按照检疫的手段分为临床检疫和实验室检疫，临床检疫是指通过观察动物或动物产品的临床症状和病理变化，进行检疫；实验室检疫是指通过实验室检测，如微生物学检测、血清学检测、病理学检测等进行检疫。

　　以上是动物检疫的常见分类方式，不同类型的检疫在时间和对象上有所不同，目的是保障公共卫生安全和动物福利。

一、进境检疫

　　对进口的动物、动物产品和其他检疫物，在入境前，输出国官方已经向中国官方通报，并经过风险评估，且在中国海关总署注册登记，方可进入中国。进境检疫包括检疫准入、检疫审批、境外预检、指定口岸、口岸查验、检疫处理、后续监管等过程。

1. 进口动物来源

为满足国内市场需求，我国从国外进口大量的动物及动物产品，其中以牛、羊、奶牛等偶蹄动物及其肉、毛、皮革等动物产品为主。进口动物在离开输出国启运前、在运输中以及抵达进口国入境时，须接受进境动物检疫。

2. 进境动物检疫的法律法规

我国进境动物检疫工作必须根据我国的法律法规进行。《进出境动植物检疫法》《进出境动植物检疫法实施条例》等法律法规是指导我国进境动物检疫工作的重要依据。

3. 进境动物检疫的措施

我国进境动物检疫措施包括强制性认证、隔离检疫、临床检查、采样和实验室检测等。进境动物必须在海关监管下采集样品进行核酸和血清学检测，同时根据动物种类、来源地、运输方式等情况进行一定时间的隔离检疫。在隔离期间，海关将进行健康状况、行为表现、饮食状况等方面的观察，确保进境动物能够适应新的环境，并且不携带疫病。

4. 进境动物检疫的疾病种类

2020 年 1 月 15 日，农业农村部会同海关总署发布了《中华人民共和国进境动物检疫疫病名录》，确定了 211 种进境动物检疫疫病，其中一类传染病、寄生虫病 16 种，二类传染病、寄生虫病 154 种，其他传染病、寄生虫病 41 种。这些疾病对我国的畜牧业生产、公共卫生安全都可能造成严重的威胁。因此，我国海关会根据国际动物疫病疫情动态，严格把关进境动物的检疫工作，保障国内畜牧业和公共卫生的安全。

二、出境检疫

对出口的动物、动物产品和其他检疫物，在出口前应进行出境检疫，包括报检、查验、出证等过程。

1. 出口动物及动物产品

我国出口的动物及动物产品主要包括猪、牛、羊、家禽、肉类、乳制品、水产品等，这些出口产品主要面向港澳台地区以及东南亚、欧洲、美洲等国家。为确保出口动物及动物产品的质量和安全，我国对出口动物及动物产品实施了严格的出境动物检疫。

2. 出境动物检疫的法律法规

我国出境动物检疫工作必须根据我国的法律法规进行。《进出境动植物检疫法》《进出境动植物检疫法实施条例》等法律法规是指导我国出境动物检疫工作的重要依据。《供港澳活禽检验检疫管理办法》旨在防止动物传染病、寄生虫病传播，确保供港澳活禽卫生和食用安全。该办法规定国家出入境检验检疫部门统一管理全国供港澳活禽的检验检疫工作和监督管理工作，国家检验检疫部门设在各地的直属出入境检验检疫机构负责各自辖区内的供港澳活禽饲养场的注册、疫情监测、启运地检验检疫和出证及监督管理工作。

3. 出境动物检疫的措施

我国对出口动物及动物产品实施了强制性认证、疫病检测、饲养管理、加工处理等方式，确保出口动物及动物产品的质量和安全。在出口之前，养殖场和加工厂必须向当地动物检疫部门申请出口许可证，并且接受出境动物检疫部门的现场检查和样品抽检。同时，出口动物及动物产品在运输过程中也需接受出境动物检疫部门的监管。

4. 出境动物检疫的疾病种类

我国出境动物检疫涉及的疾病种类包括非洲猪瘟、口蹄疫、疯牛病、禽流感、猪瘟等。这些疾病不仅会影响出口国国内的畜牧业生产，还可能对进口国造成严重的疫情威胁。因此，我国出境动物检疫部门会根据国际动物疫病疫情动态，严格把关出口动物的检疫工作，确保出口动物及动物产品的质量和安全。

三、过境检疫

对过境的动物、动物产品和其他检疫物，在入境前，向输出国官方申报，并经过风险评估，方可进入中国。过境检疫包括运输工具、装载容器、途经路线、司机和随车人员以及押运人员的查验等过程。

1. 过境动物检疫的法律法规

我国过境动物检疫工作必须根据我国的法律法规进行。《进出境动植物检疫法》《进出境动植物检疫法实施条例》等法律法规是指导我国过境动物检疫工作的法律依据。

2. 过境动物检疫的任务

我国过境动物检疫的主要任务是确保过境动物及其产品符合我国及目的地的法律法规和标准要求，保障过境动物的卫生安全和公共卫生安全。

3. 过境动物检疫的措施

我国对过境动物及其产品实施了强制性的过境动物检疫，主要包括以下环节：货主或代理人向海关申请过境货物运输计划、申请过境动植物检疫许可证、过境动植物及其产品在指定口岸接受查验和抽样检测、在指定隔离场或指定监管场所接受监管等。同时，根据风险评估结果和目的地要求，对部分过境动物及其产品实施了指定口岸入境、指定监管场所监管等措施。

4. 过境动物检疫的疾病种类

我国过境动物检疫涉及的疾病种类包括非洲猪瘟、口蹄疫、疯牛病、禽流感、猪瘟等。这些疾病不仅会影响过境动物的健康和安全，还可能对我国的畜牧业生产和公共卫生安全造成威胁。因此，我国海关对过境动物及其产品实施严格的过境动物检疫，确保其符合我国及目的地的法律法规和标准要求。

四、携带、邮寄物检疫

应对出入境人员携带、邮寄的动物、动物产品和其他检疫物进行查验、检疫处理等。

1. 携带、邮寄物动物检疫的法律法规

我国对携带、邮寄物动物检疫工作有明确的法律依据，包括《进出境动植物检疫法》《进出境动植物检疫法实施条例》等。需要注意的是，最新的《网络交易监督管理办法》已于2021年5月1日起施行，原国家工商行政管理总局2014年发布的《网络交易管理办法》同时废止。新的《网络交易监督管理办法》进一步细化了网络交易主体的范围和定义，并明确规定了网络交易经营者、网络交易平台经营者、网络交易秩序监督者的相关责任和义务，保障网络交易的合法权益，促进电商经济的健康发展。

2. 携带、邮寄物动物检疫的任务

我国对携带、邮寄物动物检疫的主要任务是防止携带、邮寄的动物及其产品带有疫病传播的风险，保障国内畜牧业和公共卫生安全。

3. 携带、邮寄物动物检疫的措施

我国海关对携带、邮寄物动物及其产品实施严格的检疫，主要包括现场检查、取样检测、隔离检疫等。在携带、邮寄物动物及其产品入境后，海关会对其中的动物及其产品进行现场检查，并抽取样品进行核酸检测和隔离检疫。在隔离期间，海关将进行健康状况、行为表现、饮食状况等方面的观察，确保携带、邮寄的动物及其产品符合我国的法律法规和标准要求。

4. 携带、邮寄物动物检疫的疾病种类

我国对携带、邮寄物动物检疫涉及的疾病种类包括非洲猪瘟、口蹄疫、疯牛病、禽流感、猪瘟等。这些疾病不仅会影响携带、邮寄物动物的健康和安全，还可能对我国的畜牧业生产和公共卫生安全造成威胁。因此，我国海关对携带、邮寄物动物及其产品实施严格的检疫措施，确保其符合我国法律法规和标准要求。

五、运输工具检疫

对出入境运输动物、动物产品和其他检疫物的运输工具进行卫生检查和必要的卫生处理等过程。

1. 运输工具动物检疫的法规

我国对运输工具动物检疫工作有明确的法律依据，包括《进出境动植物检疫法》《进出境动植物检疫法实施条例》等。

2. 运输工具动物检疫的任务

我国对运输工具动物检疫的主要任务是防止运输工具上携带的动物疫病传入我国，保障国内畜牧业和公共卫生安全。

3. 运输工具动物检疫的措施

我国海关对来自动物疫区的运输工具实施严格的检疫，主要包括以下环节：现场检查、取样检测、隔离检疫等。在运输工具入境后，海关会对运输工具进行现场检查，并抽取样品进行核酸检测和隔离检疫。在隔离期间，海关将进行有关动物的健康状况、行为表现、饮食状况等方面的观察，确保运输工具上携带的动物及其产品符合我国的法律法规和标准要求。

4. 运输工具动物检疫的疾病种类

我国对运输工具动物检疫涉及的疾病种类包括非洲猪瘟、口蹄疫、疯牛病、禽流感、猪瘟等。这些疾病不仅会影响运输工具上携带的动物的健康和安全，还可能对我国的畜牧业生产和公共卫生安全造成威胁。因此，我国海关对来自动物疫区的运输工具实施严格的检疫措施，确保其符合我国法律法规和标准要求。

第二节 动物检疫主要技术

动物检疫主要技术的用途是为了防止动物传染病的发生和传播，保障畜牧业生产和公共卫生安全。通过动物检疫，可以及时发现病原体，并采取相应的隔离、治疗、消毒等措施，防止疫情扩散。还可以用于动物及其产品的质量安全检测。例如，通过对动物及其产品的病原学、血清学、病理学等检测，可以确定其是否符合国家或地区的卫生标准和质量要求。此外，动物检疫还可以为畜牧业生产提供技术支撑和指导，帮助企业加强疫病防控和质量管理，提高生产效益和市场竞争力。

一、临床观察

临床观察是通过观察动物的一般状况、体表、呼吸、排泄物等来判断动物疫病的方法。动物检疫中的临床观察是通过对动物的外观、行为、食欲、饮水、呼吸、体温、脉搏、粪便等指标进行观察。观察可以采取群体检查和个体检查两种方式。群体检查是将来自同一地区或同一批的动物划为一群，或以圈为一群进行检查。对禽、兔、犬可按笼、箱划分进行群检。个体检查是对在群体检查中剔除的有病或疑似有病动物，仔细进行个体临床检查。对群体检查中判为无病的动物，必要时还应抽样 5%～20% 做个体检查。如果发现传染病时应再抽检 10%，或全部进行个体检查。

二、病原学检验

实验室检验是通过各种检验方法和技术，来进一步确定动物疫病的种类和程度。在实验室检验中，常用的方法包括细菌学检测、病毒学检测、免疫学检测、分子生物学检测等。细菌学检测是通过分离培养和鉴定病原体，从而确定动物是否感染某种细菌性疾病。病毒学检测则是通过检测动物体内的病毒或其抗原或抗体，从而诊断动物是否感染某种病毒性疾病。免疫学检测是通过检测动物体内的免疫反应，辅助诊断疫病。分子生物学检测是通过检测动物体内病原体的核酸，从而确定动物是否感染某种疫病。

三、分子诊断

分子诊断是通过检测动物体内病原微生物的遗传物质来判断动物疫病的方法。先采集病料，如动物的血液、分泌物、组织等。对采集的病料进行处理，如分离核酸、研磨组织等。进行相应的实验室检测项目，如核酸提取、PCR 检测、实时荧光定量核酸扩增、高通量核酸测序等。根据实验室检测结果，结合动物的临床表现及病理特征，作出诊断。如果确诊为某种疫病，及时采取相应的措施，如隔离、治疗、消毒等，以防止疫病的扩散和传播。

在分子诊断中，常用的方法包括 PCR 检测、测序检测等。PCR 检测是通过检测动物体内核酸的特异性片段，从而确定动物是否感染某种疫病。测序检测则是通过检测动物体内核酸的序列，从而诊断疫病。同时，其他实验室检测也是必不可少的，能够提供更加准确、可靠的诊断结果。因此，在动物检疫中，分子诊断是一个综合性的过程，需要结合多方面的因素进行判断。

四、免疫学诊断

免疫学诊断是通过检测动物体内病原微生物的抗体或免疫细胞来判断动物疫病的方法，

如 ELISA、免疫荧光技术、凝集试验、沉淀试验、中和试验等。先采集病料，如动物的血液、分泌物、组织等。对采集的病料进行处理，如分离血清、研磨组织等。进行相应的实验室检测项目，如血清学检测、免疫学检测等。根据实验室检测结果，结合动物的病变表现及病理特征，作出诊断。如果确诊为某种疫病，及时采取相应的措施，如隔离、治疗、消毒等，以防止疫病的扩散和传播。

在动物检疫中，免疫学诊断是一个综合性的过程，需要结合多方面的因素进行判断。常用的方法包括血清学检测和免疫学检测。血清学检测是通过检测动物血清中的特异性抗体，从而确定动物是否感染某种疫病。免疫学检测则是通过检测动物体内抗原或抗体的变化，辅助诊断疫病。同时，其他实验室检测也是必不可少的，能够提供更加准确、可靠的诊断结果。

五、病理学诊断

病理学诊断是通过观察动物病变的组织器官和形态特征来判断动物疫病的方法，如组织切片、电子显微镜观察等。对发病群中具有代表性的动物进行剖检、取材，并及时送至实验室。根据临床初步诊断，进行相应的实验室检测项目，如病理学检测、微生物学检测等。根据实验室检测结果，结合动物的病变表现及病理特征，作出诊断。如果确诊为某种疫病，及时采取相应的措施，如隔离、治疗、消毒等，以防止疫病的扩散和传播。

在动物检疫中，病理学诊断是一个重要的环节，需要兽医病理学知识和实验室检测的结合。兽医病理学知识是基础，需要了解动物疾病的病变表现及病理特征，包括形态学和组织学等方面的知识。同时，实验室检测也是必不可少的，能够提供更加准确、可靠的诊断结果。因此，在动物检疫中，病理学诊断需要结合多方面的因素进行判断，包括临床症状、病理变化、病原学检测和免疫学检测等。

六、疫苗接种

疫苗接种是通过接种适当的疫苗来预防和控制动物疫病的方法。动物检疫要进行疫苗接种的原因主要是为了控制疫病发生。疫苗接种是一种预防性措施，通过疫苗接种可以增强动物对疫病的抵抗力，降低疫病发生的可能性。在动物饲养过程中，疫苗接种可以有效地保护动物的健康，减少动物的死亡率，提高养殖效益。同时，疫苗接种也有利于保护公共卫生安全，避免疫病的传播和扩散。在疫苗接种过程中，须严格按照操作规范进行，避免交叉感染。动物疫苗接种常用方法如下。

1. 皮下注射法

牛、马、羊等大动物在颈侧中 1/3 处，猪在耳后或股内侧，禽在颈背部下 1/3 处接种。

2. 肌肉注射法

牛、马、猪等大动物在臀部和颈部，羊、犬、兔在颈部，鸡在腿部和胸部肌肉接种。

3. 气雾法

适用于鸡、鸭、鹅等禽类疫苗接种，须关闭禽舍的通风口，让疫苗在封闭环境下自由扩散。

4. 刺种法

适用于鸡、鸭、鹅等禽类疫苗接种，用刺种针蘸取稀释的疫苗，于翅膀内侧三角无血管处皮下刺种。

5. 滴鼻、点眼法

适用于幼禽、幼畜疫苗接种，将疫苗滴于或点于鼻孔或眼内。

6. 黏膜涂擦法

适用于鸡、鸭、鹅等家禽的疫苗接种，将疫苗涂擦在泄殖腔黏膜。

七、综合诊断

综合诊断是综合利用以上多种方法和技术来判断动物疫病的方法。动物检疫的综合诊断可以通过以下步骤开展。

（1）对问诊所得资料进行分析，初步判断动物可能存在的疾病类型。

（2）进行视诊，从畜群中发现病畜，观察动物的外观、行为、食欲、饮水、呼吸、体温、脉搏、粪便等指标，对病变组织进行初步的定位和定性。

（3）采集病料，如动物的血液、分泌物、组织等，进行实验室检测，如病理学检测、免疫学检测、分子生物学检测等，确定动物疫病的病原。

（4）结合动物的病变表现及病理特征，作出诊断，及时采取相应的措施，如隔离、治疗、消毒、紧急接种等，以防止疫病的扩散和传播。

在综合诊断中，组织病理学检测和血清学检测是常用的检测方法。组织病理学检测通过对病变组织的观察和分析，确定动物疫病的病原。血清学检测则是通过检测动物血清中的特异性抗体，从而确定动物是否感染某种疫病。同时，实验室检测也是必不可少的，能够提供更加准确、可靠的诊断结果。因此，在动物检疫中，综合诊断是一个综合性的过程，需要结合多方面的因素进行判断。

第三节　动物检疫主要法律法规

动物检疫法律法规的用途是规范动物检疫行为，防止动物传染病的发生和传播，保障畜牧业生产和公共卫生安全。动物检疫法律法规规定了哪些动物需要进行检疫，以及检疫的具体疾病和标准，确保动物及其产品的安全和卫生。规定了动物检疫的方式和方法，包括临床检查、实验室检测、隔离观察等，确保检疫过程的科学性和准确性。发现动物传染病时需要采取的措施，如隔离、治疗、消毒等，以及动物及其产品的处理和处置方式。动物检疫机构和从业人员的职责和义务，以及违反法规的处罚和责任追究机制，确保动物检疫行为的规范性和合法性。

总之，动物检疫法律法规是保障畜牧业生产和公共卫生安全的重要法律文件，通过规范动物检疫行为，防止动物传染病的发生和传播，保障动物及其产品的质量安全，为维护公共卫生安全和促进畜牧业发展提供了法律保障。

一、《中华人民共和国进出境动植物检疫法》

这是中国出入境动物检疫的基本法，于1992年实施，规定了进出境动物、动物产品和其他检疫物的检疫对象、标准、程序等。自实施以来，国务院有关部门和地方人民政府制定了 160 余部配套法规和规章，形成了较为完善的法律法规体系。进出境动植物检疫执法监管不断强化，有效防范了动植物疫情风险，国门生物安全保障能力显著提高。同时，我国动植物疫情对外传播和影响其他国家的风险大幅降低，先后顺利完成了 40 多个双边议定书或国际协议的履约任务，与欧盟、俄罗斯、美国等十多个国际组织或国家建立了合作关系，为有关国家提供疫情信息和检测鉴定，为国际动物疫情应对提供了支持。

二、《中华人民共和国动物防疫法》

这是为了加强对动物防疫活动的管理，预防、控制、净化、消灭动物疫病，促进养殖业发展，防控人畜共患传染病，保障公共卫生安全和人体健康，制定的一部法律。该法律于 1997 年 7 月 3 日第八届全国人民代表大会常务委员会第二十六次会议通过，2007 年 8 月 30 日第十届全国人民代表大会常务委员会第二十九次会议第一次修订，2013 年 6 月 29 日第十二届全国人民代表大会常务委员会第三次会议第一次修正，2015 年 4 月 24 日第十二届全国人民代表大会常务委员会第十四次会议第二次修正，2021 年 1 月 22 日第十三届全国人民代表大会常务委员会第二十五次会议第二次修订。

该法律的修订实施，对于保障我国养殖业生产安全、动物源性食品安全、公共卫生安全及生态环境安全具有十分重要的作用，是涉农法律制度中带有基础性的重要法律。

三、《中华人民共和国动物检疫管理办法》

这是中国动物检疫的具体实施办法，于 2007 年和 2010 年进行了 2 次修订，明确了动物检疫的申请、受理、审核、实施、出证等环节的程序和要求。最新版已于 2022 年 8 月 22 日农业农村部第 9 次常务会议审议通过，自 2022 年 12 月 1 日起施行。该办法适应机构改革、"放管服"改革等新形势新要求，在动物检疫证明上优化了"动物流向"填写方式，不再具体明确"饲养场"等字样，改由省份、货主、动物产品生产企业等简单信息组成，以最大程度便利产地检疫和跨省调运。同时，强化了信息化管理，要求官方兽医实施动物检疫签发电子检疫证明，推动实现电子出证、亮证。

此外，在完善管理要求方面，新增了屠宰场"派驻官方兽医"的检疫管理规定；完善了跨省调运种用、乳用动物落地后活动的监管要求；整合了运输环节监管要求，将原办法中的运输环节监管措施进行整合，简化了动物落地监管措施。

该办法的公布和实施，将进一步提高动物检疫的效率和水平，为畜牧业的发展和公共卫生安全提供更好的保障。

四、《出入境检验检疫机构实施检验检疫的进出境商品目录》

这是中国海关总署根据国际标准和中国动物检疫法规，制定的进出境动物、动物产品和其他检疫物的检验检疫标准，包括具体的商品名称、HS 编码、检验检疫标准等内容，是海关凭验检疫机构签发的通关单放行进出口商品的依据。其最新版本可以在海关总署的官方网站上查询获取。

根据《出入境检验检疫机构实施检验检疫的进出境商品目录》内的进出口商品种类，海关对于《出入境检验检疫机构实施检验检疫的进出境商品目录》内的进出口商品，实施检验检疫。海关对法定检验的出口商品实行抽查检验。列入《出入境检验检疫机构实施检验检疫的进出境商品目录》的进出口商品，在办理进出口商品检验检疫时，必须向海关提交《入境货物通关单》或《出境货物通关单》。

五、其他相关法规和规定

除了上述法规之外，动物检疫的其他相关法规和规定包括但不限于：

1.《动物疫病分类》

《动物疫病分类》是由农业农村部发布的，于 2019 年 12 月 1 日实施。该标准规定了动物疫病的分类原则、分类方法和疫病名录，适用于动物疫病的分类、疫源调查、疫情监测、流行病学研究等工作。根据动物疫病的流行情况、危害程度、病原类型、诊断方法、净化措施等，将动物疫病分为一类、二类、三类，共 126 种。其中，一类动物疫病包括口蹄疫、猪水疱病、猪瘟、非洲猪瘟等；二类动物疫病包括猪流行性感冒、牛流行性感冒等；三类动物疫病包括猪丹毒、猪肺疫等。该标准是中国动物疫病分类的基础，对于指导动物疫病的预防、控制和净化具有重要意义。

2.《动物疫病区域化管理办法》

农业农村部制定了该办法，规范了动物疫病区域化管理的实施程序和要求，提高了动物疫病防控的效果。《动物疫病区域化管理办法》的最新版于 2022 年 3 月 3 日起正式施行。该办法是农业农村部为了加强动物疫病防控，促进动物及其产品的流通和贸易，维护公共卫生安全，制定的部门规章。

该办法规定了动物疫病区域化的管理原则、目标和基本要求，以及动物疫病的区域划分、动物及其产品的检疫和监督管理等方面的具体要求。同时，该办法还明确了对违反规定的行为的处罚措施。

最新版的《动物疫病区域化管理办法》可以在中华人民共和国农业农村部官方网站上查询获取。

3.《畜禽标识和养殖档案管理办法》

《畜禽标识和养殖档案管理办法》的最新版是 2022 年 1 月 7 日农业农村部第 1 次部务会审议通过，自 2022 年 7 月 1 日起施行。该办法规定了畜禽标识和养殖档案管理的原则、管理和监督责任、标识的种类和编码方法、标识的领取和使用、养殖档案的建立和记录要求等。该办法适用于中华人民共和国境内的畜禽标识和养殖档案管理工作。最新版的《畜禽标识和养殖档案管理办法》可以在中华人民共和国农业农村部官方网站上查询获取。

4.《畜禽屠宰卫生管理条例》

《畜禽屠宰卫生管理条例》是中华人民共和国国务院发布的一部行政法规，自 2021 年 8 月 1 日起施行。该条例旨在加强畜禽屠宰的卫生管理，保证畜禽产品质量安全，保障公众身体健康。

该条例规定了畜禽屠宰场所的卫生要求，包括选址、设计、设施设备、消毒清洁等方面；明确了屠宰畜禽的检疫和监督要求，包括检疫证明、检疫标志、监督检查等方面；规定了违反条例的处罚措施。

该条例适用于中华人民共和国境内的畜禽屠宰活动及其监督管理。对于畜禽屠宰场所，应当遵守国家有关标准和规定，确保场所的卫生和安全。对于畜禽屠宰活动，应当依法进行检疫和监督，确保产品质量安全和公众健康。

可访问中国政府网站或相关行业协会网站，以获取最新版本的《畜禽屠宰卫生管理条例》的相关信息。

5.《食品动物禁用的兽药及其他化合物清单》

《食品动物禁用的兽药及其他化合物清单》的最新版是由农业农村部于 2020 年 12 月 15 日发布，可在农业农村部官方网站上查询获取，用于限制食品动物使用的兽药和其他化合物，以确保动物性食品的安全和质量。该清单禁止在食品动物饲养过程中使用一些兽药和其他化合物，保障畜禽产品的质量安全。

最新版的清单包括 3 个主要方面的内容：一是兽药禁用，某些兽药被禁止用于食品动物，包括抗生素、镇静剂、激素、抗病毒药物等。二是兽药残留限量，某些兽药在动物性食品中的残留量有明确规定，以确保对人体健康的安全。三是禁止使用但易被忽略的化合物，一些非兽药物质，如重金属、环境污染物等，也被禁止用于食品动物。

这些法规和规定共同构成了动物检疫的法律体系，保障了动物疫病的预防和控制，保障了畜禽产品的质量和安全。

第四节　动物检疫主要技术标准

动物检疫的标准化是指将动物检疫工作按照统一的规定和要求实施，包括检疫程序、检测方法、疫病诊断、样品采集、数据处理等方面的标准化。通过标准化，可以提高检疫工作的准确性和可靠性，保证动物及动物产品的质量和安全。

动物检疫主要技术标准在不断发展和更新中。随着科学技术的不断进步和动物检疫实践经验的不断积累，一些旧的标准和规定已经不能满足当前的需要，新的技术和标准也在不断涌现。例如，在病原学检查方面，随着分子生物技术的发展，PCR 技术、基因测序等技术已经被广泛应用于病原体检测和鉴定中。在免疫学检查方面，随着免疫学技术的不断发展，免疫荧光抗体检测、酶联免疫吸附试验等技术也在不断改进和优化。在病理学检查方面，随着病理学技术的不断进步，组织切片制作、染色、观察、诊断等方面的技术也在不断改进和更新。在血清学检查方面，随着血清学技术的不断发展，抗体检测、血清学试验等技术也在不断改进和优化。此外，随着国际动物检疫交流的不断加强，国际标准的引入和借鉴也在不断增加，我国动物检疫技术标准也在逐步与国际接轨。

总之，动物检疫主要技术标准在不断发展和更新中，将不断满足动物检疫实践的需要，为预防和控制动物传染病的发生和传播，以及保障动物及其产品的质量安全提供更加科学和有效的技术支撑。

一、国家标准

国家标准是指由国家认可并发布的标准。国家标准分为强制性国家标准和推荐性国家标准。对保障人身健康和生命财产安全、国家安全、生态环境安全以及满足经济社会管理基本需要的技术要求，应当制定强制性国家标准。例如，《实验动物　微生物、寄生虫学等级及监测》（GB 14922—2022）为强制性标准，实验动物的微生物和寄生虫控制的水平，是其质量高低及标准化程度的重要标志。要保证实验动物的微生物和寄生虫控制的质量，必须对动物按一定程序进行定期的检测。除了由实验动物提供单位自行监控之外，还应由具有第三方公证地位的质量监督机构，以国家有关部门颁布的标准为准绳，采用国际公认的技术、方法，予以定期的监测和确认。

我国海关和农业部门分别发布了动检领域推荐性动物检疫技术出入境检验检疫（SN）和农业（NY）行业标准，规定了动物检疫申报、受理、实验室检验、检疫出证、动物及动物产品追溯与监管等环节的技术要求。例如，《动物检疫实验室样品管理技术规范》（SN/T 5478）规定了动物检疫实验室样品的接收、传递、使用、保存、调用、转运、处置等方面的要求，适用于动物检疫实验室的样品管理。《猪饲养场兽医卫生规范》（NY/T 3189）用于检测猪戊型肝炎病毒、猪繁殖与呼吸综合征病毒和猪瘟病毒的核酸检测方法。

二、国际标准

动物检疫国际标准是指世界动物卫生组织（WOAH）制定的《国际动物卫生法典》及《诊断试验和疫苗标准手册》中规定的检疫标准。WOAH 具有灵活的标准制修订程序，拥有全球的专家团队和参考实验室网络，以确保其技术标准的先进性，在保护全球动物和人类健康中发挥重要作用。

《国际动物卫生法典》中规定的检疫标准主要包括以下几个方面。

1. 进出口贸易

规定了进出口动物在启运地和目的地需要进行的检疫和隔离程序，以及签发的国际动物卫生证书的要求。这些标准旨在确保进口动物不会将外国病原体带入国内，同时确保出口动物符合进口国家的卫生要求。

2. 疫情应对

描述了发生动物疫情时，对疫点及相关区域采取的隔离、封锁等措施，以防止疫情传播、扩散。这些标准包括如何确认疫情、如何隔离感染动物、如何封锁疫点等相关措施。

3. 风险评估

将国家监测计划的监测结果作为检疫出证的条件，根据不同风险等级制定不同的检疫要求。这些标准要求各国根据动物疫情状况、进出口情况、监测结果等因素进行风险评估，并据此制定相应的检疫措施。

4. 区域化管理

根据不同地区和不同动物种类的疫情情况，实行分区管理和分类管理，确保各地动物卫生状况得到有效控制。这些标准要求各国根据动物疫情状况将境内划分为不同区域，实施不同的检疫和防控措施。

5. 动物疫苗接种计划

规定了动物疫苗接种计划的目标、策略、实施方式等。这些标准旨在提高动物的免疫力，减少动物感染疾病的概率。

6. 动物疫病监测和检测

规定了各种动物疫病的监测和检测方法，包括样品采集、检验方法、检验标准、临床检查、综合诊断、检疫处理等。这些标准旨在及时发现疫情，防止疫情扩散。

7. 人员培训和演习

规定了从事动物检疫和防控工作人员的培训内容和要求，以及定期进行演习的要求。这些标准旨在提高工作人员的能力水平，确保他们能够有效地应对动物疫情。

8. 动物卫生宣传教育

规定了向公众宣传动物卫生知识的相关要求。这些标准旨在提高公众对动物疫病的认识，增强他们的防范意识。

这些国际标准在保护全球动物和人类健康方面起着重要作用。各国应该遵守这些标准，并按照国际标准制定和实施本国的动物检疫标准。

三、国内外标准接轨与推广应用

动物检疫技术国内外的标准接轨是一个复杂而又必要的过程，需要我们不断学习和探索，加强实践和交流，以实现国内动物检疫技术与国际标准的顺利接轨。

1. 步骤

动物检疫技术国内外的标准接轨，涉及将国内的动物检疫要求与国际标准对接。这需要进行一些步骤：①了解国内动物检疫技术和标准。包括对国内动物检疫的流程、方法、技术要求、相关法律法规等进行详细的研究和理解。②研究国际动物检疫标准和要求。包括了解国际动物检疫的流程、技术、法律法规，以及与国内动物检疫的异同点。③对比分析国内与国际动物检疫标准的差异。找出国内标准和国际标准之间的差异，分析这些差异的原因和影响。④制定与国际标准接轨的策略和方案。根据对比分析的结果，制定与国际标准接轨的策略和方案，包括如何调整或修改国内标准和要求，以达到与国际标准接轨的目标。⑤执行与国际标准接轨的方案。将制定的策略和方案付诸实践，并进行实时监控和调整，以确保与国际标准的顺利接轨。

2. 注意事项

在动物检疫技术标准接轨的过程中，还需要注意以下几点：①加强与国际动物检疫组织和机构的合作。通过合作交流，了解和学习国际动物检疫的最新技术和要求，促进国内动物检疫技术与国际的接轨。②及时关注国际动物检疫标准的更新和变化。随着科学技术的发展和国际贸易的需要，动物检疫的标准和技术也在不断发展和变化，因此，要及时关注和学习这些更新和变化。③推动国内动物检疫技术的创新和发展。只有通过技术创新和发展，才能不断提高国内动物检疫的技术水平，缩小与国际标准的差距，更好地实现与国际标准的接轨。

3. 推广应用

海关在进出境动植物检疫方面有着非常重要的作用，他们需要依据相关法律法规和标准对进出口动物及动物产品进行检验检疫。具体来说，海关会采取以下措施：①现场检疫。海关会在入境口岸对入境的动物进行现场检疫，包括观察动物的状态、测量体温、检查健康证明等。②隔离检疫。对于入境的动物，海关会根据相关规定将其带至隔离检疫场进行隔离检疫。在隔离期间，海关会对动物进行多次检查、采样，以确保其健康状况。③出入境申报。进出境的动物及其产品需要进行申报，个人携带或邮寄进境的动物、动物产品和其他检疫物，以及出口的动物及其产品，都需要经过海关检验检疫并合格后方可入境或出境。④疫病监测和疫情处理。海关会根据相关法律法规和标准，对进出口动物及其产品进行疫病监测和疫情处理。如果发现疫情，海关会采取相应的措施，如隔离、扑杀、消毒等，以防止疫情扩散。⑤法律法规和标准宣传。海关会通过各种途径宣传进出境动植物检疫方面的法律法规和标准，以提高公众的认知度和遵守度。

总之，海关在进出境动植物检疫方面发挥着非常重要的作用，通过现场检疫、隔离检疫、出入境申报、疫病监测和疫情处理等措施，保障进出口动物及其产品的健康和安全。

Chapter 2

第二章

动物标准化检疫技术的理论基础

　　动物标准化检疫技术的理论基础主要是基于病原微生物学、传染病学、兽医学等多个学科的理论知识和实践经验。在病原微生物学方面，检疫技术主要基于对各种动物疫病的病原微生物的形态、结构、生理、免疫、诊断、预防、控制等方面的研究，从而确定各种病原微生物的特异性指标和特征。在传染病学方面，检疫技术主要基于对各种动物疫病的传播途径、流行病学特征、潜伏期、发病率、病死率等方面的研究，从而确定疫病的传播规律和防控措施。在兽医学方面，检疫技术主要基于对各种动物疫病的诊断方法和治疗措施的研究，从而确定疫病的诊断标准和治疗方案。同时，动物标准化检疫技术还涉及多种现代技术的应用，如现代生物技术、分子生物学技术、免疫学技术、数理统计技术等。这些技术的应用为动物标准化检疫技术的提高提供了强有力的支持。

　　系统论和标准化理论是动物检疫技术标准化的重要理论基础，为制定和实施标准提供了科学依据和指导。动物疫病流行病学理论在动物疫病的预防和控制中起着重要的作用。通过研究动物疫病的流行规律和影响因素，制定科学的预防和控制措施，动物标准化检疫技术可以有效地降低动物传染病的发病率和死亡率，保护养殖业的健康发展。

　　总之，动物标准化检疫技术的理论基础是建立在多个学科的理论知识和实践经验之上的，通过不断研究和实践，不断提高检疫技术的水平和效果，从而保障动物产品的安全和动物健康。

第一节　系　统　论

　　系统论是一种研究系统的结构、特点、行为、动态、原则、规律以及系统间的联系，并对其功能进行数学描述的新兴学科。它的基本思想是把研究和处理的对象看作一个整体系统来对待。系统论的主要任务就是以系统为对象，从整体出发来研究系统整体和组成系统整体各要素的相互关系，从本质上说明其结构、功能、行为和动态，以把握系统整体，达到最优的目标。系统论的应用非常广泛，可以应用于各个领域。例如，在心理学领域，系统论可以帮助我们理解人类心理系统的结构和功能，以及精神活动的变化和发展；在生命科学领域，系统论可以用于研究生命系统的各种特点和规律，如生命系统的开放性和稳定性等；在工程领域，系统论可以用于研究和设计复杂的工程系统，例如交通系统、电力系统等；在经济学领域，系统论可以用于研究经济系统的结构和功能，以及经济系统的动态变化等；系统论是动物标准化检疫技术的理论基础，结合大数据和人工智能时代特点，值得深入探讨。

一、充分利用系统论可实现最优的动物检疫效果

　　系统论是研究系统内部各要素之间和系统与外部环境之间相互作用、相互制约的规律，以实现系统的最佳状态和功能的一种方法论。动物检疫技术标准化是一个系统工程，需要考虑到动物疫病的流行病学特征、检疫操作流程、实验室检测方法等多个方面，因此，需要运用系统论的思想来指导标准化的制定和实施。系统论的思想可以指导动物检疫技术标准化的制定和实施，主要表现在以下几个方面。

1. 整体性

系统论认为系统是由若干个要素组成的有机整体，强调整体大于部分之和。在动物检疫

技术标准化的制定过程中，需要从整体上考虑各种因素，包括动物疫病的种类、流行特点、传播途径、危害程度等，以及动物的品种、年龄、性别、生理状态等，从而制定出科学、全面、可行的标准。

2. 层次性

系统论认为系统是有层次的，每个系统可以划分为更小的子系统，而子系统又可以继续划分。在动物检疫技术标准化的制定过程中，需要明确各个层次的职责和任务，建立不同层次的标准化体系，确保各个层次的标准化工作相互衔接、相互配合。

3. 动态性

系统论认为系统是动态的，系统的状态和行为是随着时间和条件的变化而变化的。在动物检疫技术标准化的实施过程中，需要不断收集和分析数据，对标准进行修订和完善，以适应动物疫病的变化和新的技术手段的出现。

4. 最优化

系统论认为系统的目标是实现系统的最优状态，以达到最优的效果。在动物检疫技术标准化的制定和实施过程中，需要通过不断优化标准化方案，提高标准的科学性、实用性和可操作性，以实现最优的动物检疫效果。

综上所述，系统论的思想可以为动物检疫技术标准化的制定和实施提供重要的指导作用，帮助我们更好地把握动物检疫的整体性和动态性，实现最优的动物检疫效果。

二、系统论在我国动物检疫中取得了显著成效

用系统论的思想指导动物检疫，我国取得了较为显著的成效，有效防止了动物疫病的传播和扩散，保障了畜牧业生产和公共卫生健康。主要包括以下方面。

1. 建立了较为完善的动物检疫体系

我国已经建立了从中央到地方、从法律法规到具体操作的动物检疫体系，使得动物检疫工作能够有序、规范地进行。

2. 强化了动物疫病的监测和预警

我国加强了动物疫病的监测和预警工作，通过及时发现和处理疫情，有效防止了动物疫病的传播和扩散。

3. 加强了跨部门的协作

我国建立了跨部门、跨地区的动物检疫协作机制，加强了各部门之间的沟通和协作，有效提高了动物检疫工作的效率。

4. 强化了基层动物检疫工作

我国加强了基层动物检疫站的建设，提高了基层动物检疫人员的素质和能力，使得基层动物检疫工作能够更加有效地开展。

5. 加强了国际合作

我国积极参与国际动物疫病防控工作，加强了与世界动物卫生组织、联合国粮农组织等国际组织的合作，引进了先进的动物检疫技术和理念，为我国动物检疫工作提供了有力支持。

在用系统论的思想指导动物检疫技术标准化方面，我国也取得了一些成绩。例如，国家

动物疫病防治中长期规划提出了"预防为主、防治结合、统一标准、依法防治"的方针，确定了动物疫病防治的目标和任务，并建立了以动物防疫法为核心的动物防疫法律法规体系，加强了动物疫病防治的能力建设。此外，原农业部还制定了《动物免疫标识管理办法》《动物检疫管理办法》等规章，为动物检疫技术标准化的制定和实施提供了法律依据和保障。

在地方层面，一些省份也积极探索动物检疫技术标准化的新模式，如江苏省推广的"养殖环节病害动物无害化处理补贴"政策，浙江省推广的"先打后补"政策等。这些新模式的探索为全国范围内动物检疫技术标准化的推进提供了经验和借鉴。

总的来说，我国在用系统论的思想指导动物检疫技术标准化方面取得了一些成绩，但还需要不断加强相关法律法规的制定和实施，完善标准化体系，提高动物疫病防治的能力和水平，以保障动物和人类的健康安全。

三、应用系统论可提高口岸检验检疫工作的质量和效率

口岸检验检疫是指检验检疫部门和检验检疫机构依照法律、行政法规和国际惯例等的要求，对出入境货物、交通工具、人员等实施检验检疫、认证、隔离、除害处理等活动。在口岸检验检疫中使用系统论的思想，可以从以下3个方面进行考虑。

1. 系统的结构和功能

口岸检验检疫的对象包括出入境货物、交通工具、人员等，这些对象的结构和功能各有不同，需要根据其特点制定相应的检验检疫方案和措施。

2. 系统的行为和演化

口岸检验检疫需要对各种疫情、有害生物等进行监测和防控，这些疫情和有害生物的行为和演化具有动态性和不确定性，因此需要运用系统论的思想和方法，建立动态的监测和防控机制。

3. 系统的调控和管理

口岸检验检疫需要保证检验检疫工作的质量和效率，同时还需要考虑成本和效益的问题。因此，需要运用系统论的思想和方法，对检验检疫工作进行调控和管理，确保各项措施的有效性和可持续性。

总之，在口岸检验检疫中使用系统论的思想，可以帮助检验检疫部门和机构更好地理解和控制复杂的检验检疫系统，提高检验检疫工作的质量和效率，保障国境安全和经济发展。

第二节　标准化理论

标准化理论在国外的应用情况可以追溯到20世纪。随着第一批网络产业的发展，标准的重要性开始显现出来。20世纪90年代以来，美国、日本及欧洲共同体纷纷斥巨资进行了标准化战略研究，研究的重点领域是信息技术、健康、安全、环保等。这些国家以国际标准为基础制定本国标准已经不是问题，而国际标准的制定能否以其国家标准为基础才是实施国际标准化战略的关键。此外，基础理论形成后，国外标准化的理论研究十分活跃，主要讨论标准的基础功能对技术创新和工业发展的积极和消极作用。

标准影响经济活动的研发支出、生产和市场渗透等多个方面，对推动创新、提高生产率和调整市场结构具有重要影响。标准是技术基础设施的一种形式，有相当多的兼容内容，标准化可以提高技术生命周期内的效率，也可以通过抑制对创造下一个周期的技术创新的投资，将现有的生命周期延长到过渡的程度。虽然标准在生产中的传统经济功能可以限制产品选择，以换取规模经济的成本优势，但先进生产和服务系统常见的其他类型的标准实际上可以促进产品的多样性，从而为客户提供更多选择。

标准化研究的理论形成阶段关注技术创新和工业发展、信息技术和通信技术升级。理论完善与经验分析结合，这些理论在国外的应用情况是较为广泛的。标准化理论是标准化活动的规律和本质的理论概括。它主要包括统一原理、简化原理、协调原理和最优化原理。统一原理是为了保证事物发展所必需的秩序和效率，对事物的形成、功能或其他特性确定适合于一定时期和一定条件的一致规范，并使这种一致规范与被取代的对象在功能上达到等效。简化原理是为了经济有效地满足需要，对标准化对象的结构、型式、规格或其他性能进行筛选提炼，剔除其中多余、低效能、可替换的环节，精炼并确定出满足全面需要所必要的高效能的环节，保持整体构成精简合理，使之功能效率最高。协调原理是为了使标准的整体功能达到最佳，并产生实际效果，必须通过有效的方式协调好系统内外相关因素之间的关系，确定为建立和保持相互一致、适应或平衡关系所必须具备的条件。最优化原理是指按照特定的目标，在一定的限制条件下，对标准系统的整体或某一方面的工作进行规划、设计、模型化，寻求最佳效果。

动物检疫标准化理论在国外已经得到了广泛的应用，各国政府和国际组织积极参与制定和推广相关标准，以保障畜产品质量安全和公共卫生安全。动物检疫标准化理论在国外的应用情况可以追溯到 20 世纪 70 年代。在国际上，动物疫病严重影响动物性食品安全和公共卫生安全，各国政府高度重视，原国际兽疫局（OIE）通过制定动物疫病防治国际标准，控制并逐步消灭国际动物疫病。欧盟在保障畜产品质量安全和应对动物疫病方面，通过动物标识及疫病可追溯标准体系的建立，实现畜产品质量安全监控，有效应对动物疫病。美国、日本等国通过建立动物疫病防治标准，有效防止疫病跨境传播。联合国粮食及农业组织（FAO）和世界动物卫生组织（WOAH）也积极参与动物疫病防控国际标准的制定和推广。WOAH 通过制定动物疫病防治标准控制跨境动物疫病，并逐步实现动物疫病防治的国际标准化。

一、标准化是提高动物检疫效率和质量的重要工具

通过标准化可以在一定范围内获得最佳秩序，建立和实施统一的标准，并促进过程协调一致。标准化理论是在科学管理实践的基础上发展起来的，它通过制定和实施标准，使得不同的资源和要素得以科学有效地组合，从而达到提高效率、降低成本、增强竞争力的目的。动物标准化检疫技术是一种标准化的技术，需要建立和实施统一的标准，以保证检疫工作的规范化和一致性。标准化理论可以在动物检疫中应用，以提高动物检疫的效率和质量，保障动物和人类的健康安全。具体应用如下。

1. 统一标准

在动物检疫中，需要统一各种标准和规范，如疫病的诊断标准、防疫标准、检验标准

等，以确保动物检疫的秩序和效率。我国制定了《中华人民共和国动物防疫法》，明确了动物疫病的分类管理、预防、控制和消灭等方面的标准，同时制定了《动物免疫标识管理办法》《动物检疫管理办法》等规章，统一了动物检疫的标准和规范。

2. 简化流程

在动物检疫中，需要对各种程序和流程进行筛选提炼，剔除其中多余的、低效能的环节，精炼并确定出满足全面需要所必要的高效能的环节，保持整体构成精简合理，提高动物检疫的效率和质量。我国在动物检疫方面积极探索新模式，如"先打后补"政策，简化了动物疫病防控的流程，提高了效率和精准度。

3. 协调关系

在动物检疫中，需要协调好系统内外相关因素之间的关系，如政府部门、动物饲养者、动物屠宰加工企业等之间的关系，以确保动物检疫工作的协调和平衡。

4. 最优化

在动物检疫中，需要按照特定的目标，在一定的限制条件下，对动物检疫系统进行规划、设计、模型化，寻求最佳效果，以提高动物检疫的整体水平。我国在动物检疫方面不断优化方案，提高了动物检疫的整体水平，例如在禽流感防控方面，我国加强了边境动物疫病防控工作，优化了进口动物的检疫管理，有效阻断了境外动物疫病的传入。

二、应深入开展口岸检验检疫标准化工作

在口岸检验检疫中，标准化有着重要的应用价值。标准化可以通过规范各项检验检疫工作的流程、操作要求、数据统计和分析方法等，提高检验检疫工作的效率和质量，降低误差和争议的发生率，从而保障国境安全和经济发展。应对目前的动物检疫标准进行清理整合，进一步完善标准体系，避免过期或交叉重复，开展多方验证提高标准质量，特别注重前沿性和自主知识产权的高技术标准的研制。

具体来说，标准化在口岸动物检疫中的应用可以从以下几个方面进行考虑。

1. 流程标准化

口岸检验检疫涉及多个环节和部门，需要按照一定的流程进行操作。通过制定标准的流程和操作要求，可以明确各项工作的职责和分工，确保各项工作的有序进行和协调配合，提高工作效率和质量。

2. 操作标准化

检验检疫工作需要按照一定的操作要求进行，如采样方法、检测方法、隔离处理方法等。通过制定标准的操作要求，可以确保检验检疫工作的操作规范，减少误差和争议的发生率，提高工作质量。

3. 数据分析标准化

检验检疫工作需要收集和整理大量的数据，如货值、数量、检出率等。通过制定标准的统计方法和分析方法，可以确保数据的准确性和可比性，为评估和改进检验检疫工作提供依据。

4. 管理标准化

口岸检验检疫需要建立完善的管理制度和机制，如责任制度、考核制度、质量管理制度

等。通过制定标准的管理制度和机制，可以确保各项工作的有序进行和协调配合，提高工作效率和质量，同时也可以保障工作的合规性和透明度。

第三节　动物疫病学理论

动物疫病学是一门研究动物疫病发生、发展、传播和消灭规律，以及制定防治和消灭动物疫病计划的科学。它涉及多个领域，包括动物微生物学、动物免疫学、病理学、诊断学、流行病学、传染病学等，是兽医专业中的一门综合性学科。

一、动物疫病流行病学

动物疫病流行病学是对动物疫病的流行规律和影响因素进行调查研究，为制定动物疫病防控政策、标准和措施提供科学依据。在国外，动物疫病流行病学在动物检疫中发挥着重要的作用，为保障动物健康和公共卫生安全提供了科学支持。动物疫病流行病学在国外动物检疫中有着广泛的应用，被广泛应用于动物疫病的监测、预警、防控和根除方面。例如，欧盟通过建立动物疫病监测和预警系统，对猪瘟、牛瘟等动物疫病进行实时监测和评估，及时预警并采取相应的防控措施。在美国，动物疫病流行病学也被广泛应用于动物疫病的防控，例如对禽流感、猪瘟等动物疫病的调查和监测，为制定相应的防控措施提供依据。

动物疫病流行病学理论是研究一定地区范围内动物疫病的分布情况、流行因素和防控措施的学科。它主要关注疾病的病因、传播途径、流行规律和防控措施等方面，旨在为疫病的控制和消灭提供科学支持。

（一）传染源

动物疫病的传染源可以划分为多种，其中包括野生动物、家养动物、患病动物、携带病原体动物等。

1. 野生动物

一些野生动物可以作为疫病的传染源，如鼠类、蝙蝠、狐狸、野猪、刺猬等。这些动物在自然界中活动，可以通过直接接触、媒介昆虫等方式将病原体传播给其他动物或人类。

2. 家养动物

家养动物也是动物疫病的主要传染源，如猪、牛、羊、家禽等。这些动物的疫病可以互相传播，也可以传染给人类。

3. 患病动物

已经感染疫病的动物也是病原体的重要来源，如猪瘟、禽流感、口蹄疫等。这些动物在发病期间可以通过分泌物、排泄物等方式将病原体传播给其他动物或人类。

4. 携带病原体动物

有些动物虽然未发病，但携带病原体，也可以成为动物疫病的传染源，例如携带布鲁氏菌的牛、携带结核病的山羊等。这些动物在产出的乳制品、肉制品等产品中可能含有病原体，从而造成人类感染的风险。

了解动物疫病的传染源有助于采取有效的防控措施，防止疫病的传播和扩散。

（二）传播途径

动物疫病的传播途径有多种，其中包括以下几种。

1. 通过环境、用具传播

病原体可以污染土壤、空气、水、饲料等，从而造成动物疫病的传播。例如，在猪瘟的传播中，病原体可以通过污染土壤、空气等途径传播。

2. 通过接触传播

动物之间或动物与人之间通过直接接触或间接接触可以传播病原体。例如，在口蹄疫的传播中，病原体可以通过直接接触传播。

3. 通过媒介昆虫传播

一些动物疫病可以通过媒介昆虫传播。例如，钝缘软蜱可以传播非洲猪瘟病毒。

4. 通过食物传播

动物食用被病原体污染的饲料、水源等可以传播病原体。

5. 通过人传播

人类可以通过接触患病的动物、动物产品、分泌物等传播病原体。

为了有效防止动物疫病的传播和扩散，应该采取针对性的防控措施，如加强饲养管理、定期消毒、及时发现和治疗病患动物、加强监测和预警等。

（三）易感动物

对某种动物传染病缺乏免疫力的动物，如未接种疫苗的猪、牛、马等。许多种类的动物都对动物疫病易感，其中家畜、家禽以及野生动物都可能成为疫病的传染源和宿主。具体的易感动物包括以下几类。

1. 家畜

猪、牛、羊、马、驴、骡等。

2. 家禽

鸡、鸭、鹅等。

3. 野生动物

猴、田鼠、蝙蝠、蛇等。

在这些动物中，有些对某种疫病特别容易感染，称为典型病例，如马流行性感冒，马匹的感染率为100%，而对其他动物则可能只是隐性感染，没有明显的症状。

（四）流行规律

动物疫病的发生、发展和传播具有一定的规律性，如非洲猪瘟病毒的传播主要与气候、饲养管理等因素有关。动物疫病的流行规律通常具有以下特点。

1. 流行过程的普遍性

动物疫病的流行是有传染源、传播途径和易感动物群3个基本要素构成，缺少任何一个要素都不会造成疫病的流行。

2. 周期性的变化

动物疫病的流行具有明显的周期性变化，这主要是由于疫病在流行过程中，受到自然因素和社会因素的影响，导致流行强度的变化，有时会出现高潮和低谷。

3. 地区性差异

动物疫病的流行在地区上也有明显的差异，这主要是由于地区间的自然条件、饲养条件、畜禽品种差异以及防疫措施的不同所致。

4. 年龄上的差异

不同年龄的动物对某些疫病的易感性存在明显的差异。

5. 时间上的差异

不同季节、不同年份以及不同地区的气候条件和饲养管理条件的不同，动物疫病的流行情况也不同。

了解动物疫病的流行规律可以帮助我们制定合理的防疫措施，有效地控制疫病的流行。

（五）预防控制措施

动物疫病的预防控制措施包括以下 3 个方面。

1. 动物疫病预防

加强饲养管理，保持圈舍清洁卫生、通风透气、冬暖夏凉；坚持"自繁自养"原则，减少疫病传播；采用"全进全出"的养殖模式；建立定期消毒制度；做好定期免疫注射和补针计划。

2. 动物疫病控制

发生动物疫病时，采取隔离、扑杀、消毒等措施，防止其扩散，做到有疫不流行；对已经存在的动物疫病，采取监测、淘汰等措施，逐步净化直至达到消灭动物疫病。

3. 动物疫病消灭

采取"早、快、严、小"的原则；病死畜禽要严格落实"四不一处理"规定（即不宰杀、不销售、不食用、不转运、对尸体进行无害化处理）；任何单位和个人发现动物染疫或者疑似染疫的，应当立即向当地兽医部门或动物卫生监督机构报告，并采取隔离等控制措施，防止动物疫情扩散。以上这些措施有助于预防和控制动物疫病的传播和扩散，促进畜牧业的发展和公共卫生健康。

我国在动物疫病流行病学理论研究上，对动物疫病的发生发展规律、病原学特征、流行病学调查、监测和预警、防控措施等方面取得了很多成果。在应用方面，动物疫病流行病学在动物疫病的防控、动物源性食品安全、公共卫生安全等方面发挥了重要作用。此外，我国还在动物疫病防控政策和标准的制定、动物疫苗研制和生产、动物疫病防控技术培训等方面取得了重要进展。回顾历史，我国在动物疫病流行病学理论方面取得了很多成绩，一是成功控制了禽流感、口蹄疫、猪瘟等重大动物疫病。通过制定并实施一系列科学有效的防控措施，我国成功控制了这些重大动物疫病在全国的暴发和流行，保护了养殖业生产和公共卫生安全。二是揭示了非洲猪瘟传入我国的风险和途径。我国在非洲猪瘟防控方面取得了显著成效，成功阻止了疫情的扩散和流行。通过对传入我国的非洲猪瘟病毒进行溯源和分析，揭示了该病毒通过非法入境物资等多种途径传入的可能性，为防控措施的制定提供了重要支持。三是提出了以风险评估为核心的动物疫病防控策略。通过对不同地区、不同时间段的动物疫病流行情况进行调查和分析，提出了以风险评估为基础的防控策略和措施，有效提高了动物疫病防控的科学性和精准度。

总之，我国在动物疫病流行病学理论方面取得了很多成绩，有力促进了动物标准化检疫技术工作，为动物疫病的防控和公共卫生安全提供了有力支持。

二、动物病原学及其他相关学科

1. 动物病原学

动物病原学是研究动物病原微生物（包括病毒、细菌、支原体、衣原体、螺旋体等）的结构、分类、免疫学特性、致病性与免疫性、实验室诊断技术和防控措施的科学。它主要关注的是动物病原微生物的生物学特性、感染机制、传播途径、流行病学特征、预防和治疗等方面，为预防、控制和治疗动物疾病提供理论依据和实践指导。

动物病原学在动物检疫中的应用主要体现在对动物疫病的诊断和防控上。动物病原学对动物疫病的产生、发展、传播和预防等方面有深入的研究，通过对动物疫病的病原微生物、寄生虫、媒介昆虫等的研究，可以有效地发现、鉴定和防控动物疫病。例如，对于一些人畜共患的疾病，如禽流感、布病等，动物病原学可以对这些疾病的病原微生物进行鉴定，明确其生物学特性和致病机制，并提供有效的防控措施。

2. 兽医临床诊断学

兽医临床诊断学是研究检查病畜、分析症状和认识疾病的基本理论及其方法的学科。它主要关注的是通过对病情的综合分析和判断，利用各种临床诊断方法和技术，确定动物疾病的种类、病因和病程，以便有针对性地制定治疗方案和预后评估。

兽医临床诊断学在动物检疫中的应用主要体现在对动物疾病的诊断和鉴别上。兽医临床诊断学强调对动物疾病的整体性认识，通过视诊、触诊、听诊、叩诊等多种方式，对动物的外在表现和内部病理变化进行观察和检查，可以对动物的疾病进行准确的诊断，并对病情进行科学的评估。例如，对于动物出现的腹泻症状，兽医可以通过听诊器听取动物的肠鸣音，判断肠道是否有异常蠕动，同时可以结合动物的病史、食欲情况、排泄物状态等进行综合判断，进而精准地确定病情。

在动物检疫过程中，兽医临床诊断学的应用可以提高对动物疾病的认识和诊断水平，有利于及时发现并控制动物疫病的传播，保障畜牧业和公共卫生的安全。

3. 动物病理学

动物病理学是研究动物疾病发生、发展过程中，患病动物的器官、组织、细胞和分子结构与功能的异常变化，以及这些变化与临床表现、病程转归间相互关系和相互作用的科学，是兽医学的重要基础学科。它涉及疾病的病因、病理生理、病理变化以及诊断和防治等多个方面，目的是深入认识疾病本质，为预防、诊断和治疗提供理论依据和实践指导。

动物病理学在动物检疫中的应用主要体现在对动物疾病的诊断和鉴别上。动物病理学通过对动物疾病的发生、发展和转归过程中，器官和组织的形态和功能变化的研究，揭示疾病的本质和发生机制，为疾病的诊断、预防和治疗提供理论依据。在动物检疫中，动物病理学可以为动物疾病的诊断提供重要的参考依据。例如，通过对动物的器官和组织进行病理学检查，可以准确地判断其是否受到病原微生物的侵袭，是否存在肿瘤、炎症等病理变化，进而对疾病进行诊断和鉴别。同时，动物病理学也可以为动物疾病的预防和控制提供重要的帮助。例如，通过对动物疾病的病理变化的研究，可以了解疾病发生的原因和机制，从而制定有效的防控措施，减少疾病的发生和传播。

4. 动物免疫学

动物免疫学是研究动物机体防御病原及其他物质感染或破坏机体正常组织的一门专业学科。它主要关注动物如何抵抗病原微生物和异己物质的侵袭，维护机体的稳态和健康。免疫学研究的对象包括人类和各类动物，其中动物免疫学主要研究非人类动物的免疫系统。

动物免疫学在动物检疫中的应用主要体现在对动物免疫系统的研究和评估上。动物免疫学对动物免疫系统的组成、功能和调节等方面有深入的研究，通过对免疫细胞、免疫分子和免疫调节机制的研究，可以揭示动物免疫系统的本质和规律。在动物检疫过程中，动物免疫学的应用可以对动物的免疫状态进行评估。例如，通过检测动物的免疫细胞数量、免疫分子表达水平等指标，可以了解动物的免疫功能状态，进而对动物的健康状况进行评估。同时，动物免疫学也可以为动物疾病的预防和治疗提供重要的帮助。例如，通过研究动物的免疫应答机制，可以了解动物对不同病原微生物的免疫防御能力，从而制定有效的疫苗和免疫方案，减少动物疾病的发生和传播。

5. 现代分子生物学

现代分子生物学是从分子水平研究生物大分子的结构与功能，从而阐明生命现象本质的科学。它以核酸和蛋白质等生物大分子为研究对象，研究内容包括生物大分子的结构、功能及其在遗传信息和代谢信息传递中的作用和作用规律。分子生物学是生物化学与其他学科相互交叉和相互渗透而形成的一门新兴学科。分子生物学理论和技术的不断发展将为认识生命、造福人类带来新的机遇、开拓广阔前景。

动物检疫中在应用现代分子生物学主要用于病原体检测。利用分子生物学技术，可以快速、准确地检测病原体的 DNA 或 RNA，例如病毒、细菌、真菌等，从而对病原体进行鉴定。这种技术可以在短时间内完成检测，避免了传统的培养和鉴定的时间长、效率低的问题。

6. 统计学

统计学在动物疫病流行病学调查中具有重要意义。在动物疫病预测方面，统计学可以帮助动物医学界设计合理的样本调查方案，采集代表性的数据，并通过对这些数据的分析，预测疫病的流行趋势和传播模式。在动物健康监测方面，统计学通过对动物群体的健康状况进行监测和评估，可以及时发现和预防疾病的发生和传播。此外，统计学在动物疫病流行病学调查中还涉及对调查数据的整理、分析和解释，以及对调查结果的进一步分析和深入挖掘。

因此，统计学在动物疫病流行病学调查中扮演着至关重要的角色，对于预防和控制动物疫病的传播和扩散具有重要意义。

第三章

动物检疫技术标准化的实践方法

动物检疫技术标准化的目的和意义在于通过规范动物检疫技术，提高动物检疫的准确性和可靠性，保障农产品的安全和健康，保护环境和人民的健康，防止动物疫病的传播，保护畜牧业的发展和农民的利益，以及保障消费者的权益，保护社会的公共利益。

动物检疫技术标准化是保障动物和动物产品安全的重要措施。在国外，动物检疫技术标准化已经得到了广泛的应用和推广。例如，美国、加拿大、澳大利亚等国家已经建立了完善的动物检疫体系，制定了严格的动物检疫法规和标准，加强了动物疫病的防控和监管。在国内，动物检疫技术标准化也得到了重视和发展。我国农业部门和海关已经出台了多项动物检疫法规和标准，加强了动物疫病的防控和监管。同时，各地也加强了对养殖场、屠宰场等场所的监管和检查，提高了动物检疫的准确性和可靠性。

动物检疫技术标准化已经在国内外得到了广泛的应用和推广。未来，随着人们对食品安全和健康意识的不断提高，动物检疫技术标准化的重要性和应用将得到更加广泛的关注和推广。

第一节　范围和对象

动物检疫技术标准化的方法和步骤包括制定动物检疫技术标准、确定检疫对象、实施检疫、出具检疫证明和监督和管理等步骤，以确保动物检疫工作的规范和有序，提高动物产品的质量和安全性。应根据国家和地区的动物疫情、生物安全要求和动物产品质量等因素，制定符合当地实际情况的动物检疫技术标准。然后确定需要检疫的动物种类、检疫项目和检疫方法等。再按照要求对需要检疫的动物进行采样、检测、观察、记录等操作，以确定动物是否健康无病，是否符合检疫要求。根据检疫结果，出具动物检疫证明，证明动物符合检疫技术标准，可以流入市场或出口到其他国家或地区。还需要对动物检疫工作进行监督和管理，确保检疫工作的规范和有序，对不符合检疫技术标准的行为进行处罚和纠正。

动物检疫技术标准化操作的范围包括屠宰检疫、产地检疫、市场检疫、运输检疫、净化检疫、进境检疫、出境检疫、过境检疫、携带、邮寄物检疫、运输工具检疫等。

动物检疫技术标准化操作的对象包括确定动物检疫对象的依据，国内动物检疫对象和进境动物检疫对象。国内动物检疫对象分为三类，包括一类（种）、二类（种）和三类（种）。进境动物检疫对象分为两类，包括一类（种）和二类（种）。

一、一类传染病、寄生虫病

包括口蹄疫、猪水疱病、猪瘟、非洲猪瘟、尼帕病、非洲马瘟、牛传染性胸膜肺炎、牛海绵状脑病、牛结节性皮肤病、痒病、蓝舌病、小反刍兽疫、绵羊痘和山羊痘、高致病性禽流感、新城疫、埃博拉出血热。

二、二类传染病、寄生虫病

1. 共患病

狂犬病、布鲁氏菌病、炭疽、伪狂犬病、魏氏梭菌感染、副结核病、弓形虫病、棘球蚴病、钩端螺旋体病、施马伦贝格病、梨形虫病、日本脑炎、旋毛虫病、土拉杆菌病、水泡性口炎、西尼罗热、裂谷热、结核病、新大陆螺旋蝇蛆病（嗜人锥蝇）、旧大陆螺旋蝇蛆病（倍赞氏金蝇）、克里米亚刚果出血热、伊氏锥虫感染（包括苏拉病）、利什曼原虫病、巴氏杆菌病、心水病、类鼻疽、流行性出血病感染、小肠结肠炎耶尔森菌病。

2. 牛病

牛传染性鼻气管炎/传染性脓疱性阴户阴道炎、牛恶性卡他热、牛白血病、牛无浆体病、牛生殖道弯曲杆菌病、牛病毒性腹泻/黏膜病、赤羽病、牛皮蝇蛆病、牛巴贝斯虫病、出血性败血症、泰勒虫病。

3. 马病

马传染性贫血、马流行性淋巴管炎、马鼻疽、马病毒性动脉炎、委内瑞拉马脑脊髓炎、马脑脊髓炎（东部和西部）、马传染性子宫炎、亨德拉病、马腺疫、溃疡性淋巴管炎、马疱疹病毒-1型感染。

4. 猪病

猪繁殖与呼吸道综合征、猪细小病毒感染、猪丹毒、猪链球菌病、猪萎缩性鼻炎、猪支原体肺炎、猪圆环病毒感染、革拉泽氏病（副猪嗜血杆菌）、猪流行性感冒、猪传染性胃肠炎、猪铁士古病毒性脑脊髓炎（原称猪肠病毒脑脊髓炎、捷申或塔尔凡病）、猪密螺旋体痢疾、猪传染性胸膜肺炎、猪带绦虫感染/猪囊虫病、塞内卡病毒病、猪δ冠状病毒（德尔塔冠状病毒）感染。

5. 禽病

鸭病毒性肠炎（鸭瘟）、鸡传染性喉气管炎、鸡传染性支气管炎、传染性法氏囊病、马立克氏病、鸡产蛋下降综合征、禽白血病、禽痘、鸭病毒性肝炎、鹅细小病毒感染（小鹅瘟）、鸡白痢、禽伤寒、禽支原体病（鸡败血支原体、滑液囊支原体）、低致病性禽流感、禽网状内皮组织增殖症、禽衣原体病（鹦鹉热）、鸡病毒性关节炎、禽螺旋体病、住白细胞原虫病（急性白冠病）、禽副伤寒、火鸡鼻气管炎（禽偏肺病毒感染）。

6. 羊病

山羊关节炎/脑炎、梅迪-维斯纳病、边界病、羊传染性脓疱皮炎。

7. 水生动物病

鲤春病毒血症、流行性造血器官坏死病、传染性造血器官坏死病、病毒性出血性败血症、流行性溃疡综合征、鲑鱼三代虫感染、真鲷虹彩病毒病、锦鲤疱疹病毒病、鲑传染性贫血、病毒性神经坏死病、斑点叉尾鮰病毒病、鲍疱疹样病毒感染、牡蛎包拉米虫感染、杀蛎包拉米虫感染、折光马尔太虫感染、奥尔森派琴虫感染、海水派琴虫感染、加州立克次体感染、白斑综合征、传染性皮下和造血器官坏死病、传染性肌肉坏死病、桃拉综合征、罗氏沼虾白尾病、黄头病、鳌虾瘟、箭毒蛙壶菌感染、蛙病毒感染、异尖线虫病、坏死性肝胰腺炎、传染性脾肾坏死病、刺激隐核虫病、淡水鱼细菌性败血症、鮰类肠败血症、迟缓爱德华氏菌病、鱼链球菌病、蛙脑膜炎败血金黄杆菌病、鲑鱼甲病毒感染、蝾螈壶菌感染、鲤浮肿病毒病、罗非鱼湖病毒病、细菌性肾病、急性肝胰腺坏死、十足目虹彩病毒1感染。

8. 蜂病

蜜蜂盾螨病、美洲蜂幼虫腐臭病、欧洲蜂幼虫腐臭病、蜜蜂瓦螨病、蜂房小甲虫病（蜂窝甲虫）、蜜蜂亮热厉螨病。

9. 其他动物病

鹿慢性消耗性疾病、兔黏液瘤病、兔出血症、猴痘、猴疱疹病毒Ⅰ型（B病毒）感染症、猴病毒性免疫缺陷综合征、马尔堡出血热、犬瘟热、犬传染性肝炎、犬细小病毒感染、水貂阿留申病、水貂病毒性肠炎、猫泛白细胞减少症（猫传染性肠炎）。

三、其他传染病、寄生虫病

1. 共患病

大肠杆菌病、李斯特菌病、放线菌病、肝片吸虫病、丝虫病、附红细胞体病、葡萄球菌病、血吸虫病、疥癣。

2. 牛病

牛流行热、毛滴虫病、中山病、茨城病、嗜皮菌病。

3. 马病

马流行性感冒、马媾疫、马副伤寒（马流产沙门氏菌）。

4. 猪病

猪副伤寒、猪流行性腹泻。

5. 禽病

禽传染性脑脊髓炎、传染性鼻炎、禽肾炎、鸡球虫病、鸭疫里默氏杆菌感染（鸭浆膜炎）。

6. 绵羊和山羊病

羊肺腺瘤病、干酪性淋巴结炎、绵羊地方性流产（绵羊衣原体病）、传染性无乳症、山羊传染性胸膜肺炎、羊沙门氏菌病（流产沙门氏菌）、内罗毕羊病。

7. 蜂病

蜜蜂孢子虫病、蜜蜂白垩病。

8. 其他动物病

兔球虫病、骆驼痘、家蚕微粒子病、蚕白僵病、淋巴细胞性脉络丛脑膜炎、鼠痘、鼠仙台病毒感染症、小鼠肝炎。

第二节　流程和步骤

根据确定的标准化操作范围和对象，制定具体的操作流程和步骤，确保操作过程的规范化和统一化。

做好检疫实施前的准备工作：包括检疫人员配备、掌握检疫规程等。动物卫生监督机构应配备与检疫工作量相适应的、取得法定资格的动物检疫工作人员。动物卫生监督机构应组织检疫人员学习以下技术规范或规程：《高致病性禽流感诊断技术》（GB/T 18936—2020）、《新城疫诊断技术》（GB/T 16550—2020）、《非洲猪瘟诊断技术》（GB/T 18648—2020）、《生猪屠宰检疫规范》（NY/T 909—2004）等。

一、屠宰检疫

对即将被宰杀的动物进行宰前检疫和宰后检疫，包括群体检查和个体检查。生猪在进入屠宰场之前，需要进行入场前检验，包括是否有官方出具的《动物免疫合格证明》、是否按标准佩戴耳标、初步确定来源的可靠性。在入场检验完成以后，需要进行待宰检疫，如群体检查、个体检查、实验室检验以及复检。屠宰前检验是指对已经合格的动物进行屠宰前的再次检查，内容包括查验免疫标识、"瘦肉精"抽样检验以及屠宰前复检。屠宰过程应进行同步检疫，对每头进行全身部位检疫，包括头部检验、皮肤检验、内脏检验、体腔检验、淋巴结检验等。

二、产地检疫

对即将上市销售的动物进行检疫，包括群体检查和个体检查。现场检查有关动物的病原体是否存在，以及排除可能的疾病。对动物进行检测、诊断和鉴定，以确定其是否携带或患有某种疾病。查看由检疫机构出具的检疫证书，证明动物经过检疫，没有携带或患有某种疾病的证明。

三、市场检疫

对进入市场的动物进行检疫，包括群体检查和个体检查。货主（申报人）申报检疫时，应提交《检疫申报单》，跨省、调运乳用、种用动物及其精液、胚胎、种蛋的，还应当同时提交输入地省（自治区、直辖市）动物卫生监督机构批准的《跨省引进乳用种用动物检疫审批表》。采用电话申报的，应在现场补填检疫申报单。动物卫生监督机构在接到申报后，应根据情况对申报材料进行审核，符合条件的及时派出官方兽医到现场或指定地点进行查验。临床检查畜禽群体健康状况，按规程要求随机抽取一定数量的个体进行实验室检测。根据临床检查和实验室检测结果，结合动物疫病流行病学调查情况综合判定，符合健康标准的，方可出具检疫合格证明。对不符合条件的按有关规定处理。

四、运输检疫

对即将运输的动物进行检疫，包括群体检查和个体检查。货主按照相关规定提前向当地动物卫生监督机构或报检点进行申报检疫。动物卫生监督机构或报检点在接到报检后，进行现场或定点检疫，对检疫合格的动物或动物产品出具检疫合格证明，并在动物产品上加盖验讫印章或者加封验讫标志；对运载工具进行消毒并出具消毒证明。运输到达目的地后货主凭检疫合格证明向当地动物卫生监督机构或者报检点报检，经查证验物合格后方可饲养、参展、演出、比赛、上市、屠宰或者加工、储藏。

五、净化检疫

对即将净化的动物进行检疫，包括群体检查和个体检查。在疫区引进动物时，必须严格执行隔离检疫制度。当地动物卫生监督机构应当对隔离过程进行监督和检查。根据不同动物的常见疾病，制定相应的临床检查程序，对患病动物进行系统检查。采集患病动物和疑似染疫动物的样品，进行实验室检测。根据临床检查和实验室检测结果，结合动物疫病流行病学调查情况综合判定，符合健康标准的，方可出具检疫合格证明。对不符合条件的按有关规定处理。对净化区域内的动物，必须按照净化处理要求进行净化处理。

六、进境检疫

对外来动物进行检疫，包括群体检查和个体检查。货主或代理人须在动物到达口岸前，向口岸出入境检验检疫机构申请检疫，填写《进境动物隔离场使用申请表》。动物卫生监督机构对货主或代理人提交的《进境动物隔离场使用申请表》进行审批，审批通过后，货主或代理人须向所在口岸检验检疫机构提交《进境动物隔离场使用申请表》。口岸检验检疫机构对申请的进境动物隔离场进行现场考核，考核其管理、设施、设备、人员配置等是否符合《进境动物隔离场管理办法》的要求。经过现场考核，口岸检验检疫机构对符合要求的进境动物隔离场出具《进境动物隔离场审批单》。货主或代理人须在动物到达口岸前，填写《进境动植物检疫许可证申请表》并提交《进境动物隔离场审批单》，向口岸出入境检验检疫机构报检。口岸检验检疫机构受理报检，审核《进境动植物检疫许可证申请表》和《进境动物隔离场审批单》的符合性。

口岸检验检疫机构在动物到达口岸后，对动物进行现场检疫，查看运输工具、包装、铺垫材料等是否符合卫生要求，并对动物进行健康检查。口岸检验检疫机构按照有关操作规程对动物进行实验室检测。根据临床检查和实验室检测结果，结合动物疫病流行病学调查情况综合判定，符合健康标准的，方可出具检疫合格证明。对不符合条件的按有关规定处理。动物在入境后或出境前，必须在指定的隔离场作隔离检疫（大、中动物 45 d，小动物 30 d）。经隔离检疫合格后，口岸检验检疫机构出具《检疫放行通知单》或签发《动物检疫证书》。

七、出境检疫

对本国动物进行出境检疫，包括群体检查和个体检查。货主或者代理人输出动物前，应提前向当地动物卫生监督机构或检验检疫分支机构申报检疫，提交输出动物种类、数量、用途、目的地、运输路线及《动物防疫条件合格证》等相关材料，并填报《出境动物检疫申请表》。动物卫生监督机构或检验检疫分支机构对申报材料进行审核，对符合输出国家或者地区要求及我国法律法规规定的，进行受理。动物卫生监督机构或检验检疫分支机构进行审批，审批通过后，领取《出境动物检疫许可证》。必要时，输出动物须在检验检疫机构指定的隔离场所进行隔离检疫。

隔离检疫期间，由检验检疫机构派员驻场检疫。检验检疫机构对输出动物进行临床检查，查看动物是否健康，是否符合输出国家或者地区的要求。根据有关操作规程对动物进行实验室检测，检测结果符合输出国家或者地区要求及我国法律法规规定的，进行下一步操作。根据临床检查和实验室检测结果，结合动物疫病流行病学调查情况综合判定，符合健康标准的，出具《动物检疫证书》和《出境动物检疫许可证》。货主或者代理人须凭《动物检疫证书》和《出境动物检疫许可证》办理运输手续，并保证输出动物在运输过程中不受感染。

八、过境检疫

对外来动物进行过境检疫，包括群体检查和个体检查。货主或者代理人输出动物前，应提前向当地动物卫生监督机构或检验检疫分支机构申报检疫，提交输出动物种类、数量、用途、目的地、运输路线及《动物防疫条件合格证》等相关材料，并填报《出境动物检疫申请表》。动物卫生监督机构或检验检疫分支机构对申报材料进行审核，对符合输出国家或者地区要求及我国法律法规规定的，进行受理。动物卫生监督机构或检验检疫分支机构进行审批，审批通过后，领取《出境动物检疫许可证》。必要时，输出动物须在检验检疫机构指定的隔离场所进行隔离检疫。

在隔离检疫期间，检验检疫机构将派员驻场进行检疫。对输出动物进行临床检查，确保其健康状况符合输出国家或地区的要求。按照相关操作规程进行实验室检测，检测结果需符合输出国家或地区的要求以及我国的法律法规规定。若检测结果符合要求，则进行下一步操作。根据临床检查和实验室检测结果，结合动物疫病流行病学调查情况综合判定，符合健康标准的，出具《动物检疫证书》和《出境动物检疫许可证》。货主或代理人须凭《动物检疫证书》和《出境动物检疫许可证》办理运输手续，并确保输出动物在运输过程中不受感染。

九、携带、邮寄物检疫

对携带、邮寄的动物进行检疫，包括群体检查和个体检查。货主或者代理人输出动物前，应提前向当地动物卫生监督机构或检验检疫分支机构申报检疫，提交输出动物种类、数量、用途、目的地、运输路线及《动物防疫条件合格证》等相关材料，并填报《出境动物检疫申请表》。动物卫生监督机构或检验检疫分支机构对申报材料进行审核，对符合输出国家或者地区要求及我国法律法规规定的，进行受理。动物卫生监督机构或检验检疫分支机构进行审批，审批通过后，领取《出境动物检疫许可证》。必要时，输出动物须在检验检疫机构指定的隔离场所进行隔离检疫。

在隔离检疫期间，检验检疫机构将派员驻场进行检疫。该机构将对输出动物进行临床检查，以确保动物健康且符合输出国家或地区的要求。根据相关操作规程，将对动物进行实验室检测，只有当检测结果符合输出国家或地区的要求以及我国的法律法规规定时，才会进行下一步操作。

根据临床检查和实验室检测结果，结合动物疫病流行病学调查情况的综合判定，如果符合健康标准，检验检疫机构将出具《动物检疫证书》和《出境动物检疫许可证》。货主或代理人须凭这些证书和许可证来办理运输手续，并确保输出动物在运输过程中不受感染。

十、运输工具检疫

对运输动物的工具进行检疫，包括车辆、船舶、飞机等。在动物托运前对运输工具进行全面的检查和清理，确保运输工具卫生安全。在动物运输过程中，对动物进行定期检查和观察，确保动物健康状况良好。在动物到达目的地后，对动物进行全面的检查和检测，确保动物健康状况良好。

第三节　技术要求

根据实际情况，确定标准化操作的参数和技术要求，如消毒剂的浓度、无菌室的温度和湿度等。检疫人员必须具备相关的专业知识和技能，并按照规定的方法和程序进行检疫操作。检疫前须进行申报，并提供相关证明材料，如动物种类、数量、来源等信息。动物到达目的地后，须在规定时间内向当地动物检疫机构报告，并接受监督检查。检疫过程中，应按照规定的方法和程序进行临床检查和实验室检测，确保动物健康和安全。实验室检测应采用标准化操作，包括样品采集、保存、运输和处理等环节。检疫过程中使用的设备和仪器必须符合规定的技术要求，并定期进行校准和检定。检疫人员进行检疫操作时，需穿戴防护服、手套、口罩等个人防护用品，并遵守相关的卫生和安全规定。检疫过程中，应做好记录和报告工作，确保检疫过程的有效性和合法性。通过有关参数和要求的实施，可以保证动物检疫工作的科学性、规范性和有效性，保障动物及动物产品的质量安全和公共卫生安全。

一、检疫人员

动物检疫工作应当由具备兽医或者相关专业知识的人员担任，并取得相应的检疫人员资格证。他们负责检查、检验动物及其产品，确保其符合卫生和安全要求，通常要求具备动物医学专业大专以上学历，有丰富的动物解剖、检验经验。勤奋踏实，能吃苦耐劳，有高度责任感，具备较强的沟通和协调能力。具体的动物检疫人员职责和要求可能因地区、行业和单位而异，但通常都要求具备上述基本素质和能力。

二、检疫场所

动物检疫应当在符合要求的检疫场所进行，包括动物隔离场、动物屠宰现场、动物无害化处理场所等。拥有符合要求的实验室和检验设备，及经过专业培训的检疫人员，具备完善的检疫程序和标准操作规程。拥有符合卫生要求的场所和设施和有效的消毒和废弃物处理设施。

在不同的国家和地区，动物检疫场所的具体要求和设立条件可能有所不同。通常这些场所需要获得当地政府或相关部门的认可和批准，并遵守相关的法律法规和规定。

三、检疫设备

动物检疫应当使用符合要求的检疫设备，临床检查设备包括听诊器、体温计、检疫钩、注射器等，实验室检测设备包括显微镜、生化仪、PCR 仪、电泳仪等，样品采集和保存设备包括采样箱、保存液、冰箱、冷冻柜等，消毒和灭菌设备包括消毒液、消毒剂、灭菌器等，废弃物处理设备包括垃圾桶、焚烧炉等。

以上仅是其中的一部分，不同的动物检疫场所和检测项目可能需要使用不同的设备和仪器。在具体操作中，需要根据相关规定和要求进行选择和使用，确保检测结果准确可靠。同时，需要定期对设备和仪器进行维护和校准，以保证其正常运行和使用效果。

四、检疫方法

动物检疫应当使用科学的检疫方法，包括多种方法和手段。临床检查通过观察动物的症状和体征，结合听诊、体温测量等技术手段，判断动物是否健康。病理学检查通过尸体剖检和病理组织学检查，发现特征性病变，帮助检疫人员作出正确判断。病原学检查通过采集病料，进行分离培养、鉴定和动物接种试验，检测病原体是否存在。免疫学诊断法利用抗原和抗体特异性结合的原理，通过血清学实验和变态反应等方法，诊断动物是否感染某种疾病。DNA 诊断通过检测特定疾病的 DNA 片段，诊断动物是否感染某种疾病。

以上仅是其中的一部分，不同的动物检疫场所和检测项目可能需要使用不同的方法和手段。在具体操作中，需要根据相关规定和要求进行选择和使用，确保检测结果准确可靠。同时，需要定期对方法和手段进行评估和更新，以提高检测效果和准确性。

五、检疫标准

动物检疫应当遵循国家和地方规定的检疫标准，如《动物防疫法》《动物检疫管理办法》《动物疫病防治技术规范》《动物疫病净化指南》《动物产品检验技术规范》等。在不同的国家和地区可能会有不同的检疫标准和要求，实际工作需要根据相关规定和要求进行标准化操作，以确保动物健康和人类食品安全。

六、检疫记录

动物检疫应当做好检疫记录，包括检疫时间、检疫地点、检疫对象、检疫结果等。检疫申报记录检疫申报的时间、地点、动物种类、数量、来源等信息。临床检查记录在检疫过程中进行临床检查的时间、地点、动物症状和体征等信息。样品采集记录在检疫过程中采集的样品名称、数量、采集时间、采集人员等信息。实验室检测记录实验室检测的时间、人员、检测项目、结果等信息。检疫结果处理记录检疫结果的处理情况，包括是否合格、是否需要隔离、是否需要治疗等信息。检疫监督记录在检疫过程中监督人员进行检查的时间、地点、内容、结果等信息。

七、检疫处理

动物检疫处理是指对检出的患病动物及其污染环境的处理。及时而合理地进行动物检疫处理，可以防止疫病扩散，不仅是动物防疫工作的重要措施，而且也是人类卫生保健工作的重要措施。在动物检疫工作中，只有做好检疫后的处理，才算真正完成了动物检疫工作的任务。患病动物急宰，是防止患病动物疾病传染、扩散的关键措施。患病动物肉尸应根据不同病情和传染病的特性，采取不同的处理方法。将带菌动物的分泌物、排泄物和污染物等迅速、有效地进行无害化处理，是防止疾病传播的又一重要措施。屠宰和加工操作的卫生要求是保证肉类产品质量的重要措施。应该对肉类生产各个环节进行监督和检查，是保证肉类产品质量和防止疾病传播的必要措施。

动物检疫处理是动物防疫工作中至关重要的一环，只有做好检疫后的处理，才能真正地防止疫病扩散，保障人类健康和动物生命安全。

八、检疫报告

动物检疫应当及时出具书面检疫报告，报告内容应当真实、准确，并包括检疫时间、检疫地点、检疫对象、检疫结果等。申报单位填写检疫申报单位的名称、地址、联系人等信息。申报时间填写检疫申报的时间。检疫类型填写检疫的类型，如进口检疫、出口检疫、过境检疫等。货物名称填写动物及其产品的名称、数量等信息。检疫结果填写检疫结果，如合格、不合格、需隔离观察等。处理意见填写对检疫合格的动物及其产品的处理意见，如放行、消毒、重检等。签发日期和签发人由动物检疫机构签字并加盖公章，填写签发的日期和签发人信息。

以上仅是动物检疫报告的基本内容，不同的国家和地区可能会有不同的报告要求和格式。在具体操作中，需要根据相关规定和要求进行填写和制作，并做好保管和存档工作，以便于后续的查阅和分析。

第四节 评估标准和考核方法

制定标准化操作的评估标准和考核方法，以评估成员的标准化操作水平，确保操作过程的规范化和统一化。检疫质量包括检疫准确率、检疫及时率、检疫合格率等。检疫效率包括检疫工作量、检疫时间、检疫成本等。检疫管理包括检疫制度建设、检疫设备维护、检疫人员培训等。检疫效果包括动物疾病控制情况、动物产品安全情况等。检疫记录包括检疫记录的完整性、准确性、及时性等。

动物活畜禽检疫工作考核评分细则如下。

一、报检制度建立情况

1. 境内动物检疫开展情况

官方兽医执行产地检疫情况，是否规范、高效、便民；规范使用出县境动物及其产品检疫申报单情况；官方兽医是否出具检疫证明；是否按程序出具检疫证明，是否存在违规出具证明的情况；是否使用农业农村部制定的检疫证明。

2. 进口动物检疫开展情况

查验进口动物及其产品指定通道入关制度情况；索取出入境检验检疫部门出具的《入境货物检验检疫证明》情况。

3. 运输工具检疫开展情况

查验《动物防疫监督机构给公路运输动物指定通道检查站签发的检疫证明》或《铁路运输动物指定通道检查站检查合格证明》情况；对运输工具消毒情况。

二、检疫队伍建立情况

1. 官方兽医配备情况

官方兽医人员数量、官方兽医是否取得执业兽医资格。

2. 设施设备配备情况

办公用房、执法车辆、快速检测设备。

3. 村级动物防疫员配备情况

村级动物防疫员数量。

三、畜禽检疫开展情况

1. 猪的检疫开展情况

养殖档案情况、临床检查健康情况、按规程进行屠宰前检疫、实行屠宰同步检疫。

2. 牛的检疫开展情况

养殖档案情况、临床检查健康情况、按规程进行屠宰前检疫、实行屠宰同步检疫。

3. 羊的检疫开展情况

养殖档案情况、临床检查健康情况、按规程进行屠宰前检疫、实行屠宰同步检疫。

4. 禽的检疫开展情况

养殖档案情况、临床检查健康情况、按规程进行屠宰前检疫、实行屠宰同步检疫。

5. 其他动物检疫开展情况

养殖档案情况、临床检查健康情况、按规程进行屠宰前检疫、实行屠宰同步检疫。

四、动物检疫收费及使用情况

1. 收费情况

是否执行收费标准、是否开具正规票据、资金是否上缴。

2. 财务管理情况

是否有健全的财务管理制度、是否有专门的财务人员、是否有专门的账户。

3. 资金使用情况

检疫等费用是否用于规定的项目，是否有挪用、私分等违法行为。

以上是动物检疫技术标准化操作的评估标准和考核方法，通过这些评估和考核，可以了解动物检疫工作的实际情况，及时发现和解决问题，提高动物检疫工作的质量和效率，保障动物及动物产品的质量安全和公共卫生安全。

第五节　监督和评估方法

动物检疫技术监督和评估是保障动物及动物产品质量安全和公共卫生安全的重要措施。对标准化操作规程的实施情况进行监督和评估，及时发现和纠正操作过程中存在的问题，确保操作过程的规范化和统一化。

　　加强对动物检疫员的监督和管理，可以建立动物检疫员管理制度，明确动物检疫员的职责和义务，建立奖惩机制，提高其工作积极性和责任感。建立动物检疫技术监督和评估机制，可以组织定期的动物检疫技术监督和评估工作，对动物检疫员的工作质量、效率等进行监督和评估，及时发现和解决问题。加强对动物检疫设备的维护和更新，可以建立动物检疫设备维护和更新制度，保证动物检疫设备的正常运转和及时更新，提高动物检疫工作的质量和效率。加强对动物检疫标准的制定和更新，可以组织制定和更新动物检疫标准，保证动物检疫工作的科学性和规范性，提高动物检疫工作的质量和效率。加强对动物检疫技术培训和教育，可以组织开展动物检疫技术培训和教育活动，提高动物检疫员的专业技术水平和整体素质，为保障动物及动物产品质量安全和公共卫生安全提供人才保障。

　　动物检疫技术标准化的实施应符合相关法律法规的要求，有关标准体系应具备完整性、科学性和适用性，达到组织结构的合理性、运作的有效性和活动的规范性。对动物检疫技术标准化的实施效果进行评估，包括对实施过程中的成果、经验、问题、改进措施等进行评估，以及对比实施前后的效果，全面了解动物检疫技术标准化的实施情况。对社会效益进行评估，包括动物检疫技术标准化对畜牧业、食品安全、公共卫生等方面的影响，以及公众对动物检疫技术标准化的认知度和满意度等。还应根据监督和评估结果，对动物检疫技术标准化进行持续改进，包括完善标准体系、改进组织结构、提高实施效果等，促进动物检疫技术标准化的深入发展。

一、建立监督机制

　　监督机制包括内部监督和外部监督。内部监督是指动物检疫机构内部的监督管理机制，包括人员素质、工作流程、检测设备和技术等方面。外部监督是指社会监督、行业监督、动物养殖者和消费者的监督等。建立完善的监督机制，可以保证标准化工作的有效实施。为建立实施动物检疫技术标准化的监督机制，可以从以下几个方面入手。

　　（1）建立完善的申请监督机制，要求申请动物检疫的单位或个人，必须严格按照国家动物检疫管理办法的规定，提交完整的申请材料，并接受相关部门的审核和监督。

　　（2）实施区域化卫生监督，按照区域化管理原则，将各区域的肉食安全责任落实到相关监督和负责人，对各区域之间动物的流通进行监督，确保动物检疫和肉食流通的绝对安全性。

　　（3）建立产地检疫动态监管机制，依托无纸化防疫系统和动物检疫电子出证系统，实现免疫、检疫数据共享，官方兽医可实时查询申报检疫动物的免疫记录，实时掌握动物存栏数量和重大动物疫病免疫情况。

　　（4）加强屠宰检疫出证管理机制，在屠宰检疫出证时，系统将自动校验动物入场记录，无入场记录或入场动物数量和出厂产品数量不符时，检疫出证将被限制。

　　（5）建立调运动物检测监管机制，在调运指定通道省际公路动物卫生监督检查站，探索建立查证验物、临床检查与抽样检测相结合的监管机制，进一步提高动物卫生监督检查工作的科学性和精准性，有效降低调运流通环节疫情传播扩散风险。

　　（6）推行落地监管工作机制，对运输动物及动物产品的车辆实行备案管理，承运人在调运动物落地 24 h 内向当地监管部门申报，由官方兽医实施落地监管，可有力打击违法违规调运行为。

通过以上措施，可以建立起有效的实施动物检疫技术标准化的监督机制，保障动物检疫工作的规范化和标准化。

二、建立评估机制

评估机制包括自我评估和外部评估。自我评估是指动物检疫机构对自身实施标准化工作的情况进行评估；外部评估是指由相关机构或组织对动物检疫机构实施标准化工作的情况进行评估。建立科学有效的评估机制，可以及时发现标准化工作中存在的问题，并采取相应的改进措施。

为建立实施动物检疫技术标准化的评估机制，应建立标准实施信息反馈和评估机制，定期对其制定的标准进行复审，根据反馈和评估情况对标准进行完善和优化。制定标准评估原则，包括科学性、可靠性、可用性、可比性和可持续性等原则，以指导评估工作的开展。明确评估主体，包括政府机构、行业协会、科研院所、检测机构等，以确保评估结果的客观性和公正性。确定评估评判标准，包括标准的技术水平、应用效果、社会效益、经济效益等方面，以全面衡量标准的质量和实用性。建立完善的评估指标体系，包括标准的技术指标、实施效果指标、检测指标、监督指标等，以确保评估的全面性和科学性。开展定期的评估工作，包括标准的实施情况、应用效果、社会和经济效益等方面的评估，以确保标准的可行性和有效性。

通过以上措施，可以建立起实施动物检疫技术标准化的评估机制，指导标准的制定、实施和不断完善，促进动物检疫工作的规范化和标准化。

三、定期报告制度

为了加强动物检疫技术标准化工作，提高动物检疫技术水平，根据《中华人民共和国动物防疫法》和《中华人民共和国标准化法》，应对一定期间内动物检疫技术标准化工作进行总结、评价，并提出改进意见。定期报告制度应当包括动物检疫技术标准化工作概况、动物检疫技术标准化工作成果和经验、动物检疫技术标准化工作中存在的问题和改进措施、动物检疫技术标准化工作的发展趋势和展望。定期报告制度的周期一般为一年。定期报告制度的执行情况将作为对动物检疫机构和有关单位工作评价的重要依据。定期报告制度的总结、评价结果应当向标准化行政主管部门报告。

定期报告制度有助于及时发现标准化工作中存在的问题，并得到相关部门的指导和支持。为确保实施动物检疫技术标准化的有效性和规范性，可以建立定期报告制度，从以下几个方面入手。

第一，建立动物检疫技术标准化实施情况定期报告制度，及时掌握各级动物检疫部门实施标准化的进展和效果，并进行分析和评估，提出改进意见和建议。

第二，制定动物检疫技术标准化实施情况定期报告的内容和格式，明确需要报告的信息和数据，确保报告的规范化和标准化。

第三，确定定期报告的时间和周期，如每季度或每年报告一次，以便及时掌握动物检疫技术标准化实施的动态和进展。

第四，建立动物检疫技术标准化实施情况报告的审核机制，确保报告的真实性、准确性和完整性，同时对报告中存在的问题和不足进行指导和改进。

第五，定期组织召开动物检疫技术标准化实施情况汇报会，邀请相关部门和专家参加，共同分析和解决问题，推动动物检疫技术标准化的深入实施。

第六，加强定期报告制度的宣传和培训工作，提高各级动物检疫部门和从业人员的意识和能力，确保动物检疫技术标准化实施的质量和效益。

通过以上措施，可以建立起实施动物检疫技术标准化的定期报告制度，促进动物检疫工作的规范化和标准化，保障动物源性食品的质量和安全。

四、公众参与

公众参与是指让公众参与到动物检疫标准化工作中来，听取他们的意见和建议，以改进标准化工作。公众参与可以提高公众对动物检疫工作的认识和信任，增强他们对动物保护的意识和责任感。

加强宣传教育，提高公众对动物检疫技术标准化的认识和理解，让公众了解动物检疫的重要性、标准和程序等内容。建立信息公开制度，及时公开动物检疫技术标准化的相关信息和数据，如标准制定、实施情况、监督检查、检测结果等，提高信息透明度和公开度。

设立意见箱或电子邮箱等渠道，接受公众对动物检疫技术标准化的意见和建议，并定期对收集到的意见和建议进行整理和反馈，让公众感受到政府的关注和重视。组织公众参与动物检疫技术标准化的制定和修改，如召开听证会、咨询会等，让公众对标准的制定和修改提出意见和建议，提高标准的科学性和实用性。

加强与公众的互动交流，如召开座谈会、研讨会等，了解公众对动物检疫技术标准化的需求和期望，为标准的制定和实施提供参考和依据。加强公众科普教育，通过科普讲座、展览、宣传资料等方式，让公众了解动物检疫技术标准化的重要性和必要性，提高公众的科学素养和意识水平。

通过以上措施，可以建立起实施动物检疫技术标准化的公众参与机制，促进动物检疫工作的规范化和标准化，同时提高公众的认知度和参与度，共同保障动物源性食品的质量和安全。

第六节 标准制修订和能力验证

动物检疫技术标准是指根据动物疫病的流行情况、传播途径和危害程度，按照国家和地方相关法规和标准，制定的一系列用于动物疫病防控和检疫的技术规范和操作指南。动物检疫技术标准是保障动物卫生和公共卫生安全的重要技术法规，对于防止动物疫病传播和保障动物产品质量具有重要意义。

动物疫病诊断和防控技术标准包括各种动物疫病的诊断、治疗和预防技术标准，如口蹄疫、高致病性禽流感、猪瘟等。动物检疫样品采集和处理技术标准包括各种动物检疫样品的采集、保存、处理和运输等技术标准，如血液、组织、分泌物等。动物检疫方法技术标准包括各种动物检疫方法的技术规范和操作指南，如血清学检测、病原学检测、分子生物学检测等。动物检疫证明出具技术标准包括各种动物检疫证明的出具程序和技术要求，如检疫证明的格式、内容、签发程序等。

一、标准的制修订

动物检疫技术标准的制修订是一项非常重要的工作，需要经过调研和分析、制定制修订计划、征求意见、编写标准文本、审核和批准、发布和实施等步骤，才能确保标准的质量和可操作性。同时，标准制修订的过程需要充分尊重行业习惯和地区特点，确保标准能够符合当地的实际情况和需求。

1. 调研和分析

对现有的动物检疫技术标准进行调研和分析，了解现有标准的优势和不足，确定需要制定、修改和更新的内容。

2. 制修订计划

根据调研和分析的结果，制定动物检疫技术标准的制修订计划，包括制修订的重点、时间安排和责任人等。

3. 征求意见

在制定新的动物检疫技术标准前，需要广泛征求专家、学者和从业人员的意见和建议，以确保标准的实用性和可操作性。

4. 编写标准文本

根据制修订计划和征求到的意见和建议，编写动物检疫技术标准的文本，包括标准的名称、前言、适用范围、术语和定义、检疫程序、检测方法、检疫证明等。

5. 审核和批准

将编制好的标准文本提交给动物检疫领域的专家和相关部门进行审核和批准，确保标准的质量和合法性。

6. 发布和实施

经过审核和批准的标准文本需要进行发布和实施，同时需要做好标准的宣传和培训工作，确保从业人员能够正确理解和执行标准。

二、能力验证

《能力验证　动物检疫领域技术要求》（RB/T 210）是中华人民共和国国家市场监督管理总局发布的能力验证规范，适用于动物检疫领域的能力验证活动，包括实验室能力验证和现场能力验证。该规范规定了动物检疫领域能力验证的组织和实施要求，包括计划与准备、样品制备与传递、能力验证测试、结果报告与评价、不符合项的整改和后续监督等环节。CNAS－CL03《能力验证提供者认可准则》是符合 ISO/IEC 17043：2010《合格评定——能力验证的通用要求》的准则，它主要面向行业内检测机构提供服务，通过技术比对验证，评估检测机构的技术检测能力。动物检疫技术标准的能力验证是指通过一系列的测试和评估,验证动物检疫技术标准是否符合预期的能力和要求。通过动物检疫技术标准的能力验证,可以确认标准的能力和可靠性,提高动物检疫工作的质量和安全性。同时,能力验证也可以为动物检疫技术的推广和应用提供重要的支持和保障。开展动物检疫技术标准的能力验证的主要步骤如下。

1. 制订能力验证计划

根据动物检疫技术标准的特性和要求,制订能力验证及测量审核计划,包括验证的内容、测试样本的选择、检测方法的确定、评估标准等。

2. 准备样本

根据能力验证计划,准备合适的测试样本,包括病原体、抗体、污染物、药物等,确保样本的代表性和真实性,满足均匀性和稳定性要求。

3. 测试

根据动物检疫技术标准的要求,参试单位对测试样本进行检测和观察,记录测试结果。

4. 结果评估

根据能力验证计划和评估标准,对测试结果进行评估,确定参试单位实施该动物检疫技术标准的能力和可靠性。

5. 能力验证报告

将能力验证的结果和评估结果记录在能力验证报告中,向相关人员或机构提交报告。

三、实验室间比对

动物检疫实验室间比对是按照预先规定的条件,由两个或多个实验室对相同或类似的测试样品进行检测的组织、实施和评价。目的是确定实验室能力、识别实验室存在的问题与实验室间的差异,是判断和监控实验室应用动物检疫技术标准能力的有效手段之一。

开展实验室间比对可以按照以下步骤进行:①确定实验室间比对的具体目的和预期结果。如验证实验室的能力、识别实验室存在的问题、监控实验室的变化等。②选择合适的实验室间比对方案。这可以通过查询专业组织或协会的推荐方案,或者根据特定需求自行设计。③选取合适的样品。可以是标准样品、未知样品或实际样品,但需要确保样品的特性能够充分反映实验室的能力和水平。④通知参与实验室并明确任务要求。包括样品的描述、分析方法、时间安排、数据报告方式等。⑤实施实验室间比对。实验室按照规定的要求进行分析,收集并整理数据。⑥分析实验室间比对的结果。通过统计分析或其他方法评价实验室间的差异,判断实验室的能力和水平。⑦编写报告并分享结果。将结果以书面形式报告给参与实验室,并提供反馈和建议,促进实验室能力的提升。

实验室间比对需要充分准备和计划,以确保结果的准确性和有效性。同时,还需要根据实际情况灵活调整方案,以满足特定的需求和目标。

四、测量审核

测量审核是一种重要的质量管理工具,用于确定测量系统是否满足特定要求的方法。它可以确保测量结果符合法规要求、客户要求和企业内部要求，从而提高产品质量、降低成本并增强企业竞争力。

动物检疫测量审核的过程通常包括以下步骤：①选择要审核的测量设备或技术方法。②确定测量设备或方法的准确度和误差范围。③使用标准样品或已知值进行实际测量，并记录测量结果。④分析测量结果，确定测量误差。⑤将测量误差与允许误差范围进行比较，以确定测量系统或方法是否满足要求。⑥根据比较结果，采取必要的措施来改进测量系统或进行其他必要的调整。

测量审核在动物检疫实验室认可中有着重要的用途，它是实验室对被测物品进行实际测试，将测试结果与参考值进行比较的活动。作为实验室能力验证计划的有效补充，测量审核结果是中国合格评定国家认可委员会（CNAS）判定实验室能力的重要技术依据。如果实验室参加了 CNAS 的某项测量审核并取得满意结果，便可在 CNAS 的现场评审中免除对该项检测/校准能力的现场试验。动物检疫测量审核的领域、范围和实验室参加的频次要求与能力验证相同，这有助于确保实验室在特定的测试领域内保持其检测能力。因此，测量审核是保障动物检疫实验室检测能力的重要手段，有助于确保测试结果的准确性和可靠性。

第七节　动物检疫 SPS 评议

SPS 是动植物卫生检疫的缩写，旨在认真履行世界贸易组织（WTO）有关透明度的义务，确保中国在动植物卫生检疫领域法规的制定和实施透明化。动物检疫技术标准化是 SPS 评议中一个重要的方面。在 SPS 评议中，各国需要提交其动物检疫技术标准和规范，并接受世界贸易组织的评估。评估的主要内容包括标准的科学性、合理性和可操作性等方面。如果一个国家的动物检疫技术标准被认为是不合理或不必要，可能会受到世界贸易组织的质疑和压力。

动物检疫技术标准化是 SPS 评议中的一个重要环节，对于保障国际贸易的顺利进行和保护动物健康都具有重要意义。

一、SPS 协定

SPS 协定是 WTO 制订的贸易协定之一，全称为《实施卫生与植物卫生措施协定》。这个协定的目的是保护成员国人类、动物或植物的生命或健康所必须采取的一些限制措施，但这些措施必须基于科学原理和相关国际标准，且不能在成员国之间构成任意或不合理的歧视与限制。

SPS 协定适用于所有可能直接或间接影响国际贸易的卫生与植物卫生措施。此类措施应依照协定的规定制定和适用。各成员有权采取为保护人类、动物或植物的生命或健康所必需的卫生与植物卫生措施，只要此类措施与协定的规定不相抵触。

各成员应保证其卫生与植物卫生措施不在情形相同或相似的成员之间，包括在成员自己领土和其他成员的领土之间构成任意或不合理的歧视。

二、SPS 评议

1. 概念

SPS 评议是指 WTO 成员对其他成员通报的技术性贸易措施，依据《SPS 协定》的原则，以对相关产品国际贸易的影响和对本国相关产业的影响为着眼点，以现代科学技术为依托，以 WTO 规则为依据，结合《SPS 协定》的相关条款，对其是否具有规则合理性、技术合理性、贸易合理性，提出批评、质疑或关注的活动。

我国 SPS 咨询点是中华人民共和国海关总署下属的国家机关，旨在认真履行世界贸易组织（WTO）有关透明度的义务，确保中国在动植物卫生检疫领域（SPS）法规的制定和实施透明化。根据世界贸易组织（WTO）的相关协议，海关 SPS 咨询点可以获取相关咨询信息。

2. 步骤

SPS 评议是为了评估 SPS 措施对于贸易的影响，并为各国之间的贸易决策提供透明度和可预测性。评议的内容通常包括措施的制定和实施情况、相关风险评估和科学依据等方面。

具体来说，SPS 评议的方法可以包括以下步骤：①收集和分析相关资料。这包括相关科学研究和数据，以及 SPS 措施的制定和实施情况。②与相关利益相关者进行讨论和协商。这可以包括与政府部门、行业协会、专家学者等各方面进行沟通和交流，了解各方对于 SPS 措施的看法和意见。③形成评议意见。根据收集和分析的资料和讨论协商的结果，形成最终的评议意见。④发布评议结果。将评议意见以报告的形式发布，同时通知相关利益相关者和机构。

在进行 SPS 评议时，需要注意遵守国际贸易规则和标准，保障评议过程的公正、透明和科学性。同时，需要充分考虑各方利益和关切，尽可能地平衡各方之间的分歧和意见，为贸易决策提供可预测性和稳定性。

3. 内容

动物检疫 SPS 评议是对动物检疫措施进行评估和审查的过程，旨在确保动物检疫措施的合理性和科学性，并避免对国际贸易造成不必要的障碍。

具体来说，动物检疫 SPS 评议的内容可以包括以下几个方面：①检疫措施的制定和实施情况。评议的内容可以包括动物检疫的措施是否合理、是否符合国际标准、实施情况如何等方面。②检疫措施的科学依据。评议的内容可以包括动物检疫的科学依据是否充分、是否符合现代科学技术的发展等方面。③检疫措施对于贸易的影响。评议的内容可以包括动物检疫措施对于国际贸易的影响如何，是否会对相关国家的贸易造成不利影响等方面。④检疫措施的国际合作。评议的内容可以包括动物检疫方面的国际合作情况如何，是否能够有效地共同应对动物疫病的挑战等方面。

在进行动物检疫 SPS 评议时，需要遵循 SPS 评议的一般原则和方法，同时也需要结合动物检疫的特点和实际情况进行评估和审查。可以采取多种方式和渠道进行评议，例如召开专题会议、组织专家论证、开展社会公众评议等等。评议结果应该公开透明，同时为各方提供合理的建议和意见，以促进动物检疫工作的科学性和贸易的公平性。

三、SPS 措施

SPS 措施是指动植物卫生检疫措施，包括动植物卫生检疫措施协议和相关法律法规和标准。这些措施的目的是保护人类、动物或植物的生命或健康，同时也有助于保障国际贸易的顺畅和稳定。

SPS 措施涵盖了多个领域，例如植物检疫、动物检疫、食品安全、环境保护等等。具体来说，SPS 措施包括对农产品、畜产品、水产品等各类动物和植物及其产品的检验、检测、认证和监督等方面的规定。动物检疫 SPS 措施可以分为以下几个大类：①动物健康措施。这些措施是为了预防动物疫病的传播和扩散，保障动物及其产品的安全和质量。例如，对进口动物及其产品的检疫和监督，以及对动物流行病的监测和报告等。②动物卫生措施。这些措施是为了防止动物疫病的发生和传播，以及保障动物及其产品的质量。例如，对动物饲养环境的卫生管理，对动物运输和屠宰的卫生控制等。③食品安全措施。这些措施是为了保障食品的安全和质量，特别是针对动物源性食品的检查和监督。如对食品中兽药残留的检测和控制，对食品添加剂的限制和监督等。

总的来说，动物检疫 SPS 措施是为了保护动物健康、保障动物及其产品的安全和质量，同时也是为了维护国际贸易的正常秩序和公平竞争。这些措施具有科学依据和国际标准，并经过 SPS 评议和审查，以保证其合理性和科学性。

这些措施不仅有科学依据，也符合国际贸易规则，可以为各国政府提供必要的工具，保障国家食品安全和动植物健康，同时也可以避免由于检疫不严而引起的动物疫病和植物病虫害等问题。

总之，SPS 措施是国际贸易中不可或缺的一部分，对于保护人类、动物或植物的生命或健康以及保障国际贸易的顺畅和稳定具有重要意义。

第八节　教育培训和持续改进

动物检疫技术培训和教育是提高动物检疫员专业技术水平和整体素质的重要途径，也是保障动物及动物产品质量的必要手段。通过培训和教育，使其了解标准化操作规程的内容和要求，确保操作过程的规范化和统一化。持续改进是指在实施动物检疫标准化操作规程的过程中，不断发现问题、解决问题，并持续改进标准化操作规程的方法和流程，确保检疫工作质量和安全性。

一、培训和教育

可以组织动物检疫技术培训班，邀请专家授课，通过理论学习和实践操作相结合的方式，提高动物检疫员的技能和素质。可以利用互联网技术，通过在线教育平台，提供动物检疫技术课程和学习资源，方便动物检疫员学习和培训。组织动物检疫技术学术交流会，邀请业内专家和学者分享经验和技术，促进动物检疫技术的进步和发展。组织动物检疫员资格考试，通过考试的人员可以获得相应的检疫人员资格证，提高动物检疫员的准入门槛和专业水平。积极开展动物检疫技术培训证书的颁发工作，鼓励动物检疫员参加培训并取得证书，提高其学习动力和积极性。通过这些措施的实施，可以有效地提高动物检疫员的技能和素质，保障动物及动物产品的质量安全和公共卫生安全。

二、持续改进

持续改进需要从法律法规、检疫设备、人员素质、监督机制和社会化服务体系等多个方面入手，形成全面、系统、有效的动物检疫技术标准化体系，为动物防疫工作提供有力的技术支撑。

1. 法律法规的完善

随着动物检疫工作的不断深入和实践经验的积累，需要对相应的法律法规进行不断完善和更新，以适应现代动物检疫工作的需要。

2. 检疫设备的改进

动物检疫工作的精度和效率与检疫设备的精度和效率密切相关。因此，需要不断引进和研发先进的检疫设备和技术，提高检疫工作的精度和效率。

3. 人员素质的提高

动物检疫工作的质量和水平与人员的素质密切相关。因此，需要不断加强人员的培训和学习，提高人员的专业素质和技能水平。

4. 监督机制的完善

动物检疫工作的质量和水平还需要完善的监督机制来保障。因此，需要建立健全的监督机制，对动物检疫工作进行全面、科学、有效的监督和管理。

5. 社会化服务体系的建立

动物检疫工作不仅仅是政府和企业的责任，还需要建立社会化服务体系，让更多的社会力量参与到动物检疫工作中来，共同推动动物检疫技术标准化的持续改进。

标准化动物检疫实验室的建立

标准化动物检疫实验室是指按照一定标准和规范建造的动物检疫实验室，以确保实验室的设施、设备、实验方法和技术符合国际标准和国内法规的要求，从而提高动物检疫的准确性和可靠性。

动物检疫实验室应建造在一级以上生物安全防护实验室的基础上，实验室内部应设有隔离检疫间、无菌操作间、仪器设备间等，以满足动物检疫和生物安全防护的要求。应配备必要的仪器设备，如分子生物学检测设备、微生物检测设备、血清学检测设备、病理学检测设备等，以确保动物检疫工作的准确性和可靠性。实验人员应具备专业知识和技能，能够正确操作仪器设备，并进行动物检疫和生物安全防护。应建立完善的管理制度，包括实验室安全管理制度、仪器设备管理制度、样品管理制度等，以确保实验室工作的规范和有序。应对样品进行分类管理，建立样品档案，对样品的来源、种类、数量、检测结果等进行详细记录，以确保样品管理的规范和有序。应对检测结果进行分类管理，建立检测结果档案，对检测结果的准确性、可靠性和安全性进行评估，以确保检测结果管理的规范和有序。

标准化动物检疫实验室的建设需要遵循一定的标准和规范，从基础设施、仪器设备、实验人员、实验室管理、样品管理和检测结果管理等方面入手，确保实验室工作的规范和有序，以提高动物检疫工作的准确性和可靠性。

第一节　目标和任务

在建立实验室之前，需要明确实验室的目标和任务，包括实验室的规模、任务、人员配备等。标准化动物检疫实验室的目标是通过对动物检疫流程和操作的标准化，提高动物检疫的准确性和可靠性，保障动物及动物产品的质量安全和公共卫生安全。任务包括以下几个方面。

1. 制定和推广动物检疫标准

标准化动物检疫实验室应制定和推广动物检疫标准，包括动物检疫流程、操作规范、检疫设备等，确保动物检疫工作的标准化和规范化。

2. 开展动物检疫技术研究和开发

标准化动物检疫实验室应开展动物检疫技术研究和开发，引进和推广先进的动物检疫技术和设备，提高动物检疫工作的科技含量和水平。

3. 培养和引进动物检疫人才

标准化动物检疫实验室应培养和引进动物检疫人才，提高动物检疫人员的整体水平和素质，为动物检疫工作提供人才保障。

4. 开展动物检疫技术培训和教育

标准化动物检疫实验室应开展动物检疫技术培训和教育活动，提高动物检疫人员的专业技能和素质，为动物及动物产品的质量安全和公共卫生安全提供保障。

5. 开展动物检疫技术监督和评估

标准化动物检疫实验室应开展动物检疫技术监督和评估工作，及时发现和解决问题，为动物检疫技术标准化持续改进提供保障。

第二节　管理体制

建立实验室管理体制，包括组织体制和考核制度。组织体制应该明确实验室的领导机构、各部门和岗位职责，并建立相应的管理制度。考核制度要求对实验室成员的工作进行定期考核，以监督实验室的工作质量。

标准化动物检疫实验室的实验室管理体制是保障实验室运行效率和工作质量的重要因素。

一、组织结构

实验室应建立合理的组织结构，明确各部门的职责和分工，建立协作机制，确保实验室工作的顺利进行。组织结构应包括管理部门、技术部门、质量部门等，其中管理部门负责实验室日常管理和协调，技术部门负责实验室技术和实验操作，质量部门负责实验室质量保证和质量控制。

二、管理制度

实验室应建立一套完善的管理制度，包括实验室人员管理、实验室设备管理、实验室环境管理等。管理制度应明确各项规定和要求，建立执行和监督机制，确保实验室工作的安全和稳定。

三、质量体系

实验室应建立质量体系，确保实验室工作的准确性和可靠性。质量体系应包括质量手册、程序文件、作业指导书等，明确各项质量要求和操作规程，建立质量保证和质量控制机制，确保实验室工作的质量。应制订和实施质量控制计划，加强内部质量控制，开展能力验证和实验室间比对。要满足记录控制和文件管理的规范性要求。

四、培训教育

实验室应建立培训教育制度，提高实验室人员的专业技能和素质。培训教育应包括岗前培训、在岗培训、继续教育等，建立培训档案，定期进行培训效果评估和反馈，确保实验室人员的能力和水平满足要求。

五、应急管理

实验室应建立应急管理机制，应对突发事件和紧急情况。应急管理应包括应急预案、应急演练、应急处理等，建立应急响应队伍，定期进行应急演练和效果评估，确保实验室人员能够及时应对突发事件。

第三节　管理制度

实验室是一个危险的场所，需要制定相应的安全规定和管理制度，包括实验室的安全操作规程、消防安全规程、实验室废弃物管理规定等。动物检疫实验室必须符合相关安全标准，包括建筑设计、通风设备、电力设备等方面。实验人员必须经过安全培训，了解动物实验的安全风险和应对措施。实验过程中必须穿戴个人防护装备，如防护眼镜、防护服、手套等。实验动物必须来自有许可证的单位，且具有合格证明。实验动物的饲养环境和设施必须符合国家标准。用于解剖的实验动物必须经过检验检疫合格。实验人员必须遵守实验室规定，如实验前须认真阅读实验方案和安全手册，按照规定的操作流程进行实验等。实验室须有严格的物品管理制度，包括实验器材、化学药品等。实验室须有严格的记录制度，包括实验记录、仪器使用记录等。实验室须有严格的卫生清洁制度，保持实验室的整洁和卫生。

标准化动物检疫实验室的安全规定和实验室管理制度是保障实验室人员安全、实验结果准确和实验室环境安全的重要措施。以下是一些常见的安全规定和实验室管理制度。

一、实验室人员安全规定

实验室人员必须穿戴符合要求的防护服、防护眼镜、防护手套等个人防护用品；实验室内部禁止饮食、吸烟、化妆等行为；实验室人员必须接受相关安全培训，掌握安全操作规程和应急处理方法。

二、实验室环境安全规定

实验室必须配备消防、安全报警、安全处理等设备；实验室内部布局和设施应符合安全要求，如安全出口、安全照明等；实验室内部应建立安全检查制度，定期进行安全检查和维护。

三、实验室生物安全规定

实验室应配备符合要求的生物安全设备，如生物安全柜、高压灭菌器等；实验室人员进行实验操作时必须遵循生物安全规程，如正确使用个人防护用品、实验操作规范化等；实验室应建立生物安全管理制度，定期进行安全检查和维护。

一类动物病原微生物的病原分离培养和动物感染试验，应在动物三级生物安全实验室进行，一般进出境样品检疫应在二级生物安全实验室完成。必须建立相应的实验室操作规程，包括实验操作、实验室清洁、实验室消毒等，以确保实验室的安全和可靠性。

四、实验室化学安全规定

实验室应配备符合要求的化学安全设备，如化学通风橱、灭火器等；实验室人员进行实验操作时必须遵循化学安全规程，如正确使用个人防护用品、实验操作规范化等；实验室应建立化学安全管理制度，定期进行安全检查和维护。

五、实验室样品管理规定

实验室应建立样品管理制度，包括样品的采集、存储、传递、制备、分析、处置等环节；实验室人员进行样品操作时必须遵循操作规程，如样品标识、样品存储、样品处理等；实验室应建立样品质量保证制度，确保样品操作的准确性和可靠性。

六、实验室诊断试剂管理规定

动物检疫实验室诊断试剂应当符合相关规定，确保产品质量和安全性。试剂的采购应当选择符合验收和评价要求的试剂，并确保试剂的品质和性能符合相关规定和标准。使用时应当符合相关操作规程和标准，以确保实验结果的准确性和可靠性。运输和储存应当符合相关规定和标准，保持温度、湿度、光照等环境因素的稳定，以确保试剂的质量和稳定性。诊断试剂的报废应当经过严格的审批程序，并按照相关规定和标准进行销毁处理，以防止试剂的泄漏和污染。动物检疫实验室诊断试剂的采购、使用、储存和报废等管理过程应当有记录和档案保存，以便于跟踪和管理。

七、实验室质控品管理规定

质控品的采购、验证和管理应当符合相关规定，储存时应当保持温度、湿度、光照等环境因素的稳定，以确保质控品的质量和稳定性。加强致病性微生物及分子水平质控品的建立和管理。质控品的报废应当经过严格的审批程序，并按照相关规定和标准进行销毁处理，以防止质控品的泄漏和污染。质控品的采购、使用、储存和报废等管理过程应当有记录和档案保存，以便于跟踪和管理。

八、动物实验管理规定

动物实验必须遵循科学、规范、安全、有效的原则，确保实验结果的真实、可靠和可重复性。加强采购和验收工作，确保使用符合实验要求的动物，并对动物进行充分的安全防护，防止动物受伤、生病或死亡。严格控制实验条件，确保实验的稳定性和可重复性。加强环境监控，对实验过程进行详细记录，包括实验时间、实验内容、动物数量和状态、实验操作人员等信息。对实验结果进行统计分析，并根据分析结果得出结论。

动物实验必须经过相关审批程序，并按照相关规定和标准进行操作和管理。应遵守实验室动物管理规定，确保实验室动物的安全和健康。

第四节 实验室设计

实验室布局应该符合实验室操作规程和安全规定，便于实验操作和维护，避免危险操作和交叉污染。标准化动物检疫实验室的布局设计应考虑到实验流程、操作安全、设备布局等因素。

实验室水路和电路的设计应该合理，符合安全规定和标准要求。水路应该包括上水管、下水管和二次蓄水装置，电路应该包括电源插座、电源线、空调、照明等。标准化动物检疫实验室的水路和电路设计应遵循安全、可靠、节能的原则，水路和电路设计应考虑到实际需求，遵循设计规范，确保实验室运行的安全、稳定和经济。

设计过程中应加强专业人员的参与和咨询，确保设计的合理性和可行性。同时，实验室应定期对布局进行评估和调整，以适应实验需求和技术发展的变化。

一、水路设计

实验室应设置独立的供水管道，分别供应生活用水和实验用水。生活用水包括自来水、热水等，实验用水包括冷却水、洗涤水等。供水管道应尽可能缩短长度，减少弯头和阀门的使用，保证供水压力和流量的稳定性。实验室应设置独立的排水管道，分别排放生活污水和实验废水。生活污水排放至城市排水系统，实验废水应经过处理后再排放。排水管道应设置在低处，便于排水和防止积水。

二、电路设计

实验室应设置独立的供电系统，分别供应生活用电和实验用电。生活用电包括照明、空调等，实验用电包括仪器设备用电等。供电系统应考虑供电半径、供电负荷、供电稳定性等因素，确保供电质量。实验室应设置应急电源系统，如备用发电机、应急电池等，以备突发情况时保证供电。电路设计应遵循安全规范，如接地保护、过载保护、短路保护等，确保人员和设备的安全。

三、流程设计

实验室应按照实验流程设计布局，使实验人员能够方便、快捷地完成各项操作。流程设计应考虑到人员进入、检测、处理等环节，以及实验室样本的传输、处理和存储等。合理的流程设计可以提高实验室工作效率和减少人员操作风险。

四、安全设计

实验室布局应考虑到操作安全，将危险品、高压设备、化学试剂等危险物品与一般物品分区放置，避免交叉污染和安全隐患。同时，实验室应设置紧急出口和安全疏散路线，确保人员在紧急情况下的快速撤离。

五、设备布局

实验室应合理布局设备，将同类设备放置在同一区域，便于管理和维护。设备布局应考虑到设备尺寸、操作安全距离、通风管道等因素。同时，实验室应设置设备间，将设备与实验室主体分开，有利于设备的通风、散热和噪音控制。

六、洁净要求

实验室应按照洁净要求设计布局，将洁净区与污染区分开。洁净区应设置在实验室内部，污染区应设置在实验室外部，避免交叉污染。同时，实验室应设置空气过滤系统，确保实验室空气洁净度符合要求。

七、储藏空间

实验室应合理设计储藏空间，将试剂、样品、文献等分类放置，方便取用和管理。储藏空间应考虑到物品尺寸、重量、使用频率等因素，同时应设置储藏柜和货架等储藏设备，确保物品存放安全和方便。

第五节　设备和器材

标准化动物检疫实验室需要配备必要的设备和器材，如生物安全柜、消毒设备、洗涤设备、实验台、试剂和器材等，以满足动物检疫的要求和保障实验室安全。开展维护保养和考核计划，强化设备的日常事务管理及计量溯源和期间核查工作。

一、检疫设备

实验室应配备各种检疫设备，如超净工作台、检疫箱等，用于动物的检疫和检测。这些设备应符合国家有关标准和规定，具有较高的准确性和可靠性。

二、实验室器材

实验室应配备各种实验室器材，如离心机、高压锅、显微镜、分析天平、分光光度计等，用于实验室分析和检测。这些器材应具有较高的精度和稳定性，能够满足实验要求。

三、防护器材

实验室应配备各种防护器材，如防护服、防护眼镜、防护手套等，用于实验室人员的个人防护。这些器材应符合国家有关标准和规定，具有较高的防护效果和舒适性。

四、通信设备

实验室应配备各种通信设备,如电话、对讲机等,用于实验室人员之间的通信和交流。这些设备应具有较高的可靠性和便捷性,能够满足实验室通讯需求。

五、消防设备

实验室应配备各种消防设备,如灭火器、消防栓、灭火器材等,用于实验室消防应急处理。这些设备应具有较高的可靠性和有效性,能够满足消防要求。

标准化动物检疫实验室需要配备必要的设备和器材,以提高实验效率和保证实验结果的准确性。实验室应选择符合国家和行业标准的设备器材,并定期进行维护和更新,以确保设备和器材始终保持良好的工作状态。

第六节　标准化操作程序

建立标准化操作程序,确保实验操作过程符合安全规定和标准要求,减少误操作和事故发生的风险。开展方法验证和确认,编写作业指导书,进行检疫方法的测量不确定度评估。标准化动物检疫实验室需要建立一套标准化操作程序,以确保实验室人员能够进行规范、准确的实验操作。

应按照规定的采样方法和程序,采集动物样品,确保样品的代表性和真实性。将采集的样品进行预处理,如分离血清、处理组织等,以便进行后续的检测。按照规定的检测方法和程序,对样品进行检测,包括病原检测、抗体检测、细菌分离等。对检测结果进行记录,包括检测项目、检测结果、检测时间等,形成检测报告。对检测结果进行分析和评估,确定动物疫情状况和防控措施。按照实验室标准化管理程序,对实验室进行管理,包括设备维护、试剂管理、生物安全等。按照质量保证程序,确保实验室检测结果的准确性和可靠性,包括室内质量控制和室间质评等。按照规定的要求,对实验室记录进行保存,包括检测记录、质量记录等。

标准化动物检疫实验室需要建立一套标准化操作程序,以确保实验室人员能够进行规范、准确的实验操作。实验室应加强培训和教育,使实验室人员能够熟练掌握标准化操作程序,并定期进行监督和评估,以确保实验室操作的标准化和规范化。

一、样品采集与处理程序

样品采集与处理是动物检疫的重要环节,需要按照规定的方法和步骤进行操作,该程序应包括样品的采集、标识、运输、存储、处理等方面的规定,确保样品的质量和可靠性。

二、实验操作程序

实验操作程序应包括实验的目的、原理、方法、步骤、试剂和仪器的使用等方面的规定，该程序应明确实验操作的要求和注意事项，确保实验结果的准确性和可靠性。

三、实验室安全程序

实验室安全程序应包括实验室安全规定、实验室生物安全、化学安全、消防安全等方面的规定，该程序应明确实验室安全操作的要求和注意事项，确保实验室人员和设备的安全。

四、仪器设备操作程序

仪器设备操作程序应包括仪器设备的名称、型号、规格、使用目的、操作步骤、维护保养等方面的规定，该程序应明确仪器设备操作的要求和注意事项，确保仪器设备的准确性和可靠性。

五、记录与报告程序

记录与报告程序应包括记录和报告的格式、内容、填写方法、保存期限等方面的规定，该程序应明确记录和报告的要求和注意事项，确保记录和报告的完整性和准确性。

第七节　定期审核

在动物检疫实验室中，内部审核和外部审核都是非常重要的风险控制措施，可以帮助实验室发现和纠正存在的问题，确保实验室的运行质量和安全性。标准化动物检疫实验室应定期进行内部审核和外部审核，以确保实验室质量体系的符合性和有效性。

内部审核是指由实验室质量主管组织具有内审员资格的人员对实验室管理体系进行定期审核，以证实实验室运作符合质量体系和相关标准的要求。内部审核要求有内部审核管理程序和审核计划，定期组织内部审核。内部审核应在实验室质量体系运行一段时间后进行，以检查质量体系的运行情况，并发现和纠正存在的问题。

外部审核应由权威机构进行，以确认实验室质量体系的符合性和有效性，并获得实验室认可和资质。外部审核包括第二方审核和第三方审核。第二方审核是由外部的第二方或合同方组织具有评审员资格或内审员资格的人员对实验室管理体系进行审核。第三方审核是由外部的行政管理部门组织具有评审员资格的人员对实验室管理体系进行审核。

标准化动物检疫实验室应定期进行内部审核和外部审核，以确保实验室质量体系的符合性和有效性。实验室应加强培训和教育，使实验室人员能够熟练掌握审核方法和技巧，发现和纠正存在的问题，并定期进行监督和评估，以确保审核的有效性和准确性。

一、内部审核

动物检疫实验室的内部审核是实验室风险控制的重要手段。内部审核应由实验室管理人员或指定的内审员进行，对实验室质量体系进行全面的审查和评估。内审员应具备相关的专业知识和技能，能够发现和纠正存在的问题。内部审核应包括以下内容：实验室质量体系的符合性和有效性；实验室安全规定和操作程序的执行情况；实验室设备的维护和使用情况；实验室记录和报告的填写和保存情况；实验室人员的培训和技能水平。

以下是动物检疫实验室内部审核的一些主要步骤。

1. 制定内部审核计划

实验室质量主管应制定内部审核计划，包括审核的时间、审核的内容、审核的范围等。

2. 准备内部审核资料

内部审核需要准备的资料包括实验室质量管理体系文件、检测方法、检测报告、质量记录等。

3. 组织内部审核会议

实验室质量主管应组织内部审核会议，确定审核人员和审核对象，并向审核人员介绍审核的目的和要求。

4. 实施内部审核

审核人员应按照审核计划和审核要求，对实验室的各个领域进行审核，包括实验室管理、实验室环境、检测设备、检测方法等。

5. 记录内部审核结果

审核人员应将内部审核的结果记录在内部审核表中，并指出存在的问题和改进的建议。

6. 制定改进计划

实验室应根据内部审核结果，制订改进计划，采取措施解决问题，提高实验室的工作质量和安全性。

7. 跟踪改进情况

实验室应定期或不定期地对改进情况进行跟踪和评估，确保改进计划的落实和效果的实现。

通过以上步骤，动物检疫实验室可以有效地进行内部审核，发现和纠正存在的问题，提高实验室的工作质量和安全性。

二、外部审核

动物检疫实验室的外部审核是实验室风险控制的重要手段，应由权威机构进行，以确认实验室质量体系的符合性和有效性，并获得实验室认可和资质。外部审核应包括以下内容：实验室质量体系文件的符合性和有效性；实验室安全规定和操作程序的执行情况；实验室设备的维护和使用情况；实验室记录和报告的填写和保存情况；实验室人员的培训和技能水平。

外部审核包括第二方审核和第三方审核。第二方审核是由外部的第二方或合同方组织具有评审员资格或内审员资格的人员对实验室管理体系进行审核。第二方审核的重点是实验室的管理体系、检测能力、检测方法、检测报告等方面，以确认实验室是否符合相关标准和法规的要求，以及实验室是否能够提供准确、可靠的检测结果。

第三方审核是由外部的行政管理部门或认证机构组织具有评审员资格的人员对实验室管理体系进行审核。第三方审核的重点与第二方审核类似，但还包括对实验室的公正性、客观性、保密性等方面的审核。动物检疫实验室的第三方审核是一种由认可机构或认证机构组织的审核，目的是确认实验室是否符合相关标准和法规的要求，以及实验室是否具有公正性、客观性和保密性。第三方审核通常由具有评审员资格或内审员资格的人员进行，重点审核实验室的管理体系、检测能力、检测方法、检测报告等方面。审核内容包括实验室的质量管理体系、人员素质、设备设施、检测方法、样品管理、生物安全、环境保护等方面。第三方审核的结果通常会作为实验室认证和认可的重要依据和证据，可以帮助实验室提高其工作质量和安全性，提高实验室的公信力和信誉度。

在动物检疫实验室中，第三方审核是非常重要的风险控制措施，可以帮助实验室发现和纠正存在的问题，确保实验室的运行符合相关标准和法规的要求，提高实验室的公正性、客观性和保密性。动物检疫实验室的第三方审核主要步骤如下。

1. 审核申请

实验室向认可机构或认证机构提出审核申请，提供相关资质证明和审核所需的其他资料。

2. 审核计划

认可机构或认证机构制定审核计划，包括审核的时间、审核的内容、审核的范围等。

3. 审核准备

审核人员准备审核所需的文件和资料，了解实验室的情况和相关标准要求。

4. 现场审核

审核人员对实验室进行现场审核，包括实验室管理、实验室环境、检测设备、检测方法等方面。

5. 审核结果评定

审核人员根据现场审核情况，对实验室的符合性和不符合性进行评定，确定实验室是否符合相关标准和法规的要求。

6. 审核报告

审核人员编写审核报告，包括审核概述、符合性评定、不符合项及整改要求等，审核报告经认可机构或认证机构审核后发放给实验室。

7. 跟踪验证

实验室应根据审核报告中的不符合项及整改要求，进行整改和改进，并将整改情况和验证结果报告认可机构或认证机构。

在动物检疫实验室中，外部审核可以帮助实验室发现和纠正存在的问题，提高实验室的工作质量和安全性，确保实验室的运行符合相关标准和法规的要求。同时，外部审核也可以为实验室的认证和认可提供重要的依据和证据。

第八节　风险控制

进行风险评估和风险控制，确保实验室的工作符合相关法律法规和标准要求，避免发生安全事故。标准化动物检疫实验室应进行风险评估和风险控制，以确保实验室安全和实验结果的准确性。风险评估应包括对实验室活动和操作过程中可能存在的危险和风险进行分析和评估，并采取相应的风险控制措施。

实验室需要定期进行风险评估，以确定实验过程中可能存在的生物安全风险。评估应包括所有潜在的危险源，如生物因子、化学因子、放射性因子等。评估应包括实验室设备的运行、样品和试剂的使用、实验操作规程、员工个人防护等各个方面。根据风险评估的结果，实验室应采取相应的风险控制措施。实验室应具备适当的生物安全设施，如生物安全柜、消毒设备、紧急冲洗设备等。这些设施应定期维护和检查，以确保其正常运转。实验室应使用经批准的试剂，并在有效期内使用。应建立标准的实验操作规程，以确保实验过程的安全和准确。实验室应建立严格的生物废弃物处理程序，确保废弃物得到妥善处理，以防止污染环境和危害人类健康。应建立严格的样品和试剂管理制度，确保样品和试剂的安全使用和储存。

实验室员工应穿戴适当的个人防护装备，如防护服、手套、口罩、眼罩等。个人防护装备应符合相关标准，并定期检查和更换。实验操作人员应经过培训和考核，以确保其能够正确操作设备和使用试剂。

一、实验室活动和操作评估

对实验室活动和操作进行评估，包括动物检疫、实验操作、设备使用等方面的评估。评估应考虑实验室人员、设备、样品、化学试剂、微生物等方面的安全和风险。动物检疫实验室的活动和操作评估是非常重要的，因为它们直接涉及实验室的生物安全和实验结果的准确性。以下是一些考虑因素和建议。

1. 评估实验室活动

评估实验室的活动包括检查实验程序、样品处理、试剂使用、废料处理等。应确保所有活动都符合生物安全标准和规定，并且采取必要的防护措施和安全设备，如生物安全柜、防护服、手套等。

2. 评估实验室操作

评估实验室的操作包括检查实验操作规程、设备使用和维护记录、员工培训等。应确保所有操作都符合标准和规定，并且员工都经过必要的培训和考核，能够正确操作设备和使用试剂。

3. 评估实验室安全

评估实验室的安全包括检查实验室生物安全设施、消防设备、应急预案等。应确保实验室具备适当的安全设施和设备，并且员工熟悉应急预案和安全程序。

4. 评估实验室质量

评估实验室的质量包括检查实验室质量控制程序、样品和试剂质量管理、实验数据记录等。应确保实验室的实验结果准确可靠，并且采取必要的质量控制措施。

二、风险控制措施

根据风险评估结果，采取相应的风险控制措施，包括防护措施、安全操作规程、应急预案等。实验室应确保实验室人员能够正确使用防护设备和掌握安全操作规程。动物检疫实验室的风险控制措施主要包括以下几方面。

1. 硬件设施保证

实验室应具备先进的检测设备和合理的布局,以避免各个实验区域间的交叉污染,降低生物风险危害。

2. 人员素质保证

通过培训提高实验室人员的规范操作能力和风险意识,确保实验过程的准确性和安全性。

3. 制度管理保证

制定包括实验室安全管理制度、废弃物及无害化处理管理制度、实验室生物安全事件应急处置制度等,以规范实验操作流程,确保实验室运行的安全性。

4. 监督检查保证

定期或不定期检查实验室的规范化记录和设施设备的使用情况,及时发现并纠正问题,消除风险隐患。

5. 生物安全保证

实验室应采取严格的生物安全措施,防止病原体泄漏和交叉感染,确保实验人员的安全和环境的稳定。

6. 样品管理保证

建立规范的样品采集、保存、处理和处置流程,确保样品的质量和可靠性,防止样品污染和误用。

7. 疫病检测保证

实验室应采用科学的检测方法,对动物疫情进行准确检测和诊断,及时发现和预防潜在的疫情风险。

三、生物安全

实验室在进行动物检疫和相关研究过程中,采取必要的措施和规范,确保实验样品、试剂、废弃物等不会对工作人员、环境和公众造成危害。根据实验室的生物安全要求,动检实验室需要采取相应的生物安全措施来防止非洲猪瘟病毒、禽流感病毒、口蹄疫病毒及新城疫病毒等的传播和感染,实验室应达到安全Ⅱ级+(BSL-2级+)或安全Ⅲ级(BSL-3级)生物安全等级。只有具备相应权限和资质的专业人员才能进入实验室进行实验操作。进入实验室前必须进行严格的培训,确保了解实验室的生物安全要求和操作规程。

实验人员在实验过程中必须穿戴适当的个人防护装备,如防护服、手套、口罩等,以防止病毒经皮肤和呼吸道进入人体。实验室应定期进行消毒,包括对实验台、地面、设备等进行清洁和消毒。使用的消毒剂应能有效杀灭病毒。实验室产生的废弃物应进行分类处理,包括感染性废弃物和化学废弃物。感染性废弃物应进行灭活处理,确保病毒失去感染能力,然后按照相关规定进行妥善处置。实验室应安装生物安全监控设备,如空气微生物监测仪、压力表监测仪等,对实验室的生物安全状况进行实时监控。实验室应建立完善的实验记录管理制度,包括实验记录、消毒记录、废弃物处理记录等,以确保实验室操作的合规性和可追溯性。

动检实验室生物安全重点关注以下3点。

1. 保护工作人员

动物检疫实验室涉及的病原体和化学因子可能对工作人员造成危害，如感染、中毒等。因此，实验室需要采取相应的生物安全措施，如使用个人防护装备、生物安全柜等，以保护工作人员的安全和健康。

2. 防止疫情扩散

动物检疫实验室的研究对象可能包括某些传染病原体，如病毒、细菌等。如果实验室管理不善，可能导致这些病原体泄漏或传播，对环境和公众造成危害。因此，实验室需要采取严格的生物安全措施，如生物安全柜的使用、消毒程序的执行等，以防止疫情扩散。

3. 规范研究行为

动物检疫实验室的研究行为需要遵循一定的规范和标准，如实验操作规程、样品和试剂管理程序等。这些规范和标准的执行可以确保实验过程的准确性和安全性，同时也可以避免研究行为的混乱和误操作。

动物检疫实验室生物安全是非常重要的，需要采取一系列措施来确保实验过程的安全性和准确性。同时，实验室也需要定期进行风险评估和生物安全检查，以发现和解决可能存在的生物安全问题。实验室应根据生物安全评估，确定生物安全级别，并采取相应的生物安全措施，如生物安全管理体系的建立与认可，标识系统、安全数据单、生物安全柜的使用，微生物分离和鉴定等。

四、化学安全及其他安全

1. 化学安全

动物检疫实验室化学安全是指实验室在进行相关研究和实验过程中，采取必要的措施和规范，确保化学物质、化学反应等不会对工作人员、环境和公众造成危害。实验室应进行化学安全评估，确定化学安全级别，并采取相应的化学安全措施，如化学品的储存和使用、化学废物的处理等。

动物检疫实验室化学安全的建议和注意事项如下。

（1）标识和分类，实验室应对应急药箱、急救箱、危险化学品、放射性物质等进行明确标识和分类，以避免误用和伤害。

（2）使用和个人防护，实验室工作人员在操作化学物质时，应穿戴适当的个人防护装备，如防护服、手套、眼镜等。同时，应遵循正确的实验操作规程，避免化学物质的误用和泄漏。

（3）储存和管理，实验室应建立严格的化学物质储存和管理制度，确保化学物质的安全储存和使用。应对化学物质的采购、储存、使用、废弃等环节进行管理和控制，避免对环境和公众造成危害。

（4）应急预案，实验室应制定化学应急预案，以应对可能的化学事故和紧急情况。应急预案应包括紧急处置程序、疏散路线、联系方法和应急物资等。动物检疫实验室化学安全是非常重要的，需要采取一系列措施来确保化学物质的安全使用和管理。同时，实验室也应定期进行化学安全检查和评估，以发现和解决可能存在的化学安全问题。

2. 火灾预防

应有效地预防实验室火灾的发生，确保实验室人员的人身安全和财产安全。实验室应禁止吸烟，不得使用明火，以及避免其他可能的火源。电气设备应定期检查，防止电线短路或温度过高引起火灾。实验室应按规定配备灭火器、烟雾报警器、消防栓等消防设施，并定期检查其有效性。实验室应制定火灾疏散预案，明确疏散路线和集结点，并告知所有实验室人员。在火灾发生时，应尽快沿安全路线撤离现场。实验室应指定专人负责火灾应急处理，掌握基本灭火技能，如使用灭火器、灭火毯等。在火灾发生时，应迅速报警并按照预案进行处置。实验室人员应接受消防安全培训，了解火灾预防、逃生和自救知识。

3. 用电安全

实验室用电安全是实验室管理的重要组成部分，应有效地预防实验室用电安全事故的发生，确保实验室人员的人身安全和财产安全。实验室应定期检查电气设备，包括电线、插座、插头、断路器等，确保其完好无损，防止电线短路或过载引起火灾或电击危险。实验室人员应掌握正确的用电安全操作规程，如不用湿手接触电器，不随意拆卸电器设备，不私拉乱接电线，严禁将电源线搭在床铺上或工作台上。实验室的建筑物应采取防雷措施，如安装避雷针、避雷带等，以防止雷击引起火灾或电击危险。实验室的电气设备应按规定进行保护接地，确保设备漏电时能够及时切断电源，防止电击危险。实验室应限制使用大功率电器，避免超负荷用电，导致电线过热或火灾风险。实验室应制定用电安全应急预案，明确应急处理程序和责任人，在发生电气事故时能够迅速响应和处理。

4. 辐射安全

要有效地确保实验室的辐射安全，保障实验人员的人身安全和健康。涉源单位在开展相关工作前必须向上级主管部门申领许可证和环评，通过环评和取得许可证后方可开展相关工作。从事放射性工作的人员必须接受职业健康监护和个人剂量监测管理，并掌握放射防护知识和有关法规，通过有资质单位举办的辐射安全培训，考核合格后方可上岗。实验室应制定严格的放射性物质管理制度，包括放射性物质的存放、使用、废弃等环节的安全管理。实验室应设立明显的安全警示标识、警戒线和剂量报警仪等安全设施，确保放射性实验场所的安全。实验人员在操作放射性物质时必须穿戴个人防护用品，如防护服、手套、口罩等，以防止放射性物质对人体造成伤害。应定期进行辐射监测，确保放射性物质的使用安全。应制定辐射安全应急预案，明确应急处理程序和责任人，在发生辐射事故时能够迅速响应和处理。

5. 噪音

实验室的噪音安全也是一个需要关注的问题。过高的噪音会对实验人员的身心健康产生负面影响，也可能干扰实验的正常进行。实验室的布局应该合理，尽量避免设备之间的相互干扰。实验设备的布置应远离噪声源，如通风机、泵等，以减少噪音对实验的影响。应采取有效的隔音措施，如安装隔音板、隔音窗帘等，以降低室内噪音。实验人员应佩戴耳塞、耳罩等个人防护用品，以降低噪音对听觉的损害。在噪音较大的实验场所，应合理安排工作时间，尽量避免长时间在高噪音环境下工作。实验室应定期对实验人员进行健康监测，包括听力测试等，及时发现和处理噪音对健康的损害。

五、风险监测与控制

动物检疫实验室的风险监测与控制是非常重要的，实验室应定期进行风险监测和控制，确保风险控制措施的有效性和实验室安全的稳定性。实验室在运行过程中可能存在各种生物安全风险，需要采取必要的措施进行监测和控制。以下是一些动物检疫实验室风险监测与控制的建议和注意事项。

1. 定期进行安全检查

实验室应定期进行安全检查，包括实验设备、生物安全设施、个人防护装备等。确保这些设备和装备正常运转，并且符合安全标准和规定。

2. 建立安全制度

实验室应建立严格的安全制度，包括安全操作规程、样品和试剂管理制度、废弃物处理制度等。这些制度应得到充分执行，以确保实验室的安全。

3. 员工培训和考核

实验室应对员工进行安全培训和考核，确保员工了解和遵守安全制度和规定。员工应掌握正确的实验操作规程和应急处理能力。

4. 定期进行风险评估

实验室应定期进行风险评估，以识别和评估潜在的安全风险。评估应包括实验过程、样品和试剂使用、废弃物处理等环节。

5. 建立应急预案

实验室应建立应急预案，以应对可能的安全事故和紧急情况。应急预案应包括紧急处置程序、疏散路线、联系方法和应急物资等。

标准化动物检疫实验室应进行风险评估和风险控制，以确保实验室安全和实验结果的准确性。实验室应加强培训和教育，使实验室人员能够熟练掌握风险评估和风险控制的方法和技巧，发现和纠正存在的问题，并定期进行监督和评估，以确保实验室安全的符合性和有效性。

Chapter 5

第五章

动物检疫血清学
技术标准化

免疫血清学是研究血清中抗原和抗体的反应的科学，包括抗原和抗体的提取、纯化和鉴定，以及抗原和抗体的反应动力学和反应热力学等。免疫血清学在医学、生物学和化学等领域都有广泛的应用。动物检疫常用的血清学方法有虎红平板凝集试验、试管凝集试验、红细胞凝集抑制实验、间接 ELISA 和竞争 ELISA、补体结合试验、中和试验等。其中 ELISA 适合高通量检测，用于检测血清中的特异性抗体。

免疫血清学具有以下一般特点：一是特异性，免疫血清反应具有很高的特异性，能够精确地检测和识别特定的抗原或抗体。二是敏感性，免疫血清学能够检测到非常低浓度的抗原或抗体，具有高度敏感性。三是多样性，免疫血清学的方法有多种，包括凝集反应、沉淀反应、补体参与的反应、放射免疫测定和酶免疫等，可以根据不同的试验目的选择合适的方法。四是广泛应用，免疫血清学在诊断、流行病学调查和免疫学研究等领域有着广泛的应用。需要注意的是，免疫血清学的结果可能会受到其他因素的影响，如温度、湿度、光照等，因此在进行实验时需要严格控制这些因素。此外，免疫血清学的结果解释需要专业的知识和经验，有时需要结合其他实验结果进行综合判断。

动物检疫血清学技术标准化是指对动物检疫血清学技术进行规范和标准化的过程。这些技术包括对动物血清中病原微生物抗体的检测、诊断和监测方法。标准化的目的是确保检疫血清学技术的准确性、可靠性和一致性，以支持动物疾病的早期检测、预防和控制。动物检疫血清学技术标准化通常包括以下方面。

1. 抗体检测方法的选择和验证

确定适用于特定病原微生物抗体检测的方法，并验证其灵敏度、特异性和稳定性。

2. 标本采集和保存的规范

确保采集到的动物血清样品能够保持完整和有效，以便后续的检测。

3. 标准物质的研制和应用

制备具有已知抗体水平的标准物质，用于校准和验证检测方法的准确性。

4. 系统的质量控制和质量保证

建立质量控制程序，监测检测方法的准确性和可靠性，并提供质量保证措施。动物检疫血清学技术标准化是为了确保动物检疫血清学技术在使用中的一致性和准确性而制定的一系列规定和标准。这些标准包括实验条件、试剂、操作程序、结果解释和报告等方面。通过标准化，可以确保实验室之间的结果具有可比性，从而提高动物疫病防控的效果。通过动物检疫血清学技术标准化，可以提高动物疾病的监测和防控水平，减少疫病的传播风险，保护动物健康和人类健康。

第一节　动物检疫血清学标准化实验条件

动物检疫血清学标准化实验条件是为了确保动物检疫血清学技术在使用中的一致性和准确性而建立的一系列实验条件和要求。这些条件包括实验室设施、环境控制、仪器设备、安全保障以及管理制度等方面。

一、实验室设施

作为动物检疫血清学实验室，实验室设施应满足以下几个条件。

1. 宽敞的空间

实验室需要足够的空间来容纳实验设备、实验台和研究人员。保持实验室门和走道畅通，以满足实验操作的需要。实验室应该划分为清洁区、半污染区和污染区，以避免交叉感染和样品污染。

2. 良好的通风

实验室需要良好的通风系统，以确保实验过程中产生的有害气体或其他污染物能够及时排出。

3. 充足的照明

实验室需要充足的照明，以便研究人员能够清晰地观察实验过程和结果。

4. 安全设施

实验室需要配备灭火器、急救箱、冲淋器等安全设施，以确保实验过程中的安全。

5. 实验设备

实验室应具备实验台、洗眼器、灭火器、滴定管、抽滤装置、空调、净化器、纯水机、高压灭菌器等基础设备。

6. 存储设施

实验室需要配备存储设施，如冰箱、冰柜等，以便存储实验材料和试剂；以及配备存放有毒有害试剂的毒品专用柜和存放易燃易爆试剂的防爆试剂柜。

7. 信息化设施

实验室需要配备信息化设施，如计算机、网络等，以便研究人员查阅文献、记录实验数据等。

二、环境控制

实验室应该保持清洁卫生，定期进行消毒和清洁，以确保实验环境的无菌性和安全性。实验结束后实验用具、器皿等及时洗净、烘干、入柜，室内和台面均无大量物品堆积，每天至少清理一次实验台。实验室应该控制温度和湿度，以避免对实验结果的影响。

动物检疫血清学实验室的环境控制对于实验结果的准确性和实验人员的身体健康具有重要意义。以下是实验室环境控制的方法。

1. 实验室布局

实验室的布局应该合理、规范，空间充足，避免过度拥挤。实验室的区域应明确划分，包括清洁区、半清洁区和污染区等，以防止不同区域之间的交叉污染。

2. 实验室通风

实验室应具备良好的通风系统，以排除实验过程中产生的废气和有害气体，保持室内空气的新鲜和流通。

3. 实验室空调系统

实验室应安装空调设备，控制室内温度和湿度，保持室内环境稳定和适宜的实验条件。

4. 实验室清洁

实验室应定期进行清洁，保持桌面、地面、设备的清洁和整洁，避免细菌和病毒的滋生和传播。

5. 实验室消毒

实验室应定期进行消毒，使用有效的消毒剂对地面、墙面、设备等进行消毒处理，以防止病原微生物的传播。

6. 实验室噪声控制

实验室应采取有效的噪声控制措施，如安装隔音材料、使用低噪音设备等，以减少噪声对实验人员的影响。

7. 实验室光照控制

实验室应合理布置照明设备，保证足够的照明亮度，同时注意避免直接光线对实验人员的刺激。

三、仪器设备

实验室应该配备相对必要的仪器设备，以确保实验的准确性和可靠性。包括以下几种。

(一) 血清恒温器

血清恒温器用于在恒温条件下进行血清学实验，是一种用于恒温加热血清或其他液体样本的设备。在动物检疫血清学实验中，血清恒温器可用于预热血清样本，以避免温度波动对实验结果的影响。血清恒温器的工作原理是通过加热和保温来维持样本的温度。

血清恒温器通常由 3 个部分组成：①加热装置：用于加热样本；②温度控制器：用于控制加热温度；③保温材料：用于保持样本温度恒定。

使用血清恒温器时需要注意以下两点：第一，根据实验需要设定合适的温度，以保证样本的温度符合要求。第二，在使用过程中，需要注意设备的工作状态和温度控制，以避免过热或过冷对样本的影响。此外，需要注意的是，血清恒温器在使用过程中可能会出现故障或损坏，因此需要定期检查和维护设备，以保证其正常运转和延长使用寿命。

(二) 酶标仪

酶联免疫吸附试验方法简称酶标法，是标记技术中的一种，是从荧光抗体技术，同位素免疫技术发展而来的一种敏感，特异，快速并且能自动化的现代技术。酶标仪即酶联免疫检测仪，是酶联免疫吸附试验（ELISA）的专用仪器，实际上就是一台变相的专用光电比色计或分光光度计。酶标仪的核心工作原理是酶标板上的抗原或抗体与待测样本中的抗体或抗原发生特异性结合，通过检测特定抗原或抗体的浓度，来判断样本中是否含有特定的抗原或抗体以及抗原或抗体的量。酶联免疫吸附试验方法是建立在抗原-抗体反应和酶的高效催化作用的基础上，因此，具有高度的灵敏性和特异性，是一种极富生命力的免疫学试验技术。

酶标仪可以分为半自动和全自动 2 种类型，但其基本工作原理都是一致的。酶标仪就是应用酶标法原理的仪器，光源灯发出的光波经过滤光片或单色器变成一束单色光，进入塑料微孔板中的待测标本。该单色光一部分被标本吸收，另一部分则透过标本照射到光电检测器上，光电检测器将这一待测标本不同而强弱不同的光信号转换成相应的电信号，电信号经前置放大，对数放大，模数转换等信号处理后送入微处理器进行数据处理和计算，之后由显示器和打印机显示结果。

酶标仪的核心部件是光电比色计或分光光度计，其基本结构包括光源、单色器、吸收池、光电检测器和信号处理单元。酶标仪可分为单通道和多通道 2 种类型，单通道又有自动和手动 2 种之分。多通道设有多个光束和多个光电检测器。自动型的仪器有 X、Y 方向的机械驱动机构，在 X 方向的机械驱动装置的作用下，样品 12 个为一排被检测。多通道酶标仪的检测速度快，可将微孔板的小孔一个个依次送入光束下面测试。手动型则靠手工移动微孔板来进行测量。酶标仪使用方便，操作简单，测量准确，应用范围广泛。

使用酶标仪的注意事项如下：①酶标仪使用前要开机预热，一般预热 5 min。②酶标仪的放置位置应该远离具有强电磁干扰的家用电器、高压线、高频率信号（如手机）等可能干扰酶标仪工作的设备。③在加液时，所加液体的废液要流到加液废液缸中，不要将废液滴到酶标板上。④在检测中要避免碰到酶标板，以防挤伤操作人员的手。⑤仪器内置嵌入式系统，不需外接电脑即可操作、存储、打印，具有灵活的定性公式输入功能，满足各种相同及不同试剂的不同的参数设置。⑥仪器内置防尘罩，防止灰尘进入内部。⑦严格按照试剂盒的说明书操作，反应时间要控制好。⑧定期对酶标仪进行校准和保养。⑨使用后要将酶标仪盖好防尘罩。⑩如果使用的是多通道加液器，各通道一定要保证液体一样多。⑪加液头在加液时一定要混匀。⑫如果使用的是洗板机，洗板前要确保洗板机干净，避免交叉污染。⑬仪器不用时，要将其放在仪器盒中，并放在干燥、无尘的地方。

（三）洗板机

洗板机用于洗涤 ELISA 实验中的反应板，是专门清洗酶标板的医疗器械，一般和酶标仪配套使用。洗板机工作原理是将微型空气压缩机用于洗板机中，利用空气压缩机产生的正负气压直接进入洗液瓶和废液瓶，产生瓶内压力或真空，从而通过冲洗头完成吸注液功能，残液量少，从而降低后续检测过程中因残留物导致的误差，使用安全可靠。洗板机已经被广泛地用于动物检疫、医院、血站、卫生防疫站、试剂厂、研究室的酶标板清洗工作。

使用洗板机时需要注意以下事项：①在操作前，需要了解仪器的性能并严格按照使用说明进行操作。②洗板机长期不使用时，需要将洗板头拔下，泡在消毒液中，以免堵塞。③不要用热蒸馏水洗板，这会使酶标板变质，影响实验效果。④不要使用比酶标板孔径小的针头洗孔，以免损坏酶标板。⑤洗板的过程中要注意防震和防尘。⑥如果洗板机出现故障，不要私自拆卸，应按照说明书进行维修。

（四）动物检疫血清学移液器

动物检疫血清学移液器用于精确移取实验所需的液体，将液体从原容器内移取到另一容器内的一种计量工具，是一种用于动物检疫血清学实验的移液器。主要用于吸取和转移液体，如血清、抗原、抗体等。移液器的工作是利用空气置换原理来实现的。活塞通过弹簧的伸缩运动来实现吸液与排液。设定好量程后，推动活塞，排出部分空气，利用活塞拉力及大气压吸入液体，再由活塞推力排出液体。与一般的移液器相比，动物检疫血清学移液器具有更高的精度和更高的可靠性，以确保实验结果的准确性和重复性。动物检疫血清学移液器通常具有以下特点：

1. 高精度

动物检疫血清学移液器具有高精度的刻度标记和准确度调节装置，能够准确地控制吸取和转移液体的体积，确保实验的准确性。

2. 移液头高效

动物检疫血清学移液器的移液头采用高效密封设计，能够确保在吸取和转移液体的过程中不漏液，同时防止外部污染物进入移液器内部。

3. 操作简便

动物检疫血清学移液器通常具有简单易用的操作界面，使得操作者能够轻松调节移液器的容量和吸取液体的体积。

4. 便于清洁和维护

动物检疫血清学移液器通常采用易于清洁和保养的设计，能够确保移液器的长期使用和保养。

使用移液器的过程中应注意以下几点：一是在调节移液器的过程中，转动旋钮不可太快，也不能超出其最大或最小量程，否则易导致量不准确，并且易卡住内部机械装置而损坏移液器。二是在装配吸头的过程中，用移液器反复强烈撞击吸头反而会拧不紧，长期如此操作，会导致移液器中零件松散，严重时会导致调节刻度的旋钮卡住。三是当移液器吸头里有液体时，切勿将移液器水平放置或倒置，以免液体倒流而腐蚀活塞弹簧。

（五）离心机

离心机是利用离心力，分离液体与固体颗粒或液体与液体的混合物中各组分的机械。离心机主要用于将悬浮液中的固体颗粒与液体分开，或将乳浊液中两种密度不同又互不相溶的液体分开（例如从牛奶中分离出奶油）。动物检疫血清学离心机是一种专门用于动物检疫血清学实验的离心机，主要用于分离血清和其他液体样本中的颗粒物和蛋白质等。与一般的离心机相比，动物检疫血清学离心机具有更高的离心力和更快的离心速度，以便快速、准确地分离血清和其他液体样本中的颗粒物和蛋白质等。动物检疫血清学离心机通常具有以下特点。

1. 高离心力和离心速度

动物检疫血清学离心机具有更高的离心力和离心速度，能够快速、准确地分离血清和其他液体样本中的颗粒物和蛋白质等。

2. 多功能

动物检疫血清学离心机不仅能够分离血清和其他液体样本中的颗粒物和蛋白质等，还能够进行其他实验操作，如制备细胞悬液、分离细菌等。

3. 操作简便

动物检疫血清学离心机通常具有简单易用的操作界面，使得操作者能够轻松设置离心参数和运行离心程序。

4. 安全性高

动物检疫血清学离心机通常具有安全保护装置，如紧急制动系统、过载保护等，确保操作者的安全。

在使用动物检疫血清学离心机时，应注意以下几点：一是为了确保安全和离心效果，仪器必须放置在坚固水平的台面上，工程塑料盖门上不得放置任何物品；样品必须对称放置，并在开机前确保已拧紧螺母。二是使用前应检查转子是否有伤痕、腐蚀等现象，同时应对离心杯做裂纹、老化等方面的检查，发现有疑问立即停止使用，并与厂方联系；开机运转前请务必拧紧转头的压紧螺帽，以免高速旋转的转头飞出造成事故。三是转速设定不得超过最高转速，以确保机器安全运转。四是使用中如果出现 0.00 或其他数字，机器不运转，应关机断电，10 s 后重新开机，待所设转速显示后，再按运转键，机器将照常运转。五是如需分离样品的比重超过 1.2 g/cm³，最高转速 N 必须按下式修正：$N = N_{MAX} \times (1.2/$样品比重$) 1/2$，N_{MAX}＝转子极限转速。六是不得在机器运转过程中或转子未停稳的情况下打开盖门，以免发生事故。七是离心杯必须等量灌注样品，切不要使转头在不平衡的状况下运行。八是离心机一次运行最好不要超过 60 min。离心机不使用时，请拔掉电源插头。

（六）显微镜

动物检疫血清学显微镜用于观察血清学实验中的细胞和颗粒，是一种专门用于动物检疫血清学实验的显微镜。与普通显微镜相比，动物检疫血清学显微镜具有更高的放大倍率和更好的透光性能，以便观察血清学实验中的微小结构和细节。

1. 显微镜类型

专门用于动物检疫血清学实验的显微镜主要有以下几种。

（1）光学显微镜　光学显微镜是实验室中最常见的显微镜类型，它通过光学原理来放大观察样本。在血清学实验中，光学显微镜主要用于观察细胞、细菌和其他微生物的形态和结构。

（2）荧光显微镜　荧光显微镜通过荧光染料标记样本中的特定分子或结构，使其在特定波长下发出荧光信号。荧光显微镜在血清学实验中常用于观察标记后的抗原和抗体结合物。

（3）相差显微镜　相差显微镜是一种非染色显微镜，它能清晰地观察到未经染色的活细胞和微生物。在血清学实验中，相差显微镜可用于观察细胞和微生物的形态变化。

（4）电子显微镜　电子显微镜利用电子束代替光束，通过电子与样本的相互作用来获取样本的形态和结构信息。在血清学实验中，电子显微镜可用于观察病毒、抗原和抗体的高分辨率结构。

（5）激光扫描共聚焦显微镜　激光扫描共聚焦显微镜是一种高分辨率显微镜，它通过激光束扫描样本，结合共轭聚焦技术，实现对样本的立体观察。在血清学实验中，共聚焦显微镜可用于观察细胞和微生物的深度结构和功能。

2. 动物检疫血清学显微镜的特点

（1）高清晰度　动物检疫血清学显微镜具有高清晰度的光学系统，能够提供更高的放大倍率和更清晰的图像，以便观察血清学实验中的微小结构和细节。

（2）专用附件　动物检疫血清学显微镜配备了专用的血清学实验附件，如试管、盖玻片、载玻片、吸管等，以便进行各种血清学实验操作。

（3）透光性能优异　动物检疫血清学显微镜采用高透光率的玻璃制造，具有优异的透光性能，能够提供更好的光源和更清晰的图像。

（4）操作简便　动物检疫血清学显微镜通常具有简单易用的操作界面，使得操作者能够轻松调节显微镜的焦距、亮度、放大倍率等参数，以便观察和记录实验结果。

3. 使用注意事项

血清学显微镜是精密仪器，在使用过程中必须按照操作规程，注意事项如下。

（1）使用显微镜时切勿操之过急，动作过猛，以防操作失误而损坏构件。

（2）不要用手触摸光学玻璃部分，以免影响观察效果。

（3）禁止单手提拿显微镜和随意拆卸零部件，需按使用说明书规范操作。

（4）低倍下调焦时先上升载物台（或下降镜筒），再缓慢下降载物台或上升镜筒，使物镜镜头缓缓接触样本。

（5）调节光源时，应避免直射光源，以免影响物像的清晰度，损坏光源装置和镜头，并刺激眼睛。

（6）观察染色标本时，光线应较强；观察未染色标本时，光线不宜太强。可通过扩大或缩小光圈、升降聚光器、旋转反光镜调节光线。

（7）显微镜使用完毕后，应做好清洁和保养工作，防止灰尘和污渍影响观察效果。

（8）定期检查显微镜各部件是否完好无损，如有损坏，及时报修。

（9）未经专业培训和指导，不得擅自进行高级操作，以免损坏显微镜或造成安全隐患。

（10）使用过程中如有异常现象，应立即停止操作，并寻求专业人士的帮助。

（七）水浴锅

动物检疫血清水浴锅用于保持实验温度，是一种用于动物检疫血清学的设备，可以用于融化血清样品，并进行恒温加热。工作原理主要是通过加热器加热液体介质（通常为水），并通过温度控制器来保持恒定的温度。在恒温水浴锅中，有一个水平放置的不锈钢管状加热器，水槽内部放有带孔的铝制搁板。上盖上配有不同口径的组合套圈，以适应不同大小的烧瓶。工作时，传感器将水槽内水的温度转换为电阻值，经过集成放大器的放大、比较后，输出控制信号。这个控制信号有效地控制电加热管的平均加热功率，使水槽内的水保持恒温。温度控制器采用优质的电子元件，对温度的控制灵敏，使用方便，性能可靠。

血清水浴锅主要由水浴锅和试管架组成。水浴锅是用来盛装血清样品和进行加热的容器，一般采用耐高温的玻璃或塑料制成，以便观察和记录温度。试管架则用来放置装有血清样品的试管，一般采用耐高温的金属或塑料制成。

使用动物检疫血清水浴锅时，需要先准备好血清样品，并分别放入试管中。然后将试管架放入水浴锅中，加入适量的水，确保水面没过试管中的血清样品。接着，将水浴锅放置在恒温器上进行加热，并设置所需的温度。一般而言，血清融化的最佳温度为 37 ℃，但具体温度应根据实验需求而定。

使用水浴锅的过程中，需要注意以下几点：①确保水浴锅固定在平台上，避免摇晃。②在加水前，切勿接通电源。③水位应保持在高于不锈钢隔板的位置，以免损坏加热管。④如遇恒温控制失灵，可以尝试将控制器上的银接点用细砂布擦亮。⑤注水时，避免水流入控制箱内，以防触电。⑥使用后，及时将箱内水放净并保持清洁，以延长使用寿命。⑦使用去离子水或蒸馏水，以防水垢长时间包被加热管。⑧定期检查水浴锅的绝缘情况和电源线，确保良好。遵循这些注意事项，以确保水浴锅的安全使用和延长使用寿命。

另外，在加热过程中，需要注意观察水浴锅中的温度变化，并及时调整温度。同时，还需要不时轻轻摇摆试管架，使血清样品在水中混匀。当血清样品完全融化后，可以进行后续的实验操作。

动物检疫血清水浴锅的使用不仅可以提高血清融化的速度，而且可以减少血清沉淀的出现，从而提高实验的准确性和可靠性。同时，使用血清水浴锅还可以方便地控制加热温度和时间，有利于实验的标准化和规范化。

（八）冰箱

动物检疫血清学冰箱用于储存血清和其他实验材料，是一种特殊的冰箱，用于储存动物血清学实验所需的试剂和样品。实验室中的冰箱均无防爆装置，因此不适用存放易燃、易爆、挥发性溶剂。这种冰箱需要具备以下特点。

（1）温度控制　动物检疫血清学实验所需的试剂和样品需要保持在一定的温度范围内，因此动物检疫血清学冰箱需要具备精确的温度控制功能，以确保试剂和样品的稳定性和准确性。

（2）密封性　为了防止试剂和样品受到污染，动物检疫血清学冰箱需要具备良好的密封性，以避免空气和颗粒的进入。放于冰箱和冰柜内的所有容器须密封，定期清洗冰箱及清除不需要的样品和试剂。

（3）内部环境　动物检疫血清学冰箱的内部需要保持清洁、干燥和无菌，以避免对试剂和样品的影响。

（4）门锁设计　为了确保安全，动物检疫血清学冰箱需要具备门锁设计，以防止未经授权的人员接触试剂和样品。

（5）标识和记录　动物检疫血清学冰箱内部需要有明确的标识和记录，包括试剂和样品的名称、数量、保存温度等信息，以便随时进行查询和跟踪。

（6）严禁在冰箱和冰柜内存放个人食品。

（九）冻干机

冻干机是一种用于冻干操作的设备，其工作原理是通过低温冷冻、升华去除水分等方式，将物料冻干。在动物检疫血清学实验中，冻干机可用于制备一些需要冻干的试剂或样品，以提高其稳定性和保存期。

冻干机的工作原理是通过将含水物质冷冻成固态，然后在真空环境下将固态物质的水分升华，从而达到干燥的目的。具体来说，冻干机的工作流程包括预冻、升华、解析和再干燥4个步骤。预冻是将含水物质冷冻成固态，升华是将固态物质的水分升华，解析是将升华的水分从冻干机中排出，再干燥是将解析后的物质进行干燥，以达到最终的干燥效果。

冻干机主要由冷冻系统、加热系统、真空系统、控制系统、制冷系统、物料输送系统、保护装置、监控系统等部分组成，使其能够实现对物料的快速干燥处理。

冻干机的操作步骤主要包括以下几个步骤。

1. 开机前检查
在每次开机前，首先检查真空泵中的泵油是否充足，确保泵油质量良好。

2. 设备启动
打开真空冷冻干燥机机箱左侧的总电源开关，气压数显为大气压110 pk；按住控制面板上的总开关键3 s以上，温度数显为冷阱的实际温度；启动制冷机，进行预冷。

3. 规范操作
将预冻好的物料盘从冷阱中取出，迅速装进干燥架，将干燥架放到冷阱上方，罩上有机玻璃罩，罩下端要与密封圈完全接触。

4. 安全操作

在操作过程中，确保实验室环境通风良好，避免吸入冻干粉末；操作完成后，及时清洁双手和操作区域。

5. 观察物料

冻干过程中，可通过有机玻璃罩观察物料的冻干情况，确保干燥过程正常进行。

6. 关闭设备

使用完毕后，先关闭制冷机，待设备自然升温至常温后，关闭电源开关，拔掉电源插头。

7. 清洁保养

定期对冻干机进行清洁和保养，保持设备内外干净，确保设备正常运行。

8. 储存

冻干机应存放在干燥、通风的环境中，避免阳光直射和潮湿。

9. 冻干粉使用

在使用冻干粉时，注意按照产品说明书进行操作，将原液与冻干粉混合均匀后使用。使用过程中避免直接接触皮肤，如不慎接触，及时清洗。

10. 避免过敏

对于已知对冻干粉成分过敏的人群，应避免使用。在使用过程中如出现过敏反应，应立即停止使用并寻求医生建议。

需要注意的是，冻干机在使用过程中需要注意保养和维护，如定期清洁冷凝器等部件，以保证其正常运转和延长使用寿命。同时，对于不同的物料，需要选择合适的冻干程序和参数，以确保冻干效果和产品质量。

四、安全保障

实验室安全保障体系是防范实验室安全风险的重要环节。实验室应该建立安全保障体系，确保实验操作过程中的安全性和卫生性，避免交叉感染和样品污染。加强实验室安全工作的日常监管，不定期对实验室安全进行监管巡查，及时发现和消除安全隐患。

（一）建立安全保障体系

动物检疫血清学实验室需要建立以下安全保障体系

1. 实验室安全管理制度

制定严格的实验室安全管理制度，包括实验室人员管理、实验室设备维护、实验室废弃物处理等方面，确保实验室安全有序进行。

2. 实验室安全培训

对实验室人员进行定期的安全培训，提高实验室人员的安全意识和技术水平，确保实验室人员能够正确使用实验室设备，避免安全事故的发生。

3. 实验室废弃物处理

制定实验室废弃物处理程序，对实验室产生的废弃物进行分类处理，确保废弃物不会对环境和人体造成危害。

4. 实验室急救措施

制定实验室急救措施，准备好急救药品和器材，确保在发生意外情况时能够及时采取急救措施，保障实验室人员的生命安全。

5. 实验室消防安全

在实验室设置消防器材和报警装置，定期进行消防演练，提高实验室人员的消防安全意识和应急处置能力。

6. 实验室环境控制

对实验室环境进行定期监测和维护，确保实验室环境的温度、湿度、空气质量等指标符合实验要求，避免因环境问题导致的安全事故。通过建立上述安全保障体系，可以有效地保障动物检疫血清学实验室的安全运行，确保实验室人员的人身安全和实验室设备的安全使用。建设一支作风硬、技术水平高、安全意识强的实验管理者队伍，确保实验室安全得到良好保障。

（二）安全保障事项

近年来，我国对安全生产越来越重视，在 2014 年修订了《中华人民共和国安全生产法》，其中第 54 条说道：从业人员在作业过程中，应当严格遵守本单位的安全生产规章制度和操作规程，服从管理，正确佩戴和使用劳动防护用品。建立完善、明确的实验室管理制度体系并严格执行，是实验室安全工作可持续发展的重要保障，也是安全准入制度运行的必要条件。明确各实验室安全责任人，通过各种手段提高实验人员的安全意识和素养，才能最大限度地减少安全隐患。动物检疫血清学实验室需要关注如下安全保障事项：

1. 防盗

动物检疫血清学实验室应加强防卫，经常检查，堵塞漏洞。非工作人员不得进入仪器室，室内无人时随即关好门窗。仪器室内不会客，不住宿，未经领导同意，谢绝参观。办公室内不得存放私人贵重物品。发生盗窃案件时，保护好现场，及时向领导、治安部门报告。

2. 防火防爆

仪器室备有防火设备：灭火机、沙箱等。严禁在仪器室内生火取暖。动物检疫血清学实验室内易燃、易爆的化学药品要妥善分开保管，应按药品的性能，分别做好储藏工作，注意安全。实验人员在操作生物学、血清学实验时要严格按照操作规程进行，谨防失火、爆炸等事故发生。

3. 防水

实验室的上、下水道必须保持通畅，实验楼要有自来水总闸，生物、化学实验室设置分闸，总闸由值班人员负责启闭，分闸由有关管理人员负责启闭。实验室在放假期间总闸进行关水关电，避免出现漏水情况导致电路短路等情况发生实验室意外。冬季做好水管的保暖和放空工作，要防止水管受冻爆裂酿成水患。实验室安全管理团队应安排人员定期检查维修上、下水管道的陈旧老化情况，根据实际情况更换或维修，保证动物检疫血清学实验能正常顺利开展。

4. 防毒

由于动物检疫血清学实验中需要部分试剂，在实验室藏有有毒物质，实验中可能会产生毒气、毒液，因此必须做好防毒工作，保障实验人员人身安全以及实验室安全。有毒物质应粘贴好标识、使用日期、生产日期、限用日期、使用方法、注意事项等标签，并妥善保管和储藏在防爆防毒安全试剂柜，实验后的有毒残液安排专人妥善并安全处理。建立危险品专用仓库，凡易燃、有毒氧化剂、腐蚀剂等危险性药品要设专柜单独存放。化学危险品在入库前要验收登记，入库后要定期检查，严格管理，做到"五双管理"即双人管理、双人收发、双人领料、双人记账、双人把锁。实验中严格遵守操作规程，制作有毒气体要在通风橱内进行，实验室装有排风扇和空调，保持实验室内通风良好。每张实验桌上至少备有 2 个以上的废液瓶，化学实验室备有废液缸，实验室附近有废液处理池，安排专人在安全培训后进行定期处理，防止有毒物质蔓延，影响人畜。

5. 安全用电

实验室供电线路安装布局要合理、科学、方便，大楼有电源总闸，分层设分闸，并备有触电保安器。总闸由每天的值日人员控制，分闸由各室的管理人员控制，每天上下班检查启闭情况。实验室电路及用电设备要定期检修，保证安全，决不"带病"工作。实验室内必须按照消防安全标准配备相应数量的灭火器，并针对精密仪器配备二氧化碳灭火器等。如有电器失火，应立即切断电源，用沙子或灭火器扑灭。在未切断电源前，切忌用水或泡沫灭火机灭火。如发生人身触电事故，应立即切断电源，及时进行人工呼吸，急送医院救治。

6. 防腐蚀

动物检疫血清学实验室的部分试剂如硫酸溶液、氢氧化钠溶液等都具有腐蚀性。腐蚀性溶液使用不当会对实验台、实验仪器腐蚀，因此在使用腐蚀性溶液的过程中，实验人员必须做好安全防护，避免危及人身安全。若使用过程中不慎滴落到实验台、实验仪器上，及时用抹布擦拭干净。实验完成后，使用过的废液用专门收集废液的容器进行收集，禁止乱排乱放。

7. 生物安全防护

针对动物检疫血清学实验室，实验人员在开展动物检疫血清学实验过程中，由于部分动物疫病存在人畜共感染，因此，实验人员在进入实验室之前必须做好个人生物安全防护。在开始实验之前，实验人员应穿戴好口罩、手套、实验服等保护自己人身安全。完成实验后，整理实验台使用过的试剂耗材，污染的耗材应进行高温高压或其他消毒方式后再集中处理。实验室应对实验人员配备 1 套仅在实验室内使用的日常用品，在离开实验室之后必须换下，避免对外界人员和动物进行疫病传播。

第二节　动物检疫血清学标准化试剂

动物检疫血清学标准化试剂是为了确保动物检疫血清学技术在使用中的一致性和准确性而研制的一系列试剂。这些试剂包括抗原、抗体、血清、培养基等，用于检测和鉴定动物疫病。动物检疫血清学试剂盒是一种用于检测动物疫病的工具，它有助于确认动物是否已被感染或正在感染特定的疾病。

一、动物检疫试剂盒的法规标准

我国法规标准对动物检疫试剂盒的使用和管理作出了明确规定，以确保动物疫病检测的准确性和安全性。在使用动物检疫试剂盒时，必须遵循相关的法规标准和规定，以确保实验室的安全和有效性。

（一）《关于印发动物疫病检测与养殖场户自检自测类产品检测管理规定通知》（农医发〔2010〕33 号）

动物疫病检测应当由具有相应资质的实验室承担，并遵守实验室生物安全、质量管理等相关规定。实验室应当建立动物疫病检测档案，并妥善保存。动物疫病检测试剂盒应当依法取得批准文号，并按照说明书规范使用。养殖场户自检自测类产品应当依法取得批准文号，并严格按照说明书规范使用。县级以上地方人民政府畜牧兽医主管部门负责本行政区域内动物疫病检测与养殖场户自检自测类产品的检测监督管理工作。违反本通知规定的，由县级以上地方人民政府畜牧兽医主管部门责令改正，并可处以罚款等相应处罚。

需要注意的是，该通知是针对动物疫病检测与养殖场户自检自测类产品的检测和管理而制定的，而具体的动物检疫试剂盒使用规范还需参考其他相关法规标准。

（二）《兽医实验室生物安全管理规范》（农业部公告第 302 号）

该规范用于规范兽医实验室的生物安全管理。其中关于试剂盒的要求，旨在确保试剂盒使用的安全性和准确性，防止实验室生物安全事故的发生。试剂盒应选择经国家相关部门批准并合法销售的产品。试剂盒的使用应严格按照说明书规定的操作方法和程序进行。试剂盒应存放在实验室内的指定位置，并由专人负责管理。实验室应确保试剂盒的质量和有效性，定期对试剂盒进行校准和更换。对于试剂盒的废弃物处理，应按照实验室生物安全要求进行，确保不会对环境和人体造成危害。

（三）《动物检疫管理办法》

《动物检疫管理办法》（农业部令 2010 年第 6 号），自 2010 年 3 月 1 日起施行。2019 年 4 月 25 日农业农村部令 2019 年第 2 号修订，自 2019 年 4 月 25 日起施行。2022 年 9 月 7 日农业农村部令 2022 年第 7 号修订，自 2022 年 12 月 1 日起施行。

依据该办法在进行动物检疫时，通常会使用试剂盒进行疫病的检测，因此建议在使用试剂盒时，按照相关法规标准和说明书要求进行操作。同时，在动物检疫过程中，还需要遵守实验室生物安全、质量管理等相关规定。

（四）动物检疫有关试剂盒标准

1. 《出入境动物检疫诊断试剂盒质量评价规程》（SN/T 2435—2010）
该标准规定了出入境动物检疫诊断试剂盒的质量评价程序，适用于对动物疫病进行抗原抗体检测时选用的诊断试剂盒的质量评价。

2. 《进出境动物检疫 ELISA 检测试剂盒质量评价技术规程》（SN/T 4800—2017）
该标准规定了进出境动物检疫 ELISA 检测试剂盒的质量评价程序，适用于指导进出境动物检疫 ELISA 试剂盒的评价。

3. 《进出境动物检疫试剂盒质量评价工作通用程序和要求》（SN/T 4738—2016）
该标准规定了进出境动物检疫试剂盒的质量评价工作的通用程序和要求，适用于指导进出境动物检疫试剂盒的质量评价工作。

二、标准化试剂的原则和要求

动物检疫试剂的生产和研制应该由专业的生物技术公司进行，并接受相关部门的监管和质量控制。同时，试剂应该进行质量检测和评估，以确保其符合标准和规定。实验室应该使用符合要求的标准化试剂，并遵守正确的使用方法，以确保检测结果的准确性和可靠性。

（一）特异性

试剂应该具有特异性，只能与特定的抗原或抗体结合，避免误判。血清学试剂盒的特异性是指其只对特定病原体或抗原产生反应，而不与其他非特异物质发生反应的能力。对于血清学试剂盒，它是通过检测血液中针对特定病原体的抗体来识别病原体感染的。例如，针对口蹄疫病毒（FMDV）的血清学试剂盒，如果只对 FMDV 产生反应，而对其他类似病毒如手足口病病毒（HFMDV）不产生反应，则该试剂盒具有较高的特异性。这种特异性有助于确保测试结果的准确性，避免误报或漏报。

血清学试剂盒的特异性通常是通过临床试验和实验室测试来评价的。临床试验可以评估试剂盒在真实病例样本中的准确性和特异性指标。实验室测试则可以通过使用已知的阳性样本和阴性样本来评估试剂盒的特异性，例如使用交叉反应测试来评估试剂盒对其他病原体抗体的识别能力。

此外，血清学试剂盒的特异性也可以通过比较与其他试剂盒或金标准的结果来进行评估。如果试剂盒的结果与其他方法的结果高度一致，则表明该试剂盒具有较高的特异性。

（二）敏感性

血清学试剂盒的敏感性是指其能够识别微量的特定抗原或抗体的能力。试剂应该具有足够的敏感性，能够检测出低浓度的抗原或抗体，才能提高检测的准确性。对于血清学试剂盒，它是通过检测血液中针对特定病原体的抗体来识别病原体感染的，因此高敏感性能够确保试剂盒在感染动物血清中检测到微量的抗体，从而更早地发现病原体感染。

血清学试剂盒的敏感性可以通过使用已知的阳性样本和阴性样本来评估。通过比较试剂盒与金标准的结果，可以计算出试剂盒的敏感性，即试剂盒能够正确识别阳性样本的能力。

（三）稳定性

试剂应该具有稳定的化学性质和物理性质，以确保其在使用过程中的一致性和可靠性。血清学试剂盒的稳定性是指在规定条件下保存和使用时，其性能指标保持不变的能力。

对于血清学试剂盒，其稳定性通常包括两个方面：存储稳定性和批次稳定性。存储稳定性是指在规定的存储条件下，试剂盒能够保持其性能指标的能力。例如，某些试剂盒需要在 2～8 ℃的低温下存储，以保持其稳定性。批次稳定性则是指在同一生产批次中，不同试剂盒能够保持其性能指标的一致性的能力。这涉及生产过程中质量控制的问题，以确保每个试剂盒的质量符合标准。

血清学试剂盒的稳定性可以通过多种方法进行评估：①加速稳定性试验。通过加速实验来预测试剂盒的长期稳定性，例如在高温高湿条件下测试试剂盒的性能指标。②实时稳定性试验。在试剂盒实际存储和使用条件下，定期检测试剂盒的性能指标，以评估其在不同条件下的稳定性。③批次稳定性试验。对同一生产批次中的多个试剂盒进行性能检测，以评估其批次稳定性。④参考物质稳定性试验。使用参考物质对试剂盒进行稳定性测试，以评估其在不同条件下的稳定性。

（四）标准化

试剂应该具有标准化的质量要求和规格，以确保其在使用中的一致性和准确性。动物检疫血清学试剂盒的标准化是指通过制定统一的规定和标准，使得不同试剂盒之间的结果具有可比性和一致性的过程。标准化对于动物检疫血清学试剂盒的准确性和可靠性至关重要，因为它可以确保不同试剂盒对相同样本的检测结果具有一致性和可比性，避免因不同试剂盒间的差异导致的结果误差。

动物检疫血清学试剂盒的标准化通常由相关的专业组织和机构进行，如世界动物卫生组织（WOAH）、联合国粮农组织（FAO）和各国相关部门。这些组织和机构制定了一系列标准和规范，规定了试剂盒的制备、检测、报告和使用方法等，以确保试剂盒的标准化和一致性。

动物检疫血清学试剂盒的标准化评价主要包括以下几个方面。

1. 检测方法的标准化

试剂盒采用的检测方法应该符合国际或国内相关的标准和规范，如世界动物卫生组织（WOAH）或联合国粮农组织（FAO）的标准或我国的国家标准。

2. 试剂质量的标准化

试剂盒中的试剂质量应该符合相关的质量标准和要求，如试剂的纯度、效期、稳定性等指标。

3. 操作规程的标准化

试剂盒的操作规程应该明确、规范，并且易于操作，以确保不同操作者之间的结果具有一致性和可比性。

4. 结果报告的标准化

试剂盒的结果报告应该明确、简洁，并且能够为使用者提供准确和可靠的信息，例如阳性、阴性、效价等。

5. 临床试验的验证

对试剂盒进行临床试验验证，以评估其在不同条件下的准确性和可靠性，例如对不同病原体、不同样本类型、不同检测条件的验证。

第三节　动物检疫血清学标准化操作程序

标准化操作程序（SOP）是一种描述事件的标准操作步骤和要求的文件，用于指导和规范日常的工作。SOP的精髓在于将细节进行量化，它不是结果描述，而是对一个过程的描述，属于作业性文件，并且经过不断实践总结出来的，在当前条件下可以实现的最优化的操作程序设计。在制定SOP时，需要考虑到具体的操作环境、工具、工作流程等因素，确保每一步操作都符合标准要求，同时要易于理解和操作。在编写SOP时，需要使用简明扼要的语言，避免使用过于专业的术语，并配以图表、图像等辅助手段，以帮助操作人员更好地理解和执行。SOP 的应用范围非常广泛，可以用于各种行业和领域，如生产制造、医疗卫生、科学研究等。通过制定和执行 SOP，可以提高工作效率、减少误差、降低成本，并且有助于企业实现标准化、规范化、精细化管理。

一、采样

（一）防护

应穿戴安全可靠的防护服，例如一次性高级别防护服、鞋套、一次性手套等。在采样过程中，戴好口罩、护目镜和手套，以防止直接接触动物及其分泌物、排泄物等。针对不同动物种类，熟悉并掌握正确的采样部位，避免误伤动物。对可能携带病原体的样本进行严密防护，避免交叉感染。保持采样现场清洁、卫生，及时清理废弃物。定期检查和消毒采样仪器，确保其正常运行。对需要冷链运输的样本，确保运输过程中温度稳定。注意个人卫生，勤洗手，尤其是在接触动物和采样后。避免采样过程中被锐器刺伤，如针头、剪刀等。保持适当的社交距离，避免近距离接触动物，以减少传播的风险。提高对动物疫病的认识和警觉性，及时发现并报告疫情。遵循国家和行业相关法规、标准及操作规程。

（二）信息识别

在动物检疫采样中，对动物信息的准确识别和记录非常重要，这有助于后续的疫病诊断和追溯。了解动物的种类、年龄、性别、来源地等信息，这些信息有助于对动物的健康状况和疫病传播风险进行评估。观察动物的健康状况，包括精神状态、食欲、排泄情况等，这些信息可以提示潜在的疾病或感染。确认动物的标识符，包括耳标、脚环等，这些标识可以帮助确认动物的来源和所有权。记录采样的部位、样品类型、采样时间、地点和采样人员等信息，这些信息对于后续的检测和分析至关重要。

（三）保定

动物检疫采样时的保定是指对动物进行安全保护和限制活动，以确保采样过程的安全和顺利进行。在采样前，将动物放置在保定栏或笼子里，以限制其活动范围，避免在采样过程中动物发生意外的伤害或逃跑。如果有必要，可以请专业的动物保定人员或兽医来进行帮助，以确保动物的安全和采样过程的顺利进行。在采样过程中，温和对待动物，避免粗暴操作或使用暴力手段，以减少动物的应激和避免潜在的伤害。对于难以保定的动物，可以在采样前给动物注射适量的镇静剂，使其在采样过程中保持安静。在保定过程中，保持采样的准确性和完整性，避免采样部位的错误或样品的污染，这有助于提高疫病诊断的准确性和可靠性。

（四）消毒

动物检疫采样过程中的消毒是至关重要的，这可以确保采样器械和动物接触表面的灭菌，以防止病原微生物的传播和交叉感染。使用过的刀、剪、镊子等器械，在采样结束后应立即进行清洗和消毒。可以将其放入专门的消毒容器中，用酒精或消毒液浸泡一定时间，以确保彻底消毒。在进行采样前，应对采样部位进行清洁和消毒。可以使用酒精或消毒液进行擦拭,以减少病原微生物的存在和传播风险。采样人员应穿戴好必要的防护用品,如手套、口罩、护目镜等,在采样结束后,应对这些防护用品进行清洁和消毒,以确保其清洁和无菌。在采样过程中,应对采样环境进行清洁和消毒,可以使用专门的消毒剂或紫外线消毒灯进行空气和物体表面的消毒。采样过程中产生的废弃物,应进行集中收集和无害化处理,以避免病原微生物的传播和污染环境。

(五)采血

应选择合适的采血工具,如采血针、采血管等。注意根据不同的需要选择不同的采血管和采血量。根据动物种类和大小选择合适的采血部位。主要有以下几种采血方法。

1. 颈静脉采血

该种采血方法适合于静脉相对较粗、个体相对较大的动物,在采血处理过程中造成的刺激相对较小,通常在牛、马、羊等大型牲畜采血中应用较为常见。在对这类牲畜进行采集血液样本前,为降低对动物所产生的不良影响,应对动物的采血部位进行有效的固定处理,一般选择在颈静脉中部 1/3 处和下部 1/3 处。对动物进行全面保定处理后,将采血部位进行有效固定,使头部偏向一侧,然后进行全面的消毒处理,将采血部位的毛剪干净轻轻拍打静脉,使血管逐渐怒张,手持注射器垂直刺入静脉中,深度控制在 1~2 cm,当发现血液流出,轻轻抽动采血器。采集结束后,拔出针头进行按压止血。

2. 耳静脉采血

该采血方法在个体较小的动物群体中应用较为常见,包括猪等多种动物。同时在确定采血部位过程中,也需根据采血量的实际要求。耳静脉采血一般所需的血液量相对较少。在采血前,助手应对动物进行固定处理,或选择使用专用的固定器,进行全面固定,然后选择血管分布较为密集,血管较粗的部分,将毛剃干净用手轻轻按压耳朵,使血管怒张。消毒处理后,沿着血管方向刺入针头,夹角呈 15°,回抽注射器,当发现血液流动后表示采集成功,然后采集血液,达到采集标准后,将针头缓慢拔出。在耳静脉采血工作过程中需小心仔细缓慢,尤其是在回抽针头时不能过快。

3. 翅静脉采血

禽类采集血液过程中翅静脉采血最为常见,主要适用于鸡、鸭、鹅等家禽和水禽类动物的血液采集。由于家禽和水禽的个体相对较小,在采集过程中不需进行保定处理,只需助手将禽类用双手固定住,使翅膀能完全展现出来,首先将采血部位的羽毛拔除干净,消毒处理后,用手指轻轻按压近心端的血管,使血液逐渐聚集,然后手持注射器从 15°夹角刺入血管中,回抽采血器,如果发现回血,将按压的手指放松缓慢抽集血液。

4. 心脏采血

是某些个体类较小动物采血的一种方式,同时也是一种危险的操作方式,在鸡、鸭等个体较小的动物当中应用较为广泛。在进行心脏采血过程中,不能连续多次采集,否则会影响心脏功能。在采血前首先对动物进行全面的保定处理,并对心脏部位的毛发进行全面的有效的清理,明确注射部位,然后使用消毒剂进行全面消毒处理,手持注射器针头,垂直插入到胸腔中,发现动物颤动后,表示针头已插入到心脏,缓慢回抽采血器,采血结束后将针头拔出并做好止血工作。

在采血部位进行剪毛,以减少毛发对采血过程的影响。然后使用消毒剂对采血部位进行消毒，以减少感染的风险。使用采血针进行穿刺，当感觉到血管搏动或进入血管后，可以打开采血管进行抽血。注意控制采血速度和采血量，避免对动物造成过度失血。根据需要采集足够量的血液，以进行后续的检测和分析。通常，用于检疫的血液样品需要采集全血，包括血清和抗凝血。

将血液样品放入标有动物信息、采样时间、采样部位等信息的试管中，并及时送往实验室进行检测和分析。如果无法及时送检，可以在合适的环境下保存样品，如冷藏或加入适当的保存液。

在采血完成后，对采血部位进行适当的处理，如用棉签按压止血，并对使用过的工具进行清洁和消毒。

二、血清分离

采集完血样并编号后，立即轻放入能固定采血管的试管架内（如原装采血管泡沫盒）。将试管放在室温下静置 3 h，让血清自然析出。如果气温低于 25 ℃，可放在疫苗温箱里可达所需温度。血样静置 3 h 后，剔除溶血样品，挑选血清析出效果好、管内血样基本一致的采血管对称放入离心机。对血清析出效果不好或凝血块未下沉堵住血清上溢的采血管，可在生物安全柜内将 1 份血样用 1 根无菌牙签（注意不能混用）轻绕管壁 1 周松动血块，盖好盖子静置 15～30 min，挑选血样基本一致的采血管对称放入离心机。以 5 000～6 000 r/min 离心 5～10 min，离心后静置 15～30 min，按编号顺序放入泡沫试管架。在生物安全内打开采血管，直接用手（戴好橡胶手套）或移液器小心将血清缓慢倒入或移入洁净、干燥的 1.5～2 mL 离心管中，注意勿倒入凝血块。然后在离心管上用油性记号笔按采血管上的原始编号对应编号。将已编号血清放入 2～8 ℃冰箱中，在最短时间内送达实验室。血清样品到达实验室后若暂时不进行处理或检测，则应放入 -20 ℃冷冻柜中保存。

三、试剂准备

确认需要使用的血清学试剂，例如酶联免疫吸附试验（ELISA）试剂盒、凝集试验的抗原和血清、沉淀试验的抗原和血清等，应确保其质量和有效性。准备好所需的血清学试剂，按照说明书进行保存和使用。例如，有些试剂需要冷藏或冷冻保存，有些试剂需要在使用前进行预处理。对于一些需要自制的血清学试剂，需要进行制备和纯化。例如，可以通过离心、沉淀、过滤等方法进行血清纯化。根据需要，准备好其他所需的辅助材料，例如稀释液、清洗液等。

在使用血清学试剂进行检测时，需要设置阳性对照和阴性对照，以验证试剂的有效性。具体操作需要根据不同的实验要求和试剂特性进行调整。在使用血清学试剂时，应遵循安全操作规程，并确保所有的操作都在适当的生物安全条件下进行。

四、检测方法选择

选择适合的动物检疫血清学检测方法需要根据具体的检测需求、实验室条件和成本等因素进行综合考虑。

(一)检测目的

动物血清学检测的主要目的是用于检测和诊断动物体内的病原体及其抗体，从而判断动物是否感染了某种疫病或具有某种免疫状态。血清学检测方法有助于及时发现和控制动物疫病，保障畜牧业生产安全和人类健康。常见的动物血清学检测方法包括：①凝集试验。通过观察抗原与抗体结合后形成的凝集现象，判断样品中是否存在特定病原体或抗体。②沉淀反应。检测抗原与抗体结合后产生的沉淀物，从而判断样品中是否存在特定病原体或抗体。③补体结合反应。检测抗原与抗体结合后，补体系统的激活情况，从而判断样品中是否存在特定病原体或抗体。④酶联免疫吸附试验（ELISA）。通过酶标记的二抗与样品中的抗体结合，检测抗原与抗体之间的反应，从而判断样品中是否存在特定病原体或抗体。⑤免疫吸附电镜。将抗原固定在电镜载网上，通过观察抗体与抗原的结合情况，判断是否存在特定病原体。

(二)样本数量

不同的检测方法适合不同的样本数量。例如，ELISA 适合高通量检测，而凝集试验适合少量样本检测。

(三)灵敏度和特异性

不同的检测方法具有不同的灵敏度和特异性。例如，凝集试验其灵敏度较低，因为该方法主要依赖于抗原与抗体之间的直接相互作用，受限于抗原的浓度和质量，特异性较高，因为凝集反应具有很好的特异性，只有相应的抗原与抗体结合时才会出现凝集现象。ELISA 检测其灵敏度较高，ELISA 检测采用酶标记抗体，可以通过酶联反应检测血清中抗体的浓度，灵敏度较高，特异性较高，ELISA 检测具有较好的特异性，因为抗原和抗体的结合反应具有高度特异性。

(四)操作难度

不同的检测方法需要不同的操作技能和实验条件。例如，ELISA 需要较高的实验条件和操作技能，而凝集试验相对简单易行。凝集试验和 ELISA 检测动物血清的操作难度不同之处在于：凝集试验操作相对简单，主要步骤包括样本制备、加入抗原、观察反应等；ELISA 检测操作相对复杂，主要步骤包括样本制备、加样、孵育、洗涤、显色、终止反应、比色等。

(五)成本

不同的检测方法成本不同。例如，ELISA 的试剂成本较高，而凝集试验的试剂成本较低。凝集试验和 ELISA 检测动物血清的试验成本主要有以下不同：①试剂盒成本：ELISA 检测试剂盒通常较凝集试验试剂盒昂贵，因为 ELISA 试验涉及更多种类的试剂，如酶标抗体、酶标二抗、底物等。②设备成本：ELISA 检测需要专门的酶标仪和洗板机，而凝集试验只需要简单的显微镜和载玻片。因此，从长期来看，ELISA 检测的设备成本较高。③操作复杂性：ELISA 检测操作步骤较多，包括抗原抗体结合、酶标抗体结合、底物显色等，需要较长的实验周期。而凝集试验操作简便，实验周期较短。这使得凝集试验在实验效率和人力成本方面有一定优势。④灵敏度和特异性：ELISA 检测具有较高的灵敏度和特异性，适用于微量抗原或抗体的检测。凝集试验的灵敏度和特异性相对较低，但对于某些病原体或抗体的检测仍具有较好的应用价值。

五、样品检测

采集的动物血液样品，分离出血清后应进行编号，以便于管理和跟踪。可将血清样品放入离心管中，进行离心，以去除其中的细胞和杂质。也可将离心后的血清样品通过过滤膜，以去除其中的大颗粒杂质。要根据检测方法的要求，将血清样品进行稀释，以便于检测。

进一步根据检测方法的要求，向血清样品中添加所需的试剂，如抗原、抗体或染色剂等。将添加了试剂的血清样品在适当的温度和条件下进行反应，以便于检测目标抗体或抗原。通过光学检测、电化学检测等，获得检测结果。检测后的血清样品应进行保存，以便于后续的分析和验证。

需要注意的是，血清学样品处理的具体步骤和方法需要根据不同的检测方法进行选择和调整。同时，需要遵循实验室安全规范，避免交叉污染和生物安全风险。

第四节　动物检疫血清学标准化结果和报告

动物检疫血清学标准化结果和报告是指对动物进行血清学检验后，根据检验结果所生成的标准化报告。根据检测结果对样品进行判读和解释，判断其是否符合规定和标准。这种报告通常由专业的兽医或实验室技术人员进行撰写，并提交给相关的监管机构或客户。动物检疫血清学标准化结果和报告对于保障动物健康和公共卫生安全具有重要意义。它可以帮助监管机构及时发现并控制动物疫病的传播，保障畜牧业的稳定发展和人民群众的生命安全。

一、主要内容

动物检疫血清学标准化结果和报告通常包含以下内容。

1. 动物基本信息

包括动物种类、年龄、性别、体重等。

2. 检验方法

描述使用的血清学检验方法和试剂。

3. 检验结果

列出检验所得的各项指标和数据，包括抗体滴度、抗原阳性率等。

4. 分析和评估

对检验结果进行分析和评估，判断动物是否符合检疫标准。

5. 建议和措施

根据分析结果提出相应的建议和措施，如是否需要进行进一步的检验或采取何种措施来预防和控制疾病传播。

二、目标和要求

动物检疫血清学标准化结果和报告的目标是确保动物健康和公共卫生安全，同时为畜牧业稳定发展和人民群众生命安全提供保障。为了实现上述目标，动物检疫血清学标准化结果和报告需要满足以下要求。

1. 标准化

结果和报告应该符合国际和国内的标准和规定，以确保不同地区和不同实验室之间的结果具有可比性和可重复性。这需要制定标准的操作流程和质量控制标准，并严格执行。

2. 准确性

检验方法和结果应该准确可靠，确保能够准确地反映动物的体内抗体水平，以便评估健康状况和疫病感染情况。

3. 完整性

报告应该包含所有必要的信息，如动物基本信息、检验方法、检验结果、分析和评估等。

4. 可读性

报告应该易于理解和阅读，使得监管机构和客户能够快速、准确地理解结果和结论。

5. 时效性

报告应该及时提交，以便及时采取措施来预防和控制疾病传播。

6. 隐私和保密性

报告应该保护动物的隐私和保密性，避免泄露个人信息和商业机密。

7. 透明度和可追溯性

结果和报告应该具有透明度，以便公众了解动物健康状况和疾病控制情况。同时，报告应该能够追溯到每个环节和每个样本的信息，以便进行调查和分析。

第五节　动物检疫血清学标准化质控方法

动物检疫血清学标准化质控方法是为了确保动物检疫血清学技术在使用中的准确性和可靠性而建立的一系列质量控制方法，是确保实验准确性和可靠性的重要保障。实验室应该遵循相关标准和规定，建立完整的质控体系，并接受相关部门的审核和监督。这些方法包括室内质控和室外质控两个方面。

一、室内质控

室内质控主要是对实验过程的控制，包括试剂、仪器、操作程序等方面的控制。在实验过程中，应该定期进行质量控制测试，如重复测试、阳性对照测试等，以确保实验的准确性和稳定性，对于实验室的质量管理至关重要。

动物检疫血清学标准化室内质控的具体方法因实验室所进行的实验而异，但通常包括以下步骤。

1. 制定质控标准

根据实验的要求，制定质控标准，以便评估实验结果是否在可接受的范围内。

2. 选择质控品

选择具有稳定性、均匀性和可追溯性的质控品，以确保质控结果的准确性。

3. 按照实验标准操作

在实验过程中，按照规定的标准操作，确保实验结果的可靠性。

4. 定期进行质控实验

在实验过程中或实验结束后，定期进行质控实验，以评估实验结果的准确性。

5. 分析质控数据

对质控数据进行统计分析，以评估实验结果的可靠性。

6. 采取纠正措施

如果发现实验结果存在误差，采取适当的纠正措施，以确保实验结果的准确性。

二、室外质控

室外质控主要是指实验室外部的质量控制，它包括上级管理部门的技术核查评估、参加实验室的能力验证的样品检测考核，以及实验室之间的比对试验等。这些措施是保证实验室检测结果准确性和可靠性的重要手段。具体来说，室外质控的目的：一是评估实验室的检测能力和水平，确保其具备正确的检测方法和准确的检测结果；二是检查实验室的质量控制体系是否完善，能否有效实施质量控制计划；三是发现和解决实验室存在的问题和不足，提高实验室的整体水平；四是增强实验室的公信力和形象，使其能够更好地为社会服务。

在室外质控中，实验室需要按照相关标准和规范进行仪器的校准和比对，确保仪器的准确性和可靠性。同时，实验室还需要积极参加能力验证和实验室之间的比对试验等外部质量控制活动，通过与其他实验室的对比，发现自身的不足和改进方向。

动物检疫血清学标准化室外质控主要是对以下实验结果的控制。

1. 环境监测

监测空气质量、气温、湿度、光照等环境因素，以确保实验过程中环境条件稳定。

2. 设备校准

定期对室外监测设备进行校准，确保数据准确性。

3. 样品采集

确保室外样品采集的及时性、准确性和代表性。

4. 数据传输与存储

确保数据传输过程中信息的完整性和安全性，同时对数据进行备份以防丢失。

5. 生物安全

针对生物学实验，需关注病原体和生物污染的防控。

6. 实验操作规范

确保实验人员遵循标准操作流程，避免因操作失误导致的数据失真。

7. 质控流程

建立完善的质控体系，定期对实验过程进行评估和监督。

8. 人员培训

加强实验人员培训，提高质控意识和技术水平。

9. 应急预案

针对可能出现的问题和风险，制定应急预案以确保实验安全顺利进行。

10. 定期评估与改进

定期对室外质控工作进行评估，发现问题及时改进，不断提高质控水平。

三、质控标准

质控标准是指在质量控制过程中需要达到的标准或指标，是质量控制的重要依据，应该根据不同的疫病和检测方法制定相应的质控标准，以便对实验结果进行评估和判断。这些标准可以是行业标准、国家标准、企业标准或其他类型的标准。

动物检疫血清学标准化质控标准主要应包括以下方面。

1. 样本处理和储存

确保样本的收集、处理和储存符合标准操作流程，防止样本污染和变质。

2. 实验操作

遵循标准实验操作流程，确保实验的准确性和可重复性。

3. 试剂和仪器

使用符合标准的高质量试剂和仪器，确保实验结果的准确性。

4. 数据处理和分析

采用标准的数据处理和分析方法，保证实验结果的可靠性和准确性。

5. 质量控制

定期进行内部质量控制，包括空白试验、平行试验、回收试验等，以评估实验的准确性和可靠性。

6. 外部质量评估

参加相关部门组织的定期外部质量评估活动，以确保实验室检测水平的稳定和可靠。

7. 人员培训和管理

加强实验室人员的培训和管理，确保他们具备专业技能和责任心。

8. 实验室审核和监督

定期接受相关部门的审核和监督，确保实验室质量控制体系的正常运行。

在质量控制过程中，质控标准用于评估产品或过程的质量是否符合要求。如果质量控制的结果符合质控标准，那么产品或过程被认为是可靠的，可以满足相关的质量要求。如果质量控制的结果不符合质控标准，那么可能需要采取纠正措施来改进产品或过程，以确保其质量达到预期的水平。

四、标准血清

标准血清是经过特殊处理和制备的动物血清，其中含有已知的抗原或抗体，可以用于检测和诊断动物疫病。这些标准血清通常由政府机构或专业的动物保健机构提供，以确保其准确性和可靠性。在动物检疫中，标准血清可以用于以下方面。

1. 疫病检测

通过使用标准血清，可以检测动物体内是否存在特定的病毒、细菌或其他病原体，以确定动物是否患有某种疫病。

2. 抗体检测

将标准血清与待检测动物的血清进行反应，观察抗体水平，以评估动物对该病原体的免疫状态。

3. 疫苗免疫监测

通过使用标准血清，可以监测动物疫苗接种后的免疫反应和抗体水平，以确定疫苗是否有效，并确定是否需要再次接种。

4. 血清学调查

通过使用标准血清，可以进行大规模的血清学调查，了解某一地区或群体中动物疫病的流行情况，为制定有效的防控措施提供依据。

5. 抗体生产

标准血清中的抗体可应用于药物研发、生物制品生产和科研实验等领域。

需要注意的是，标准血清的使用应由专业的兽医或动物保健人员指导，以确保安全和有效性。同时，动物检疫和疫病防控工作也需要遵循国家和地方的相关法规和规定，以确保公共卫生安全。

五、问题处理

在质量控制过程中发现的问题，实验室应该及时进行调查和整改，找出问题的原因并采取有效的措施进行纠正和预防。

六、质量记录

实验室应该对质量控制过程进行详细记录，包括质控测试结果、问题处理记录等，以备后续查阅和分析。

第六节　常用动物检疫血清学方法

动物检疫血清学方法可以用于检测动物血清中的特异性抗原或抗体，以判断动物是否感染某种疫病或处于某种疫病的免疫状态。这些方法在动物疫病的预防和控制中具有重要的作用。常见的方法包括血凝和血凝抑制试验、琼脂免疫扩散试验、酶联免疫吸附试验、免疫胶体金技术、中和试验和补体结合试验等。这些方法各有优缺点，如 ELISA 方法具有灵敏度高、特异性强、重复性好、操作简便等优点，但需要一定的仪器设备。而琼脂免疫扩散试验则具有快速、操作简便等优点，但敏感性较差。

一、血凝和血凝抑制试验

(一) 原理

血凝试验 (HA) 和血凝抑制试验 (HI) 的原理是利用有血凝素的病毒能凝集人或动物红细胞,而凝集现象能被相应抗体抑制的特性。当待测血清中存在特异性抗体时,加入病毒红细胞凝集反应阳性,加入特异性抗体后,原有的红细胞凝集现象被抑制。

血凝抑制试验常用于正黏病毒、副黏病毒及黄病毒等的辅助诊断,流行病学调查,也可用于鉴定病毒型与亚型,不同的病毒抗体也会产生相同的结果。

(二) 材料和设备

1. 试验材料

抗原、红细胞、抗凝剂、生理盐水、被检血清。

2. 仪器设备

离心机、吸管、滴管、洗耳球、烧杯、量筒、注射器、长针头、96 孔 V 形医用血凝板、微量移液器、微量振荡器、恒温培养箱、冰箱等。

(三) 方法

1. 血凝试验 (HA)

(1) 取一块 96 孔 V 形血凝板,用微量移液器在第 1 孔至第 11 孔各加入 25 μL 的 PBS。

(2) 用微量移液器从第 1 孔开始,倍比稀释需要测试的病毒抗原。

(3) 每孔加入 25 μL 的 1% 鸡红细胞悬液。

(4) 微量振荡器中速摇匀,然后放在室温下静置 20~30 min,观察结果。

2. 血凝抑制试验 (HI)

(1) 取 96 孔 V 形血凝板,用微量移液器在 1~12 孔每孔加入 25 μL 的 PBS,第 1 孔加入待检血清 25 μL,倍比稀释。

(2) 吸取 25 μL 的标准病毒抗原加入各孔中,充分混匀。

(3) 依次向各孔加入 25 μL 的 1% 鸡红细胞悬液。

(4) 将反应板置于微量振荡器上振荡 1 min,室温 (20~25 ℃) 静置 45 min 后观察结果。

(四) 应用

1. 病毒鉴定

血凝和血凝抑制试验可以用于鉴定某些具有血凝素的病毒,如流感病毒、副流感病毒、新城疫病毒等。通过比较病毒的凝集红细胞的能力和被特异性抗体抑制的程度,可以确定病毒的型别和亚型。

2. 临床诊断

血凝和血凝抑制试验也可用于临床诊断,例如辅助诊断流感、禽流感等疾病。当人体或动物感染这些病毒后,会产生相应的抗体,通过血凝和血凝抑制试验可以检测到这些抗体,从而帮助诊断疾病。

3. 流行病学调查

血凝和血凝抑制试验还可以用于流行病学调查，如调查病毒的传播范围、病毒的变异情况等。

4. 疫苗效果评估

通过血凝和血凝抑制试验，可以检测疫苗接种后体内产生的抗体水平，从而评估疫苗的效果。

需要注意的是，虽然血凝和血凝抑制试验在病毒诊断、临床诊断、流行病学调查和疫苗效果评估等方面都有广泛的应用，但其结果可能受到多种因素的影响，如抗体的特异性、病毒的变异等，因此解释结果时需要谨慎。

（五）影响因素

血凝（HA）和血凝抑制（HI）试验的结果可能受到多种因素的影响。以下是其中一些主要因素。

1. 红细胞悬液的制备

红红细胞悬液的制备方法、红细胞的浓度、离心时间和速度等都可能影响血凝试验的结果。

2. 抗原和抗体的质量

病毒抗原和抗体的质量对血凝抑制试验的结果有重要影响。抗原和抗体的纯度和浓度都会影响试验的灵敏度和特异性。

3. 温度

血凝和血凝抑制试验需要在一定的温度下进行，温度会影响红细胞的凝集能力和抗体的活性，从而影响试验结果。

4. 非特异性凝集

当血清中含有非特异性凝集素时，可能会干扰血凝试验的结果。这可以通过洗涤红细胞或使用特异性抗体来消除。

5. 试验操作

试验操作过程中的每一步都可能影响结果。例如，加样的准确性和均匀性、孵育时间、离心时间和速度等。

6. 病毒变异

病毒的变异可能会影响病毒的凝集红细胞的能力，从而影响血凝试验的结果。

为了获得准确的血凝和血凝抑制试验结果，需要严格按照操作规程进行试验，并且在解释结果时考虑到可能的影响因素。对于不确定的结果，建议进行重复试验或使用其他方法进行验证。

（六）新城疫 HI 试验能力验证

1. 方案设计

通过新城疫 HI 试验能力验证，评估实验室的 HI 抗体检测方法是否准确、可靠，确定其能否正确反映新城疫抗体水平，为疫情防控提供可靠依据。选取不同新城疫免疫状态的鸡血清样品，包括已经确认具有新城疫抗体的阳性血清、不含有新城疫抗体的阴性血清，以及疑似含有新城疫抗体的待检测血清，冻干备用。按照常规的新城疫 HI 抗体检测方法，对待检测血清样品进行红细胞凝集抑制（HI）试验。根据血清样品的凝集情况，判断其是否含有新城疫抗体，并记录其抗体效价。每个样品重复 3～5 次。对所有血清样品的 HI 抗体检测结果进行统计分析，计算阳性符合率、阴性符合率、总符合率等指标，评估实验室的 HI 抗体检测方法的准确性和可靠性。

2. 样品要求

（1）均匀性检验　随机抽取 10 份，重复检测 2 次，结果符合率均应达到 100%。

（2）稳定性检验　随机抽取各 3 份，分别在模拟运输条件下经 −20 ℃ 保存 7 d 和 4 ℃ 保存 3 d，与均匀性检测结果符合率应达到 100%。

（3）不满足均稳性要求的样品，不能用于能力验证活动，需进行高压等无害化处理。

3. 检测标准

按照《利用实验室间比对进行能力验证的统计方法》[GB/T 28043—2011（ISO 13528：2005）]、《能力验证结果的统计处理和能力评价指南》（CNAS-GL02：2014）、《出入境动物检疫实验室能力验证技术规范》（SN/T 2989—2011），以及《新城疫微量红细胞凝集抑制试验》（WOAH Terrestrial Manual 2021 CHAPTER 3.3.14）、《新城疫诊断技术》（GB/T 16550—2020）、2020 版《中华人民共和国兽药典》三部（附录 3404）等进行。

参加者结果经统计确认的众数为指定值，指定值及其上下一个滴度为满意，否则为不满意。

4. 保密要求

所有与能力验证计划有关的文件、资料和物品均属于保密范围之内。实施能力验证的机构应当建立完善的保密制度，采取必要的保密措施，确保能力验证计划的安全性和保密性。参与能力验证计划的人员应当严格遵守保密规定，对于所接触到的能力验证计划的相关信息，应当履行保密义务，不得向外泄露或提供。实施能力验证的机构应当加强对保密工作的监督和检查，建立健全的监督机制，发现问题及时予以纠正和处理。保密期限应当根据实际工作情况确定，一般应当与能力验证计划的时间保持一致。

二、琼脂免疫扩散试验

（一）原理

琼脂免疫扩散试验（AGID）的原理是利用免疫学的抗原、抗体结合的原理，进行临床上的定性试验或者半定量检测。它可以用来检测样本中是否存在特定的抗原或抗体，如蛋白质、病毒、细菌等。当抗原与抗体在琼脂介质中相遇时，它们会结合并形成肉眼可见的沉淀环。琼脂扩散技术还可以用于研究抗原分子的沉淀反应，以鉴定不同种类的抗原。

（二）材料和设备

1. 材料

琼脂糖（1.0%～1.5%）、抗原（如小牛血清白蛋白）、抗体（如兔抗小牛血清白蛋白血清）、待检血清、平皿或载玻片、酒精灯、湿盒、打孔器（直径 3 mm）。

2. 设备

37 ℃恒温箱、微量移液器、烘箱、试管和试管架、滤纸或吸水纸、平皿、注射器针头和针管、记号笔或标签等。

（三）方法

（1）制备琼脂板　将1.5%琼脂（用pH8.2、0.05 mol/L的巴比妥缓冲液配成）加热溶化，待琼脂冷至56 ℃加入适量抗血清（抗血清最终稀释度取决于抗血清所标化的稀释度），混匀，制成厚1.5 mm的琼脂板，待琼脂凝固后打孔，孔径为3 mm，孔距1~1.2 cm。

（2）稀释参考血清及待检血清　参考血清用蒸馏水溶解后使用，参考血清、待检血清稀释按要求进行。

（3）将不同稀释度的待检血清和参考血清加入相对应的孔中。

（4）将加好样的琼脂板放入湿盒内，置于37 ℃恒温箱中保温。

（5）取出琼脂板，干燥后用肉眼或放大镜观察各孔的沉淀带。

（四）应用

用于测定各种抗原，如血清蛋白、糖、激素、肿瘤相关抗原、药物等，观察其抗原抗体反应的滴度。可用于诊断各种病毒感染，观察其病毒抗原或抗体的情况。也可用于诊断各种细菌性疾病，观察其细菌抗原或抗体的情况。

请注意，琼脂免疫扩散试验是一种经典的免疫学检验方法，虽然仍在使用，但已经被一些更敏感、更特异的技术所取代。在进行临床诊断时，要根据具体情况选择最合适的检验方法。

琼脂免疫扩散试验在动物检疫方面也有一定的应用，以下是其一些具体应用。

1. 检测禽流感病毒

AGID可以用于检测鸡和火鸡血清中的禽流感病毒特异性抗体，有助于判断禽群是否感染禽流感病毒。

2. 检测牛支原体

AGID可以用于检测牛血清中的牛支原体特异性抗体，有助于判断牛是否感染了牛支原体。

3. 检测猪瘟病毒

AGID可以用于检测猪血清中的猪瘟病毒特异性抗体，有助于判断猪群是否感染了猪瘟病毒。

4. 检测犬细小病毒

AGID可以用于检测犬血清中的犬细小病毒特异性抗体，有助于判断犬只是否感染了犬细小病毒。需要注意的是，AGID试验的灵敏度和特异性相对较低，且操作相对复杂，因此在实际动物检疫中，AGID试验通常作为初步筛选或辅助诊断方法。对于更精确的检测和诊断，通常需要采用更先进的分子生物学方法和技术。

（五）影响因素

琼脂免疫扩散试验的影响因素主要有以下几点。

1. 琼脂板的制备

琼脂板的制备需严格操作，包括加热溶化、加入抗血清、混匀、制成厚度为 1.5 mm 的琼脂板等步骤。其中，琼脂的浓度、黏度、湿度等都会影响琼脂扩散试验的结果。

2. 抗原与抗体的水溶性

抗原与抗体必须是水溶性的，才能在进行琼脂扩散试验时自由扩散并相互作用。一些颗粒性的抗原如细菌、红细胞等不溶于水，这样的抗原相对应的抗体效价就不能用琼脂扩散试验来测定。

3. 抗原的决定簇数量及分子量

抗原决定簇数量及分子量大小对免疫扩散的影响很大，一般抗原决定簇越多，分子量越大，免疫扩散的速度就越慢。

4. 抗体浓度

抗体浓度过高会导致抗原抗体复合物解离的速度加快，从而影响免疫扩散的结果。

5. 温度

免疫扩散的速率与温度有关，温度越低，抗原抗体复合物越容易形成，扩散速度也会相应减慢。

6. 离子强度

离子强度会影响抗原抗体的结合，一般来说，离子强度越高，抗原抗体的亲和力就越低。

三、酶联免疫吸附试验

（一）原理

酶联免疫吸附试验（ELISA）的原理是利用抗原抗体结合和酶对底物显色的特性，达到定量或定性检测抗原的目的。具体来说，它首先将抗原或抗体结合到固相载体表面，保持其免疫活性；然后将抗原或抗体与酶连接成酶标抗原或抗体，既保留其免疫活性，又保留酶的活性；在测定时，将待测抗原或抗体与酶标抗原或抗体按一定程序与固相载体表面的抗原或抗体起反应，形成抗原抗体-酶复合物，洗涤后加入底物，底物被酶催化而显色，根据颜色的深浅进行定性或定量分析。ELISA 既可以对抗原进行测定也可以对抗体进行测定。

（二）材料和设备

1. 材料

酶联免疫吸附试验板、抗原/抗体溶液、酶标记物、底物、稀释液、洗涤液等其他相关试剂。

2. 设备

酶联免疫吸附试验仪或酶标板、分光光度计、移液器、混匀器、水浴箱或恒温箱、微量滴定板、微量移液器、计时器。实验室常用设备，如研磨器、离心机、振荡器等。需要注意的是，不同的酶联免疫吸附试验可能需要不同的材料和设备，具体应根据试验的要求和条件进行选择和使用。

（三）方法

（1）准备酶联免疫吸附试验板，并在每个孔中加入适量的抗原，以使孔中的抗原与后续加入的抗体结合。

（2）加入待检测的抗体样本，使其与抗原反应一段时间。

（3）清洗未结合的抗体和其他杂质，以去除干扰因素。

（4）加入酶标记物，使其与抗体结合，形成酶标抗原复合物。

（5）清洗未结合的酶标记物。

（6）加入底物溶液，使其与酶反应，产生颜色变化。

（7）加入终止液，停止反应。

（8）使用分光光度计测量吸光度值，分析结果。

（四）应用

酶联免疫吸附试验（ELISA）是一种免疫学测定方法，广泛应用于各种物质的检测和定量分析，包括医学诊断、食品安全、生物工程等领域。在医学诊断方面，ELISA 被用于检测和定量各种抗体和抗原，如 HIV 抗体、肝炎病毒抗原、肿瘤标志物等，可用于诊断感染性疾病、癌症等疾病。在食品安全方面，ELISA 被用于检测食品中的有害物质，如农药残留、真菌毒素等，保障食品安全。在生物工程方面，ELISA 被用于检测蛋白质、激素等物质的表达和纯度，研究蛋白质的结构和功能等。此外，ELISA 还可用于检测其他物质，如环境中的微生物、污染物质等。总之，ELISA 是一种灵敏、特异、成本较低的检测方法，在各个领域都有广泛的应用。

酶联免疫吸附试验（ELISA）在动物检疫方面也有广泛应用，以下是其一些具体应用。

1. 诊断动物传染病

ELISA 可以用于检测多种动物传染病，如犬瘟热、猫传染性腹膜炎、禽流感等，通过对病原体抗原或抗体的检测，达到诊断疾病的目的。

2. 检测兽药残留

ELISA 可以用于检测动物组织中的兽药残留，如抗生素、激素、抗寄生虫药等，保障动物源性食品的安全性。

3. 检测动物免疫水平

ELISA 可以用于检测动物体内的抗体水平，评估动物的免疫状态和免疫效果，如检测家畜的疫苗免疫效果等。

4. 检测动物性产品掺假

ELISA 可以用于检测动物性产品中的掺杂物质，如检测牛奶中的掺水、检测肉制品中的非肉类添加物等，保障动物性产品的质量。需要注意的是，不同的 ELISA 方法可能对不同的动物检疫项目具有不同的敏感性和特异性，需要根据具体情况选择合适的 ELISA 方法。此外，动物检疫涉及的因素较为复杂，需要结合其他检验方法和技术进行综合分析和判断。

（五）影响因素

酶联免疫吸附试验（ELISA）的结果受到多种因素的影响，以下是其中一些主要因素。

1. 反应物品质

反应物的质量和纯度对 ELISA 的结果有重要影响。如果使用的酶标记物质量低或纯度不高，会导致信号弱或背景噪音大，从而影响结果的准确性。同样，抗体的质量也会影响试验结果，如抗体的亲和性、特异性和纯度等。

2. 操作条件

操作条件的合理性和稳定性对试验结果的可靠性至关重要。包括温度、时间、pH 等因素的控制都需要严格执行。例如，酶的活性与温度密切相关，过高或过低的温度都会影响酶的活性，进而影响试验结果。此外，过长或过短的反应时间也可能导致结果的偏差。

3. 标本因素

标本的品质和稳定性也会影响 ELISA 的结果。如溶血、高血脂等情况会影响试验结果。标本在冰箱中保存时间过长会导致血清中 IgG 聚合，使间接法的试剂本底加深。此外，不同来源和种类的标本也会影响结果。为了避免这些影响因素，建议在实验过程中采用严格的质量控制措施，并对实验条件和操作过程进行标准化和规范化。

（六）猪瘟 ELISA 能力验证

1. 方案设计

通过猪瘟 ELISA 能力验证，评估试剂盒的准确性、重复性和稳定性，确定其是否能够准确、有效地检测猪瘟病毒。准备不同浓度（如 1∶100、1∶200、1∶400 等）的标准猪瘟病毒阳性血清、阴性血清和待检测猪血清样品，用于灵敏性能力验证。按照试剂盒说明书，将猪血清样品与酶标板上的标准猪瘟病毒抗原进行反应，加入底物溶液，用酶标仪读取吸光度值。每个样品重复 3～5 次。计算每个样品的平均吸光度值和标准差，评估试剂盒的准确性和重复性。同时，绘制标准曲线，确定试剂盒的线性范围。根据试剂盒说明书中的标准，比较样品的吸光度值与标准曲线，确定样品是否为阳性或阴性。对所有样品的检测结果进行统计分析，计算敏感性、特异性、阳性预测值和阴性预测值等指标，评估试剂盒的性能。

2. 样品要求

（1）均匀性检验 随机抽取 10 份，在重复条件下，对每个抽取的样品进行至少 2 次测试，结果符合率均应达到 100%。

（2）稳定性检验 随机抽取各 3 份，分别在模拟运输和储存条件下，至少两个不同的时间点对每个样品进行测试，与均匀性检测结果符合率应达到 100%。

（3）不满足均稳性要求的样品，应进行无害化处理。

3. 检测标准

按照《利用实验室间比对进行能力验证的统计方法》［GB/T 28043—2011（ISO 13528：2005）］、《能力验证结果的统计处理和能力评价指南》（CNAS‑GL02：2014）、《出入境动物检疫实验室能力验证技术规范》（SN/T 2989—2011），以及《CLASSICAL SWINE FEVER (IN-FECTION WITH CLASSICAL SWINE FEVER VIRUS)》（WOAH Terrestrial Manual 2022 CHAPTER 3.9.3)、《猪瘟诊断技术》（GB/T 16551—2008）、《猪瘟病毒阻断 ELISA 抗体检测方法》（GB/T 34729—2017）、《猪瘟抗体间接 ELISA 检测方法》（GB/T 35906—2018）等进行。

参试实验室 ELISA 检测阴、阳性判定结果，全部 4 个以上样品与指定值符合，才为满意。

4. 保密要求

应确保参与能力验证的样品的来源和身份信息保密，包括样品提供者的信息、样品编号和测试结果。应保护其采用的猪瘟 ELISA 测试方法的机密性，包括试剂配方、实验程序和数据分析方法等敏感信息。应确保能力验证结果报告的机密性，报告应仅向参与者提供，不应公开披露。在能力验证过程中，应保护审核和监督过程中收集的信息的机密性，包括对参与者的观察、审核员之间的讨论和评估反馈等。应与参与者签订合同或协议，明确保密要求和违约责任。参与者应承诺在能力验证期间和之后，不泄露任何保密信息。建议在进行猪瘟ELISA能力验证之前，与组织方进行沟通，了解其具体的保密要求和规定。

四、免疫胶体金技术

（一）原理

免疫胶体金技术是一种利用胶体金（一种弱还原剂，其颜色由粒子的直径决定，直径越大，颜色越深）作为显色物质，以免疫学抗原抗体反应为基础，将免疫反应的特异性结合到胶体金的颜色变化上，实现对待测物质的定性或定量检测的技术。氯金酸在静电的作用下，形成大小不同的金颗粒，这些颗粒经过稳定剂（如枸橼酸钠、鞣酸、甘氨酸等）的作用，形成稳定的胶体金溶液。胶体金在弱碱环境下带负电荷，可与蛋白质分子的正电荷基团在静电作用下形成牢固结合，并且不会对蛋白质的生物特性造成影响。在蛋白质的引导下，胶体金颗粒与蛋白质结合，形成红色复合物，通过检测红色复合物的方式，对目标物质进行检测。免疫胶体金技术中的"免疫"是指利用了抗原和抗体特异性结合的原理。这种技术已广泛应用于免疫学、组织学、病理学和细胞生物学等领域。

（二）材料和设备

1. 材料

氯金酸（HAuCl$_4$）、蛋白质（如抗体或抗原）、胶体金颗粒。

2. 设备

微波炉或烘箱、玻璃研钵或塑料管、烧杯或试剂瓶、过滤器或膜、注射器或滴管、试剂或试剂盒。

（三）方法

免疫胶体金技术是一种常用的标记技术，可以通过胶体金标记抗体或抗原，实现免疫学检测。下面是免疫胶体金技术的基本方法。

1. 制备胶体金颗粒

胶体金制备的方法有很多种，常用的方法是还原金盐法，将氯金酸和白磷等还原剂混合，在还原剂的作用下，氯金酸被还原为金原子，形成胶体金颗粒，并在胶体金溶液中稳定分散。

2. 制备抗体或抗原的胶体金标记物

将抗体或抗原与胶体金颗粒混合，使抗体或抗原与胶体金颗粒结合，形成抗体或抗原的胶体金标记物。

3. 将标记物应用于免疫学检测

将标记物应用于免疫学检测的试纸或试剂盒中，通过抗体或抗原的特异性结合，检测相应的抗原或抗体。

（四）应用

1. 免疫胶体金技术的优点

免疫胶体金技术是一种常用的标记技术，免疫胶体金具有以下优点。

（1）使用方便快速，便于基层使用和现场使用，所有反应能在 15 min 内完成。

（2）成本低，不需要特殊的仪器设备。

（3）应用范围广，可适应多种检测条件。

（4）可以进行多项检测，若阳性样本比较难获得，多项检测可以节省样品，降低成本。

（5）标记物稳定，标记样品在 4 ℃储存两年以上，无信号衰减现象。

（6）胶体金本身为红色，不需要加入发色试剂，省却了酶标的致癌性底物及终止液的步骤，对人体无毒害。

2. 免疫胶体金技术的应用

在医学和生物学领域有广泛的应用，具体应用如下。

（1）免疫组织化学染色　免疫胶体金技术可以用于免疫组织化学染色，通过标记抗体或抗原，对组织切片中的特定抗原进行定位和定性分析。

（2）免疫印迹分析　免疫胶体金技术可以用于免疫印迹分析，通过标记抗体，对蛋白质转移膜中的目标蛋白进行检测和分析。

（3）快速诊断试剂　免疫胶体金技术可以用于快速诊断试剂，如妊娠检测试剂、肝炎病毒检测试剂等，具有操作简便、快速、特异性高等优点。

（4）细胞生物学研究　免疫胶体金技术可以用于细胞生物学研究，如检测细胞表面受体、细胞骨架和细胞内结构等。

（5）生物芯片分析　免疫胶体金技术可以用于生物芯片分析，通过标记抗体或抗原，对生物芯片上的靶标分子进行检测和分析。总之，免疫胶体金技术在医学、生物学和生物工程等领域有着广泛的应用前景。

3. 免疫胶体金技术在动物检疫方面的应用

免疫胶体金技术在动物检疫方面有广泛的应用。以下是一些具体的动物检疫项目。

（1）猪病检疫　使用免疫胶体金技术可以检测猪瘟病毒等猪病病毒。

（2）禽病检疫　使用免疫胶体金技术可以检测鸡新城疫病毒、禽流感病毒等禽病病毒。

（3）牛、羊病检疫　使用免疫胶体金技术可以检测牛瘟病毒、羊痘病毒等牛、羊病病毒。

（4）寄生虫病检疫　使用免疫胶体金技术可以检测吸血虫病抗体、弓形虫抗体等寄生虫病抗体。

（5）兽药残留检测　使用免疫胶体金技术可以检测氯霉素、盐酸克伦特罗、莱克多巴胺、沙丁胺醇、链霉素、四环素等兽药残留。

（6）食品安全检测　使用免疫胶体金技术可以检测真菌毒素类，例如黄曲霉毒素、赭曲霉毒素、玉米赤霉烯酮、呕吐毒素、T-2 毒素等。

（7）毒品检测　使用免疫胶体金技术可以检测吗啡、冰毒、K 粉等毒品。总之，免疫胶体金技术在动物检疫方面具有快速、简便、特异性高等优点，有助于动物疾病防控和食品安全监管。

（五）影响因素

1. 胶体金的制备

胶体金的制备受到多种因素的影响，如金溶液的浓度、还原剂的种类和浓度、还原剂滴加的方式和速度等，这些因素会影响胶体金的粒径大小、分布和稳定性，进而影响免疫胶体金技术的灵敏度和特异性。在制备胶体金时应该注意：①玻璃器皿必须彻底清洗，最好是经过硅化处理的玻璃器皿，或用胶体金稳定的玻璃器皿，再用双馏水冲洗后使用。否则影响生物大分子与金颗粒结合和活化后金颗粒的稳定性，不能获得预期大小的金颗粒。②试剂配制必须保持严格的纯净，所有试剂都必须使用双蒸水或三蒸水并去离子后配制，或者在临用前将配好的试剂经超滤或微孔滤膜过滤，以除去其中的聚合物和其他能混入的杂质。③配制胶体金溶液的 pH 以中性（pH 7.2）较好。④氯金酸的质量要求上乘、杂质少，最好是进口的。⑤氯金酸配成 1% 水溶液在 4 ℃可保持数月稳定，由于氯金酸易潮解，因此在配制时，最好将整个小包装一次性溶解。

2. 抗体或抗原的特性和浓度

抗体或抗原的特性和浓度对免疫胶体金技术的灵敏度和特异性有重要影响，不同的抗体或抗原的特性和浓度需要不同的优化和调整。

3. 免疫反应的条件

免疫反应的条件如反应时间、温度、离子强度等也会影响免疫胶体金技术的灵敏度和特异性。

4. 膜的特性

用于免疫胶体金技术的膜的孔径大小和分布结构会影响胶体金颗粒的流动速率和结合能力，进而影响免疫胶体金技术的灵敏度和特异性。

5. 溶液的成分

用于免疫胶体金技术的溶液的成分也会影响免疫反应的结果，如不同浓度的蛋白质、离子等会对免疫反应产生不同的影响。

另外需要注意的是，免疫胶体金技术是一种较为简单的标记技术，操作简便、快速，但在实际应用中需要注意一些细节问题：①实验环境，确保实验环境干净、整洁，避免污染。②操作顺序，按照实验步骤顺序进行，避免步骤混乱。③试剂储存，胶体金试剂应妥善存放，避免阳光直射和高温。④试剂配制，准确测量和混合试剂，确保实验准确性。⑤抗原抗体反应，控制抗原抗体反应时间，避免反应不足或过度反应。⑥洗涤，实验过程中要充分洗涤，避免残留物影响结果。⑦检测结果判断，正确解读检测结果，如有异常情况及时复测。

五、中和试验

（一）原理

在体外适宜条件下，将病毒与特异性抗体混合，使病毒与抗体相互反应，再将混合物接种到敏感的宿主细胞或动物体内，然后测定残存的病毒感染力。凡是能与病毒结合，并使其失去感染力的抗体称为中和抗体。因此，中和试验常用于鉴定病毒的型别和亚型、测定病毒的感染性或通过比较病毒受免疫血清中和后的残存感染力来判定免疫血清中和病毒的能力。

（二）材料和设备

1. 材料

病毒或毒素的抗血清或单克隆抗体、各种浓度的病毒或毒素、细胞或原代细胞培养物、用于细胞培养的补充物或添加剂，如胎牛血清、用于标记病毒或毒素的放射性同位素或荧光标记物。

2. 设备

细胞培养设备，如细胞培养箱、细胞培养瓶、细胞培养板、孔板等；实验室用微波器或紫外线照射器；冰箱和冰桶；移液器、吸管和滴管；过滤器；离心机；用于放射性测定的计数器。

（三）方法

（1）将病毒或毒素与相应的抗血清或单克隆抗体混合，使其发生抗原抗体反应。

（2）将复合物转移到细胞或原代细胞培养物中。

（3）保持一段时间的培养，以观察细胞或培养物的变化。通常需要设置一系列的病毒或毒素浓度和抗血清或单克隆抗体的浓度，以确定中和试验的量效关系和等摩尔关系。根据观察到的细胞或培养物的变化，可以判断病毒或毒素的中和效果，并计算出中和抗体或中和剂的半数中和量。

（四）应用

抗体中和实验的优点主要：一是高灵敏度，抗体中和实验可以检测到非常低的病毒浓度，这对于早期诊断和治疗非常有帮助。二是特异性强，抗体中和实验可以特异性地检测到某种病毒，而不会与其他病毒或物质发生交叉反应。三是快速，抗体中和实验可以在较短时间内完成，这对于快速诊断和治疗非常重要。四是可重复性高，抗体中和实验的重复性很高，可以确保实验结果的准确性和可靠性。

中和试验在医学和生物学领域得到了广泛的应用，一是检测病毒、细菌等病原体的中和抗体，以评估疫苗研究的免疫效果。二是研究抗体药物的作用机制和疗效。三是评估生物制品的质量，如检测抗血清、抗体药物等。四是免疫学研究，如研究抗体识别抗原的位点结构和功能。五是疾病诊断和治疗，如检测患者血清中的中和抗体，以评估疾病的发展和治疗效果等。

在病毒学、免疫学和细胞生物学中常用来检测或鉴定病毒、毒素或抗体的中和作用，从而推断出该病毒或毒素的特性。在病毒学中，中和试验常用来测定抗血清或单克隆抗体对病毒的中和作用，以评估疫苗的有效性或在感染病毒后产生的免疫反应。在免疫学中，中和试验可用于检测免疫血清的中和活性，以评估其对特定病毒或毒素的中和能力。在细胞生物学中，中和试验也常用于检测细胞因子或其他生物活性分子的中和作用。此外，中和试验还可用于检测食品和环境中存在的毒素和病原微生物。总之，中和试验在医学、生物学和公共卫生领域具有重要的应用价值。

中和试验在动物检疫方面有着广泛的应用，其中最重要的一项应用是检测病毒的特异性抗体。通过将病毒与特异性抗体混合，观察病毒的感染力是否被抑制，从而确定是否存在对应的抗体。中和试验还可以应用于未知病毒的鉴定和分型。通过将疑似病毒的样品与已知的抗血清混合，观察是否出现中和反应，即可判断该疑似病毒是否与已知病毒相匹配。此外，中和试验还可以用于检测免疫血清的抗体效价和疫苗接种后的效果。通过测定免疫血清的中和抗体滴度，可以评估免疫血清的保护效力。总之，中和试验在动物检疫中发挥着重要的作用，可以用于检测病毒的特异性抗体、鉴定和分型未知病毒、以及评估免疫血清的保护效力等。

（五）影响因素

1. 中和试验的影响因素

（1）病毒毒价的准确性　毒价过低导致出现假阴性结果，毒价过高则易出现假阳性结果。

（2）病毒和抗体的比例　在中和试验中，当病毒和抗体的比例为等摩尔时，抗体对病毒的抑制作用最大。

（3）病毒和细胞的比例　当病毒和细胞的比例过高时，病毒可能会通过细胞间的传播而绕过抗体对细胞的保护，从而导致假阴性结果。

（4）抗体和细胞的结合时间　在某些情况下，抗体和细胞的结合时间越长，中和试验的效果越好。

（5）温度和离子强度的适宜性　在中和试验中，温度和离子强度的适宜性对试验结果也有影响。

（6）细胞的质量和状态　细胞的质量和状态对中和试验的结果也有影响。

2. 注意事项

（1）病毒悬液　病毒应低温保存，融化后只可使用一次，避免反复冻融，这样会降低病毒的毒力。多次进行同一试验时，应使用同一批冻存的病毒，以减小误差。

（2）抗血清　人和动物血清中含有一些非特异性的物质，这些物质可增强抗病毒抗体的中和作用，也可以灭活病毒，通常采用加热的方法破坏这些物质。不同来源的血清灭活温度不尽相同，人、豚鼠血清为 56 ℃，兔为 65 ℃，时间为 20～30 min。在细胞培养中进行中和试验时，要注意避免使用相同的细胞。例如，用猴肾细胞培养的病毒免疫动物制备的抗血清，不宜用于以猴肾细胞为敏感宿主的中和试验上，因为该血清中含有抗猴肾细胞的抗体，对猴肾细胞有细胞毒作用或能封闭猴肾细胞，使病毒不能进入细胞内繁殖，从而影响了中和试验的结果。

（3）孵育的温度和时间　病毒与抗血清在 0 ℃时不发生反应，5 ℃以上才发生中和反应。通常采用 37 ℃孵育 1 h，一般的病毒即可和抗血清充分反应。但是，一些特殊的病毒在此反应条件下不能充分反应，试验时应根据不同的病毒改变孵育的时间和温度。

六、平板凝集试验

（一）原理

平板凝集试验的原理是细菌性抗原与相应的抗体结合后，在适量的电解质参与下，经过一段时间出现肉眼可见的凝集现象。在试验中，将抗原或抗体溶液与相应抗体或抗原混合，如果样本中存在与抗原或抗体相互作用的特定免疫球蛋白，则会形成凝集现象，可以在平板上观察凝集物的形成。若凝集物形成，说明抗原与抗体发生了特异性结合。这种试验有助于诊断疾病、研究免疫反应以及检测生物制品的质量。它常采用已知的标准细菌性抗原液检测相应的凝集抗体。例如，在虎红平板凝集试验（RBPT）中，由于所用的抗原是酸性（pH 3.6～3.9）带色的抗原，该抗原与被检血清作用时能抑制血清中的 IgM 类抗体的凝集活性，检查出的抗体是 IgG 类，因此，提高了该项反应的特异性。平板凝集实验分为间接凝集反应以及直接凝集反应。

1. 间接凝集反应

将可溶性抗原（或抗体）先吸附于一种与免疫无关的、一定大小的颗粒状载体的表面，然后与相应抗体（或抗原）作用。在有电介质存在的适宜条件下，即可发生凝集，称为间接凝集反应。用作载体的微球可用天然的微粒性物质，如人（O 型）和动物（绵羊、家兔等）的红细胞、活性炭颗粒或硅酸铝颗粒等；也可用人工合成或天然高分子材料制成，如聚苯乙烯胶乳微球等。由于载体颗粒增大了可溶性抗原的反应面积，当颗粒上的抗原与微量抗体结合后，就足以出现肉眼可见的反应，敏感性比直接凝集反应高得多。

2. 直接凝集反应

细菌或细胞等颗粒性抗原与相应抗体直接反应，出现的凝集现象。主要有玻片法和试管法。玻片法是抗原和相应抗体在玻片上进行的凝集反应，用于定性检测抗原，如 ABO 血型鉴定、细菌鉴定等。试管法是在试管中倍比稀释待检血清，加入已知颗粒性抗原进行的凝集反应，用于定量检测抗体，如诊断伤寒病的肥达试验。

（二）材料和设备

平板凝集试验抗原和标准阳性血清、阴性血清；受检血清，应新鲜且无溶血和腐败现象；洁净的玻片或玻璃板，划分成一定面积的小方格；微量移液器及无菌吸头；灭菌牙签类小棒；显微镜，用于观察凝集现象。

（三）方法

（1）取洁净玻板一块，用玻璃铅笔划成方格，并注明待检血清号码。

（2）取 0.2 mL 吸管分别吸取 0.08 mL、0.04 mL、0.02 mL 和 0.01 mL 各放入一方格内。大规模检验时，可只做 2 个血清量，大动物用 0.04 mL 和 0.02 mL，中小动物用 0.08 mL 和 0.04 mL。每检一个样品需换一只吸管。

（3）每格内加布氏杆菌平板凝集抗原 0.03 mL，滴在血清附近，而不要与血清接触。用牙签（或火柴杆）自血清量最小的一格起，将血清与抗原混匀，每份血清用一根牙签。

（4）混合完毕，将玻板置凝集反应箱上均匀加温或采用别的办法适当加温，使温度达到 30 ℃左右。3～5 min 内记录结果。

（四）应用

平板凝集试验是一种常见的微生物学诊断方法，可以用来检测和识别多种细菌菌株，该方法具有以下优点。

1. 简单易行

平板凝集试验操作简单，只需要将抗原和抗体混合后放置在平板上，观察是否有凝集现象即可。

2. 快速

平板凝集试验通常可以在几小时内得到结果，比其他检测方法如 ELISA 等更快。

3. 低成本

平板凝集试验所需设备和试剂相对较少，成本较低。

4. 可以检测多种抗原和抗体

平板凝集试验可以检测多种抗原和抗体，包括病毒、细菌、寄生虫等。

5. 可以进行定量分析

通过调整抗原和抗体的浓度，可以进行定量分析，得到抗原或抗体的浓度。因此，被广泛应用于布病诊断、监测以及阳性动物筛查等工作。此外，平板凝集试验还可以检测和识别沙门氏菌、支原体等其他细菌菌株。

（五）影响因素

平板凝集试验的影响因素主要有两个方面：抗原质量和血清质量。抗原质量是影响平板凝集试验结果准确性的关键因素之一。不同厂家的抗原对同一批血清样本的检测结果存在不同程度的差异，如果平板凝集试验的假阳性率过高，不仅会造成工作量加大，还会造成不必要的经济损失。

血清质量也是影响平板凝集试验结果准确性的重要因素之一。采集时间和分离方式直接影响血清的质量。用于平板凝集试验的血清应新鲜、清亮透明、无溶血、防止细菌污染，并且避免反复冻融。此外，如果待检血清中含有纤维蛋白原，也会出现平板凝集假阳性结果，严重影响检测结果的准确性。另外，在实验操作过程中需要注意以下事项。

（1）每次试验必须以标准阳性血清和标准阴性血清进行对照。

（2）加抗原前必须摇匀。

（3）反应温度最好保证在 30 ℃左右，3～5 min 内判定。如反应温度偏低，可适当延长判读时间。

（4）如用两个血清量做实验，任何一个血清量出现凝集反应时，则需要用 4 个血清量重检。

（5）平板凝集反应最好是用于初筛，如出现阳性或可疑反应，再用试管凝集反应进行复检。

七、试管凝集试验

（一）原理

试管凝集试验的原理是抗原与抗体在试管内或玻片上结合后，出现肉眼可见的凝集现象。试管凝集试验主要用于检测血清中是否存在某种抗体以及抗体的含量，协助临床诊断或流行病学调查研究。

试管凝集试验可按照不同原理分为多种方法，比如试管间接凝集试验、试管玻片凝集试验、试管血凝试验等。试管凝集试验的操作流程、试剂选择、反应条件等均有所不同。

1. 试管间接凝集试验

在此方法中，抗原与抗体分别结合在两种不同颗粒上，如颗粒状抗原与抗体结合，再与另一颗粒状抗体结合。当这两种颗粒足够接近时，它们会形成肉眼可见的凝集现象。

2. 试管玻片凝集试验

该方法是将抗原滴加到玻片上，然后加入抗体。在反应过程中，抗原与抗体结合形成凝集物，可在玻片上观察到。

3. 试管血凝试验

此方法主要用于检测动物血清中的抗体。在试验中，将红细胞与抗原或抗体结合，当抗体浓度足够高时，红细胞会发生凝集现象。

（二）材料和设备

1. 材料

（1）抗原 这是由细菌、病毒、螺旋体或立克次体等微生物制成的生物制品，用于刺激机体产生特异性抗体。

（2）抗体 这是由机体免疫系统产生的蛋白质，能够与抗原结合并产生凝集反应。

（3）生理盐水 用于稀释抗原和红细胞。

2. 设备

（1）试管 用于混合抗原和抗体，以及观察凝集反应。

（2）移液管 用于将抗原和抗体加入试管。

（3）显微镜 用于观察凝集反应的结果。

（4）保温箱或水浴锅 用于将试管保持恒温。

（5）计时器 用于计时，观察凝集反应所需的时间。

（三）方法

试管凝集试验的方法可以分为以下步骤。

（1）在小试管中加入诊断血清，用生理盐水作倍量稀释，最后一管不加血清，以盐水作对照。

（2）每管中加入细菌悬液，摇匀。

（3）将试管置 37 ℃水浴 4 h，再置 4 ℃过夜。

（4）读取结果，以血清最高稀释度达到（＋＋）（管内液体半澄清，部分凝集块沉于管底）凝集者为该菌的凝集效价。若此效价达所用原诊断血清效价一半以上者为阳性。

（四）应用

试管凝集试验具有以下优点。

1. 敏感度高

试管凝集试验可以检测出较低浓度的抗体或抗原，对于疾病的早期诊断具有较高的敏感性。

2. 操作简便

试验过程中，只需将已知抗原与被稀释的血清混合，并在保温后观察结果，操作相对简单。

3. 半定量和定量分析

通过观察凝集程度，可以对抗体或抗原的含量进行半定量和定量分析，有利于疾病程度的判断。

4. 广泛应用

试管凝集试验在病原体检测、免疫学研究和临床诊断等多个领域具有广泛的应用价值。

5. 成本较低

与其他免疫学检测方法相比，试管凝集试验的成本相对较低，适用于各类医疗机构和实验室。

6. 特异性强

试管凝集试验具有较高的特异性，可以准确地检测出特定抗原或抗体，有助于疾病的确诊。

目前，试管凝集试验已用于协助临床诊断或供流行病学调查研究，并且已经在动物检疫中有一定的应用。一是布鲁氏菌病检测，试管凝集试验具有较高的特异性和敏感性。在动物检疫中，如果发现患病动物或疑似病例，可以通过试管凝集试验检测血清中的布鲁氏菌抗体，以确诊疾病。二是疫苗免疫效果评估，在布鲁氏菌病疫苗免疫效果评估中，试管凝集试验可以用于检测接种疫苗后动物体内抗体的产生情况。通过比较免疫前和免疫后血清的抗体效价，可以评估疫苗的免疫效果和保护力。三是流行病学调查，通过检测不同地区、不同动物群体中的布鲁氏菌抗体阳性率，可以了解布鲁氏菌病的流行情况，评估疫苗接种的效果和必要性。

（五）影响因素

试管凝集试验的影响因素有很多，包括抗原的优选、试剂的质量、血清和抗原的质量、操作不当等。

1. 抗原的优选

不同菌株具有不同的抗原性，因此，需要充分考虑菌株的种属、分离部位、分离地点等因素，以选择合适的抗原。

2. 试剂的质量

试管凝集试验中的其他试剂，如盐酸盐和红细胞等试剂的使用质量也会直接影响试验结果。因此，在进行试验前应当进行充分的试剂质量控制和标准化操作。

3. 血清和抗原的质量

这是试管凝集试验结果的关键因素，如果抗原或抗体质量不好，可能会导致试管凝集试验的假阳性或假阴性结果。在试管凝集试验中应该选择高质量的抗原和抗体，并对其质量进行监测和质量控制。

4. 环境因素

包括环境温度、湿度以及实验室空气的质量等因素，都会影响试验结果。例如，水分的蒸发和温度过高都会影响试验结果的准确性，因此，需要制定恰当的环境条件要求。

5. 操作不当

实验员的实验操作能力对试验结果也有很大的影响。如果实验员的操作不当，可能导致试验结果的误判。因此，实验员需要经过严格的培训和考核，以确保操作的准确性和稳定性。

八、补体结合试验

（一）原理

补体结合试验是一种检测抗原与抗体之间特异性结合的试验。主要包括以下几个系统。①反应系统。包括已知抗原（或抗体）与待测抗体（或抗原）。②补体系统。包含补体成分，如 C1、C3 等。③指示系统。通常为致敏红细胞，与相应溶血素结合。试验过程中，先将反应系统与待测抗体（或抗原）混合，使抗原抗体发生特异性结合。然后加入补体系统，如果反应系统中存在待测的抗体（或抗原），则抗原抗体结合后可结合补体。接着加入指示系统，如致敏红细胞，补体结合后会导致红细胞破裂溶血。根据溶血程度，判断待测抗体（或抗原）与已知抗原（或抗体）之间的特异性结合情况。补体结合试验可根据已知抗原来检测相应抗体，也可用已知抗体检测相应抗原。这一方法在传染病诊断、流行病学调查、自身抗体检测、肿瘤相关抗原以及 HLA 的检测等方面有广泛应用。

（二）材料和设备

1. 材料

抗原：如蛋白质、多糖等，作为试验的靶标。抗体：特异性抗体，用于检测抗原。补体：来源于动物血清，如兔、羊或豚鼠血清。指示剂：如酚酞，用于检测补体结合反应的产物。

2. 设备

离心机、酶标仪、移液器、试管、酶标板、恒温箱等。

（三）方法

第一阶段是将经过 56 ℃处理 30 min 使补体灭活的抗血清，与抗原及补体（通常将豚鼠血清作适当稀释后使用）混合使起反应。第二阶段是加入已同抗绵羊红细胞抗体相结合的绵羊红细胞（致敏红细胞）。在最初阶段对消耗补体建立起足够的抗原抗体反应时，没有发生致敏红细胞的溶血，但补体剩余下来则引起溶血反应。如出现溶血现象，说明检测系统中没有相对应的抗原抗体，补体是游离的指示系统的绵羊红细胞和抗体结合而出现溶血，即为反应阴性。如不出现溶血，表明检测系统中有抗原抗体复合物并结合补体，则指示系统无多余的补体作用而没有溶血现象，即为阳性。

（四）应用

补体结合试验是一种经典的生物学检测方法，具有以下优点：一是灵敏度高，补体活化过程有放大作用，比沉淀反应和凝集反应的灵敏度高得多，能测定 0.05 μg/mL 的抗体，可与间接凝集法的灵敏度相当。二是特异性强，各种反应成分事先都经过滴定，选择了最佳比例，出现交叉反应的概率较小，尤其用小量法或微量法时。三是应用面广，可用于检测多种类型的抗原或抗体。四是易于普及，试验结果显而易见；试验条件要求低，不需要特殊仪器或只用光电比色计即可，这些优点使得该方法在医学和生物学领域有广泛的应用。目前，补体结合试验一般用于：临床病毒性疾病的诊断、病毒性传染病的流行病学调查、病毒性抗原及相应抗体的检测、病毒亚型的鉴定等。

补体结合试验在动物检疫方面有着广泛的应用，对于动物疫病的诊断和流行病学调查具有重要意义。例如，《中澳双边检疫协定》中规定了对 8 种动物疫病的检测方法，其中包括补体结合试验。在布氏杆菌病的检测中，补体结合试验可以作为其血清学检测方法之一。通过补体结合试验，可以检测出感染布氏杆菌的动物血清中的相应抗体，从而辅助诊断该疫病。

（五）影响因素

为了提高补体结合试验的准确性和灵敏度，需要选择活性强的补体系统、适当的反应系统浓度、孵育时间和温度以及高灵敏度的指示系统，同时也要确保抗血清和抗原的质量稳定可靠。补体结合试验的影响因素包括以下几个方面：

1. 补体系统的活性

补体系统的活性是影响补体结合试验结果的重要因素之一。如果补体系统的活性不足，则无法完成抗原抗体复合物的溶解，导致假阴性结果。

2. 反应系统的浓度

反应系统的浓度也会影响补体结合试验的结果。如果反应系统的浓度过高，则会导致抗原抗体复合物形成速度过快，提前溶解，从而影响结果。

3. 孵育时间和温度

孵育时间和温度也是影响补体结合试验结果的因素。如果孵育时间过短或温度过低，则抗原抗体复合物可能无法充分形成，导致假阴性结果。

4. 指示系统的灵敏度

指示系统的灵敏度也会影响补体结合试验的结果。如果指示系统的灵敏度过低，则可能无法准确检测抗原抗体复合物的形成，导致假阴性或假阳性结果。

5. 抗血清和抗原的质量

抗血清和抗原的质量也是影响补体结合试验结果的因素。如果抗血清和抗原的质量不稳定或不纯，则可能导致抗原抗体复合物形成不稳定或不充分，从而影响结果。

九、荧光抗体技术

（一）原理

免疫荧光技术又称荧光抗体技术，是标记免疫技术中发展最早的一种。它是在免疫学、生物化学和显微镜技术的基础上建立起来的一项技术。很早以来就有一些学者试图将抗体分子与一些示踪物质结合，利用抗原抗体反应进行组织或细胞内抗原物质的定位。

免疫荧光技术是用荧光抗体示踪或检查相应抗原的方法称荧光抗体法与用已知的荧光抗原标记物示踪或检查相应抗体的方法称荧光抗原法，因为荧光色素不但能与抗体球蛋白结合，用于检测或定位各种抗原，也可以与其他蛋白质结合，用于检测或定位抗体，以荧光抗体方法较常用。荧光抗体技术的原理是利用一种荧光标记的抗体来检测抗原，免疫学的基本反应是抗原－抗体反应。由于抗原抗体反应具有高度的特异性，所以当抗原抗体发生反应时，只要知道其中的一个因素，就可以查出另一个因素。免疫荧光技术就是将不影响抗原抗体活性的荧光色素标记在抗体（或抗原）上，与其相应的抗原（或抗体）结合后，在荧光显微镜下呈现一种特异性荧光反应。

荧光抗体技术具有简单、特异性高、敏感性低、可同时检测多种抗原等优点。这项技术在临床检验中已经用于细菌、病毒和寄生虫的检验以及自身免疫病的诊断等领域。

（二）材料和设备

①细胞或组织样本；②抗体，一般需要一种主抗体和一种荧光标记的二抗；③荧光染料，如荧光素、荧光素同工异构体、荧光素同工异构体衍生物等；④缓冲液，如 PBS、TBS 等；⑤蛋白质阻断剂，如牛血清白蛋白、BSA 等；⑥洗涤液，如 Tween－20、Triton X－100 等；⑦封片剂，如含有蒙脱土的封片剂；⑧荧光显微镜或共聚焦显微镜；⑨其他常规实验室器材：离心机、冰箱、离心管、显微镜载玻片等。

（三）方法

荧光抗体技术的基本步骤如下。

（1）将待测标本固定于玻片表面，一般选用 4％多聚甲醛。

（2）通透　使用交联剂（如多聚甲醛）固定后的细胞，一般需要在加入抗体孵育前，对细胞进行通透处理，以保证抗体能够到达抗原部位。选择通透剂应充分考虑抗原蛋白的性质。通透的时间一般在 5～15 min. 通透后用 PBS 洗涤 3 次，每次 5 min。

（3）封闭　使用封闭液对细胞进行封闭，时间一般为 30 min。

（4）滴加已知荧光抗体，进行抗体的结合。

（5）用缓冲液冲洗。

（6）干燥后于荧光显微镜下观察，阳性是可见带荧光的抗原抗体复合物，阴性无荧光。

（四）应用

荧光抗体技术的主要特点是：一是灵敏度高，荧光抗体技术可以检测到极低浓度的抗原，提高了检测的灵敏度。二是特异性强，荧光抗体技术与抗原结合具有高度的特异性，能够准确识别目标抗原。三是快速诊断，直接荧光抗体技术可用于快速诊断细菌性疾病，如化脓性链球菌、肺炎支原体和嗜肺军团菌等。四是实时观察，荧光抗体技术可用于活细胞内分子的实时观察，便于研究蛋白质分布、运动和生物化学特性。五是应用广泛，荧光抗体技术广泛应用于生物学、医学、兽医等领域，可用于抗原定位、含量检测、疾病诊断等。六是易于优化，通过基因工程重组和优化，可以改进荧光抗体的性能，提高其在研究中的应用价值。

荧光抗体技术常用于病原体检测，可以快速鉴定病原体并检测血清中的相关抗体。例如，在病毒学检验中，荧光抗体染色法可以用于检出病毒及其繁殖情况，对于流行病学调查和临床回顾诊断具有重要的意义。

荧光抗体技术可以应用于动物检疫领域。例如，我国利用荧光抗体诊断的家畜传染病有猪瘟、炭疽、鼻疽、马传染性贫血病、布氏杆菌病、传染性胃肠炎、钩端螺旋体病等。这些传染病对畜牧业和公共卫生都带来了严重的威胁，因此荧光抗体技术在家畜传染病检疫中的应用对于预防和控制这些疾病的传播具有重要意义。

（五）影响因素

1. 荧光染料的选择

根据不同型号选择适当的荧光抗体，考虑因素如激光功率和波长。染料的选择应与激光共聚焦显微镜所配激光器的激发波长相匹配，不同荧光的激发波长或发射波长尽量相差大些，防止串色，影响试验结果的准确性。对于低表达密度的抗原，应该选择更亮的荧光染料。

2. 抗体的选择

抗体的选择是荧光抗体技术的核心，抗体是否与目标蛋白直接结合是一抗，还是通过其他荧光染料与目标蛋白间接结合的是二抗，需要根据实验目的和具体情况进行选择。

3. 荧光补偿调节

当细胞携带两种或者以上荧光素时，受激光激发而发射两种以上不同波长的荧光时，理论上可以调节滤片使每种荧光仅被相应的检测器检测到，而不会检测到另外一种荧光，但是目前所使用的各种荧光染料都是宽发射谱性质，发射谱范围有一定的重叠，因而少量不需要检测的另一种荧光信号也会被此光电倍增管所检测，因此每一个光电倍增管实际上检测到都是两种荧光之和，但各以某一种荧光为主。

4. 标本的处理和准备

标本的处理和准备也对荧光染色结果有着重要的影响。标本存在切片、固定、透明化等处理步骤，每个步骤的不同操作和参数都有可能影响染色结果。例如，过度切片和过长的固定时间都会导致标本质量下降，使得抗体与标本不能正常结合，从而影响染色质量。

十、免疫印迹技术

（一）原理

免疫印迹（WB）技术是一种将高分辨率凝胶电泳和免疫化学分析技术相结合的杂交技术，在研究蛋白质特性、表达和分布方面具有重要作用。其基本原理是将蛋白质转移到膜上，然后利用抗体进行检测。

对于已知表达蛋白，可以使用相应抗体作为一抗进行检测；对于新基因的表达产物，可以通过融合部分的抗体进行检测。免疫印迹法具有分析容量大、敏感度高和特异性强等优点，是检测蛋白质特性、表达与分布的一种最常用的方法，如组织抗原的定性定量检测、多肽分子的质量测定以及病毒的抗体或抗原检测等。

在免疫印迹技术中，首先，需要利用 SDS-PAGE 分离蛋白质样品，然后将电泳条带转移到固相载体膜上（如 PVDF 或尼龙膜）。然后，利用磷酸化特异的抗体（一抗）来鉴定目的蛋白，能与磷酸化特异抗体结合的蛋白质即为磷酸化蛋白。最后，通过标记的二抗识别一抗可以指示一抗的位置，即待研究的磷酸化蛋白质的位置。

（二）材料和设备

实验试剂与材料：包括 Western blot 操作流程中所需的试剂和蛋白质样品。如 10× 电泳缓冲液、1×电转液、分离胶、浓缩胶、5% BSA 溶液（w/v）、5％牛奶（w/v）、1×TBST 洗液、一抗和二抗。

主要实验仪器：制冰机、超声破碎仪、低温冷冻离心机、蛋白电泳/转膜仪、多功能酶标仪和成像系统等。

（三）方法

（1）电泳分离蛋白质　由裂解细胞或组织制备目的蛋白质样品，经 SDS - PAGE 电泳处理后，不同分子质量大小的蛋白质得到分离。

（2）转膜　将电泳分离的条带从凝胶转移至 NC/PVDF 膜上。常用的方法是电洗脱或电泳转移，形成"负极-海绵-三层滤纸-胶-膜-三层滤纸-海绵-正极"转膜结构，在施加电场后蛋白质从聚丙烯酰胺凝胶中移出并吸附在膜表面。

（3）抗体孵育　用目标蛋白的抗体（一抗）处理膜，漂洗除去未结合的抗体，膜上仅含有目标蛋白结合的一抗。再用标记的二抗进行酶免疫定位。

（4）显影分析　用 X 线底片曝光，根据信号的强弱调整曝光时间或不同时间多次压片以达到最佳效果。曝光完成后取出 X 光片迅速浸入显影液中显影，待条带明显后停止显影，分析结果。

（四）应用

1. 免疫印迹技术的优点

免疫印迹技术是一种常用的蛋白质分析方法，可以用来检测蛋白质的特性、表达和分布，具有以下优点：

（1）操作简便　湿的固定化基质膜柔韧，易于操作。

（2）均一性　固定化的生物大分子可与各种免疫探针均匀接触，不会像凝胶那样受孔径阻隔。

（3）高效　免疫印迹分析只需少量试剂，孵育、洗涤的时间明显减短。

（4）灵活多用　可同时制作多个拷贝，用于多种分析和鉴定。

（5）结果直观　结果以图谱形式可长期保存。

（6）探针可调　免疫探针可通过降低 pH 等方法，像抹去录音磁带一样将探针抹掉，再换用第二探针进行分析检测。

（7）敏感度高　免疫印迹技术具有分析容量大、特异性强等优点，适用于检测蛋白质特性、表达与分布，如组织抗原的定性定量检测、多肽分子的质量测定及病毒的抗体或抗原检测等。

2. 免疫印迹技术的应用

（1）检测蛋白质的表达和分布　通过使用特定抗体作为一抗，可以检测已知表达蛋白。如果对新基因的表达产物进行检测，可以通过融合部分的抗体进行检测。

（2）蛋白质特性分析　免疫印迹技术可用于检测蛋白质的修饰状态，例如蛋白质的磷酸化、糖基化等。这些修饰对于蛋白质的功能和定位具有重要意义。

（3）分子质量测定　通过免疫印迹技术，可以测定多肽分子的质量，对于研究蛋白质的结构和功能具有重要意义。

（4）病毒的抗体或抗原检测　免疫印迹技术可以用于病毒的抗体或抗原检测，对于病毒性疾病的诊断和治疗具有重要意义。

免疫印迹技术在动物检疫方面具有广泛的应用前景，为动物疫病的预防和控制提供了强有力的技术支持。例如，在猪瘟病毒的检测中，免疫印迹技术可以用于检测病毒抗原和抗体，以及区分不同血清型病毒。在禽流感病毒的检测中，免疫印迹技术可以与鸡胚接种和病毒分离相结合，提高检测的灵敏度和特异性。此外，免疫印迹技术还可以用于检测猪、牛、羊等动物组织中的药物残留，以及评估疫苗免疫效果等。

（五）影响因素

1. 抗原分子中可被抗体识别的表位性质
只有那些能识别耐变性表位的抗体才能与抗原结合，因此抗原分子中可被抗体识别的表位性质是影响免疫印迹成败的主要因素之一。

2. 蛋白质原液中抗原的浓度
对于中等分子质量的蛋白质，如约 50 kDa，浓度低至 0.1 ng 的蛋白亦可被检出。

3. 抗体的种类
多克隆抗血清中或多或少地含有能识别耐变性表位的抗体，所以在免疫印迹实验中常选用多克隆抗体。

（六）注意事项

1. 抗原的选择和制备
抗原的选择要确保目标蛋白质的准确性。制备过程中，要注意样品的处理，如组织的洗涤、破碎和保存等。

2. 蛋白的定量
准确测量蛋白质浓度对实验结果有重要影响。常用的蛋白定量方法有双缩脲法和 Lowry 法，选择合适的方法根据实验需求。

3. 电泳操作
电泳过程中，要注意调整电压、电流和时间，确保蛋白质分离清晰。

4. 转膜
转膜过程中，要注意转膜速度和时间，确保蛋白质成功转移到膜上。

5. 抗体孵育
抗体孵育时要确保抗体浓度适宜，避免非特异性结合。

6. 显色反应
显色反应时，要按照显色液的配方比例操作，控制显色时间，避免过度显色。

7. 数据分析
对实验结果进行分析时，要确保数据的准确性，可使用专业的图像分析软件进行定量分析。

8. 实验环境
WB 实验应在洁净环境下进行，避免实验过程中的污染。

9. 实验重复性
为保证实验结果的可靠性，应进行多次实验，取平均值。

第六章

动物检疫核酸检测技术标准化

新冠肺炎感染早期病例具有海鲜市场暴露史，疫情期间大量人员进行了核酸检测，核酸检测技术是被广泛运用的防控措施之一。核酸检测技术（nucleic acid testing，NAT）也称为基于核酸扩增检测技术，是运用生物化学的方法，在体外对生物体内的 DNA 或 RNA 为靶标进行特异性扩增，可以将原来痕量的核酸扩增上百万倍，从分子水平分析测定某段基因的结构和序列的技术。其主要包含核酸提取、核酸扩增和核酸扩增产物检测 3 个基本环节，一般是采用 PCR 和基因测序方法来进行。传统检测技术主要通过使用核酸探针完成核酸的原位杂交；现代检测技术主要是借助扩增手段，对微量的核酸进行高倍扩增，结合电泳、荧光、传感器等实时监测手段实现核酸的定性或定量检测以及序列分析。在病原体核酸检测方面应用最广的是实时荧光 PCR 技术。针对新出现的或新发现的某种特定病原体（病毒、细菌或真菌等），需要在疫情早期获得病原体的基因组序列，才能在短时间内研发出针对该病原体敏感性高、特异性强的检测方法。

核酸检测技术在临床、疾病控制、环境等多个领域得到了广泛的应用，其发展历程与人类疾病诊断的历史类似，经历了多个阶段的发展和完善。这些技术包括聚合酶链式反应（PCR）、实时荧光定量 PCR 技术、多重 PCR 技术、环介导等温扩增技术（LAMP）、核酸依赖性扩增检测技术（NASBA）、滚环扩增技术（RCA）、重组酶聚合酶扩增技术（RPA）、基因芯片技术、高通量测序技术、数字 PCR 技术等。同时，动物检疫核酸检测的方法和技术也在不断改进和完善，随着科学技术的不断进步，这些技术也将得到进一步的改进和完善。

核酸检测技术标准化历史可以追溯到 20 世纪 90 年代，当时美国食品药品监督管理局（FDA）批准了聚合酶链式反应（PCR）技术的商业化应用。近年来，随着全球新冠疫情的暴发，核酸检测技术标准化的问题得到了更加广泛的关注和研究。国际标准化组织（ISO）于 2022 年 4 月 19 日发布国际标准《体外诊断检验系统-核酸扩增法检测 SARS－CoV－2 的要求及建议》（ISO/TS 5798：2022），此标准是国际标准化组织发布的全球首个专门用于新型冠状病毒核酸检测的国际标准。为了规范和统一核酸检测的技术和质量标准，我国相关部门制定了一系列的标准和规范。在动物检疫领域，核酸检测的方法和技术标准化有待深入研究和探讨。

第一节　动物检疫核酸检测技术原理

核酸检测（分子诊断）的历史可以追溯到 20 世纪 80 年代初，美国著名生物化学家凯利·班克斯·穆利斯（Kary Banks Mullis）在 1983 年发明了聚合酶链式反应（PCR）并获得诺贝尔奖。PCR 技术的诞生，大大加速了现代分子生物学和诊断检测学的发展。核酸检测技术也几乎同步应用于动物检疫领域，动物检疫进入了核酸检测的时代，早期主要是基于普通 PCR 技术对动物体内的病毒或其他病原体的已知保守核苷酸序列来设计引物，对待测核酸的特异性片段进行扩增，并对扩增产物进行电泳分析，以是否能扩增出目的条带来判断样品中是否有病原 DNA 或 RNA，以确诊动物是否感染了某些病毒、细菌、真菌等病原体。动物检疫核酸检测技术以其快速、敏感、特异、定量准确，且对实验室生物安全环境要求低等特点，不仅提高了某些病毒、细菌、真菌等病原体阳性的检出率，还大大缩短了检测时间。核酸检测技术也可同时进行不同动物病原或同一种病原不同株的鉴别检测，特别适用于难以培养的病毒、细菌和其他微生物等的检测，在野生动物、家畜、家禽及宠物等疾病的诊疗、流行病学调查和公共卫生安全等方面应用广泛。动物检疫核酸检测技术标准化可为及时发现动物疫情，实施疫病防疫控制提供重要的技术支撑，为动物疾病诊疗、公共卫生安全等方面提供了强有力的技术保障，提升动物疫病诊断标准质量，对我国动物疫病防控具有重要意义。

动物检疫核酸检测技术的发展是一个不断更新、不断进步的过程，主要包括以下相关技术。

一、核酸扩增技术

1. PCR 技术

是最经典的核酸扩增技术，通过热变性、复性及延伸等步骤，使得 DNA 在体外进行指数级扩增。随着分子生物技术的发展，PCR 技术逐渐衍生出侧重于不同实验目的及应用的核酸扩增技术，主要有巢式 PCR 技术（nested PCR）、反转录 PCR 技术（RT - PCR）、重组 PCR 技术（recombinant PCR）、多重 PCR 技术（multiplex PCR）、实时荧光定量 PCR 技术（qPCR）、多重连接依赖探针扩增技术（MLPA）、等位基因特异性 PCR 技术（ASA）、甲基化特异性 PCR 技术（MSP）等。

实时荧光定量 PCR 技术是在普通 PCR 技术定性基础上发展而来的核酸定量检测技术。实时荧光定量 PCR 技术在核酸扩增反应中加入了荧光染料或荧光标记的特异性探针，在扩增过程中，每经过一次循环，报告基团发射的荧光信号无法被淬灭基团吸收，荧光检测系统可接收荧光信号，记录一个荧光信号，反应的持续进行，荧光信号强度随之增加，以监测接收荧光化学信号来测量 PCR 反应循环后产物总量。在 PCR 扩增的指数时期，扩增产物与荧光信号的累积完全同步，模板的 Ct 值和起始拷贝数存在线性关系，从而实现对核酸的定量分析和实时监测。该技术通过对荧光信号的实时检测，与普通的 PCR 技术相比较，具有更高的灵敏度、可靠性和特异性。

实时荧光 PCR 通常使用内参或外参法对待测样品中的某一特定核酸序列进行定量分析。内参法使用管家基因作为内参，对待测样品中的未知量和参照物进行同时测定。外参法则是用已知拷贝数的标准品作为参照物，对待测样品中的未知量进行定量分析。

2. LAMP 技术

指环介导等温扩增技术（loop - mediated isothermal amplification），该技术基于 DNA 在等温（60~65 ℃）动态平衡条件下，设计 4 条特异性引物来识别靶基因的 6 个特定区域，利用链置换型 DNA 聚合酶在恒温条件下进行延伸，得到双链扩增产物。其引物设计巧妙，该技术使用一对外部引物和一对内部引物，可以识别目的序列上 6 个不同的区域，对目的序列具有特异性，减少了非靶标序列的影响。其产物检测方法多样，产生的阳性扩增反应产物类似花椰菜结构和沉淀物，可用凝胶电泳、肉眼、染料或浊度仪进行检测。浊度仪是根据扩增产物混浊度的不同对原始核酸分子进行实时定量分析。该技术广泛应用于各种病毒、细菌、寄生虫等引起的疾病检测和食品化妆品安全检测。

3. SDA 技术

指链置换扩增技术（strand displacement amplification，SDA），该技术是基于酶促反应

的 DNA 体外等温扩增技术，利用限制性内切酶来识别序列，在单链 DNA 模板上进行的等温扩增。采用标记着两种不同荧光基团的探针，在扩增过程中，该探针被掺入到双链 DNA 产物中，限制内切酶的酶切作用使淬灭基团与荧光基团分开，从而释放荧光信号，用荧光偏振检测荧光法定量检测。可以不需要温度循环，在单一管中进行等温扩增。产物中不含有引物序列，因此不需要进行引物去除步骤。可以检测模板链中单个碱基的突变。SDA 技术主要应用在病原微生物检测、食品安全检测、法医鉴定或基因突变等方面。

4. NEAR 技术

指切口内切酶恒温扩增技术（nicking enzyme amplification reaction，NEAR），能结合多种分子标记物及多态性检测技术进行疾病的早期筛查与分型、病原微生物鉴定以及基因型确定。NEAR 技术的核心组成包括切刻内切酶和链置换 DNA 聚合酶。切刻内切酶能特异性识别 DNA 序列并进行切割，而链置换 DNA 聚合酶则能以 DNA 双链的一条链为模板进行新链的合成，新合成的链替代旧双链中的序列相同的旧链，即链置换。通过这两种酶的协同作用，NEAR 技术可以在短时间内进行核酸的大量扩增。NEAR 技术以其高效、快速、敏感的特点被广泛应用于临床诊断、生物安全监测、环境监测等领域。特别是在新冠疫情期间，NEAR 技术为快速诊断新冠病毒感染提供了重要的支持。

5. NASBA 技术

指核酸依赖性扩增检测技术（nuclear acid sequence - based amplification，NASBA），原理是一种利用 3 种引物和逆转录酶、RNA 聚合酶进行扩增，可以实时监测扩增结果。该技术在 42 ℃恒温下进行，整个反应过程由 3 种酶（反转录酶、核糖核酸酶 H 和噬菌体 T7 RNA 聚合酶）控制，模板 RNA 可以在 2 h 左右扩增到 $10^{9~12}$ 倍，不需用到特殊的仪器设备。NASBA 技术已经广泛应用在病毒、细菌等多种病原体的快速防疫检测。

6. RCA 技术

指滚环核酸扩增技术（rolling circle amplification，RCA），该技术以环状 DNA 或 RNA 作为模板，以核苷酸为原料，使用一种具有链置换活性的 DNA 聚合酶和 2 对引物，进行核酸扩增。其利用滚环机制在单个 DNA 分子上快速合成大量拷贝的 DNA 序列。引物与模板的 3′端互补配对，然后 DNA 聚合酶从引导引物开始沿着模板链进行延伸。当新合成的链达到模板的另一侧时，会形成一个新的环状 DNA 分子，这个过程被称为滚环扩增。接着，新形成的环状 DNA 分子被线性化，再进行下一轮的合成。该技术主要用于基因组分析、基因克隆、基因诊断、基因组测序和基因芯片等领域。此外，结合不同的报告基因标记，该技术还可用于基因表达、分子生物学和表型分析等方面的研究。

7. HDA 技术

指解链酶扩增技术（helicase - dependent amplification，HAD），以解链酶催化的恒温核酸扩增方法，其基本过程包括模板预处理、核心酶的组装、激活、起始和延伸等步骤。与其他等温扩增技术类似，其优点在于其特异性更高，对模板的起始量要求较低，且在短时间内能够获得较高的扩增效率，能在短时间内将特定的 DNA 片段扩增数百万倍。同时，HDA 技术对仪器的要求较低，可以在普通 PCR 仪或者水浴锅中进行操作，因此也更容易推广应用。目前，HDA 技术在多个领域得到广泛应用，如临床诊断、环境监测、食品安全和动物疫病检测等。

8. RPA 技术

指重组酶聚合酶扩增技术（recombinase polymerase amplification，RPA），是一种在恒温条件下（37～42 ℃）进行的核酸扩增方法，利用重组酶、聚合酶、多个具有特异性的引物和模板 DNA 相互作用，寻找同源序列实现核酸的扩增。RPA 技术是一种完全不同于常规 PCR 扩增技术的非特异性、非催化性扩增技术，不需要经过 DNA 解链过程就能启动 DNA 复制。利用 RPA 技术进行核酸扩增，整个扩增反应只需 10～30 min，就可以在短时间内完成 DNA 分子的指数式扩增。RPA 技术使用特异性的引物和重组酶，可以在扩增过程中准确地识别目标 DNA 序列，避免了假阳性等问题的出现。RPA 技术可以检测出痕量 DNA，灵敏度比传统 PCR 方法更高。RPA 技术使用的是非变性聚合物作为反应介质，可以有效地保护扩增产物免受污染，提高了实验的安全性。可广泛应用于细菌、病毒、真菌等病原体的检测和动物疫病检测等领域，为相关领域提供了可靠的检测方法和支持。

9. LAR 技术

指连接酶扩增反应（ligase amplification reaction，LAR）。原理是以耐热 DNA 连接酶将某一 DNA 链的 5′磷酸与另一相邻链的 3′羟基连接为基础的循环反应。即在 DNA 连接酶的作用下，通过连接与模板 DNA 互补的两个相邻寡核苷酸链，快速进行 DNA 片段扩增。该技术多用于基因突变的研究检测、微生物种型鉴定及定向诱变等方面。

10. COLD PCR 技术

指低变性共扩增 PCR 技术（co - amplification at low denaturation temperature PCR），是一种新型的用于富集少量突变的 PCR 扩增技术。原理是双链 DNA 合成时，基于单核苷酸错配将 DNA 分子解链温度 Tm 变化以及异源双链体解链温度低于同源双链体。单核苷酸错配使得核酸序列的熔点温度会产生微小且可预测的变化。每条核酸序列都有低于其熔点的临界变性温度（Tc），一旦低于临界温度时 PCR 的效率将急剧下降。Tc 的确定是本方法的关键，知道了目的片段的解链温度（Tm），以 Tm 值为基础进行一系列温度递减的 PCR（每次降低 0.5～1 ℃），当温度降至 PCR 反应不能检测到产物时，该温度的前一个温度即为关键变性温度（Tc）。在 Tc 值下带有突变的不稳定的杂合双链可以解链，而稳定的野生型双链维持不变，因此，能够选择性扩增含有突变的杂合 DNA 双链，野生型 DNA 双链难以扩增，从而使带有突变的模板得到富集。

COLD - PCR 分为完全 COLD PCR 和快速 COLD PCR，前者可以富集所有突变，后者只能富集 Tm 较低的突变位点。但后者操作更为方便，在实际应用中可根据不同需要进行选择。COLD PCR 可以实现微量突变的富集与检测，灵敏度显著提高，多用以检测突变或特殊等位基因。

11. dPCR 技术

指数字 PCR 技术（digital PCR），是一种核酸分子绝对定量技术。该技术包括 PCR 扩增和荧光信号分析两部分，在进行扩增前，将大量稀释后的 PCR 溶液分散至芯片的微反应器或微滴中，通过稀释分离成单分子，各自进行 PCR 扩增。扩增结束后对每个反应单位的荧光信号进行收集，有一个核酸分子模板的反应器就会给出荧光信号，反之，没有模板的反应器则没有荧光信号。根据相对比例和反应单元的体积，就可以推算出原始溶液的核酸浓度或含量。因其检测灵敏度高、特异性强，多应用在致病菌、病毒、基因突变、细胞及基因治疗和甲基化 DNA 的检测领域。

二、核酸分子杂交技术

核酸分子杂交技术（nucleic acid hybridization）是指两条具有同源序列的异源核苷酸单链，在一定适宜的温度及离子强度条件下，通过碱基互补原则紧密结合，形成稳定的双链杂交体。可定性或定量检测 DNA 或 RNA。在杂交体系中已知的核酸序列称作探针（probe），核酸探针的制备是核酸杂交技术的关键步骤。探针按照标记物不同分为放射性核素标记或非放射性核素标记，按照性质不同分为 DNA 探针、RNA 探针、cDNA 探针和寡核苷酸探针。核酸分子杂交技术主要有以下几种。

1. 斑点杂交

是将待测样本变性后直接点样在硝酸纤维素膜（或尼龙膜、NC 膜）上，然后采用探针杂交和检测。该杂交过程不需要电泳和转膜，一张膜可以同时检测多个样品。斑点杂交无法判断核酸片段的大小和样品中是否存在不同的目的片段，因此，多用于定性和杂交条件的摸索。临床主要用于病原体检测、基因缺失或拷贝数改变的检测。

2. Southern 印迹杂交

是由英国生物学家埃德温·萨瑟恩（Edwin Southern）于 1975 年推出的一种核酸杂交技术，将凝胶电泳分离的酶切 DNA 片段变性，并在原位通过印迹法转移到固相膜上，标记的探针会与变性 DNA 片段进行杂交，以此来鉴定 DNA 中某一特定的基因片段。这种技术包括 DNA 印迹转移和 DNA 杂交两个步骤，通常用于识别和定位特定的 DNA 序列，广泛应用在遗传病诊断、基因突变分析、DNA 图谱分析及 PCR 产物分析等方面。

3. Northern 印迹杂交

又叫 RNA 杂交，这种技术是将待测 RNA 样品提取后，通过变性电泳分离，再转移到固相膜上，与标记的探针进行固相－液相杂交，对特异结合的探针分子进行信号检测分析。主要用于鉴定组织或细胞中特异 RNA 片段的表达水平，仍被认为是检测基因表达水平的金标准，常用于 RNA 定性和定量分析，以及验证差异表达片段的真实性。

4. Western 印迹杂交

通常是用于鉴定复杂样品中蛋白质中的某一特定的基因片段，即通过把蛋白质从凝胶中转移到膜上，并与特异性抗体反应，从而用于检测识别复杂样品中的某种特定蛋白。该方法是在聚丙烯酰胺凝胶电泳和固相免疫测定技术基础上发展而来的一种免疫印迹技术，兼具凝胶电泳（SDS－PAGE）的高分辨率和固相免疫测定的灵敏性和高特异性。先将样品进行凝胶电泳，按照分子量大小分离出各种蛋白质。然后将凝胶中的特定蛋白质转移到固相载体（例如 PVDF 膜或硝酸纤维素膜等）上。在载体上加入特异性抗体（一抗），让一抗与目标蛋白结合。洗去未结合的抗体，加入标记的二抗，与一抗结合形成抗原-抗体-二抗复合物。通过检测二抗上的标记物（例如荧光、化学发光或放射性标记等），来确定目标蛋白的位置和数量。Western 印迹杂交广泛用于鉴定分析某种蛋白质，并可以对蛋白进行定性和半定量分析等。此外与化学发光法检测结合使用，可以同时比较多个样品同一种蛋白的表达量差异。

5. 原位杂交（*in situ* hybridization，ISH）

是分子生物学、细胞学及组织化学相结合的检测技术，原理是利用核酸分子单链之间按碱基配对的原则，运用带有标记的核酸探针与待测的细胞、染色体或组织切片中靶 DNA 或 RNA 进行特异结合，形成的杂交体再通过组织化学或免疫化学等方法对特定细胞或组织中 DNA 或 RNA 序列进行定位和观察的方法。原位杂交可以用于研究基因图谱、基因组变异、基因定位、细胞分化和发育、肿瘤生物学等方面。最常用的探针标记方法主要是同位素标记和荧光标记，相比较，荧光标记方法稳定性、安全性更高，因此，荧光原位杂交（FISH）更是被广泛应用于基因组学和病毒感染分析等领域。

6. 液相杂交（liquid hybridization）

指使变性的待测核酸与标记的已知探针在杂交溶液中按照碱基互补配对形成杂交复合物，将未杂交的单链与杂交双链分开后，再检测杂交双链的技术。常用的液相杂交主要有吸附杂交、发光液相杂交、液相夹心杂交和复性速率液相分子杂交等。该技术容易实现自动化，检测速度快、通量高，多用于基因克隆的筛选和酶切图谱的制作、基因组中特定基因序列的定量和定性分析、基因突变分析以及疾病的诊断等。

三、基因芯片技术

基因芯片技术（gene chip）也称 DNA 微阵列芯片，是核酸分子杂交衍生而来，原理主要是杂交测序，基于 A 和 T、C 和 G 互补理论，在固相支持物上原位合成寡核苷酸或者直接将大量预先制备的 DNA 探针通过共价键有序地大规模固化于支持物（玻璃片、硅片、塑料片、陶瓷或纤维膜等）表面，形成二维的 DNA 探针阵列，然后再与标记的未知核酸序列进行杂交。通过计算机对杂交荧光信号强度来检测分析待测样品的核酸序列，得出样品的遗传相关信息（基因序列及表达量等信息）。根据基因芯片的功能，基因芯片可分为表达谱芯片、DNA 测序芯片和诊断/检测芯片等。表达谱芯片主要用于高通量检测基因的差异性表达，如细胞内 mRNA 或反转录的 cDNA 的检测。DNA 测序芯片用于大量特定基因序列的分析检测。而诊断/检测芯片主要用于临床某一具体基因分子诊断。按照芯片上所点的固定核苷酸探针种类和长度的不同，基因芯片可分为 3 种：寡核苷酸芯片、cDNA 芯片和基因组芯片。这些类型的芯片通常用于 DNA 测序、基因的差异表达和病原体分型鉴定等。根据检测物的不一样，基因芯片可分为 DNA 芯片和 RNA 芯片，其中 DNA 芯片由于设计原理的不同，又可以分为单核苷酸多肽性（SNP）芯片、比较基因组杂交（CGH）芯片等。

基因芯片技术主要包括 4 个步骤：芯片的制备、样品的制备、杂交反应和信号检测分析。制备芯片是采用原位合成和直接点样的方法快速、准确地将探针大量排列在载体上。生物样品多为复杂的生物分子混合体，一般不能直接与芯片反应。因此，必须将样品的核酸进行提取、扩增，然后用荧光标记。杂交信号的检测是基因芯片技术重要组成部分，是荧光标记的核酸样品与芯片上的探针进行的反应产生一系列信息的过程。杂交反应后的芯片上各个反应点的荧光位置、荧光强弱经过芯片扫描仪和相关软件可以分析图像，将荧光转换成数据，生成扫描图，从而获得有关生物信息。基因芯片可同时对大量样本进行基因分型和疾病标志物的检测，因此，广泛应用于基因的分型表达、突变和多态性分析、遗传性和感染性疾病的诊断治疗。

四、核酸测序技术

核酸测序技术是揭秘生物遗传密码的重要技术，测序技术可以快速、准确地检测出病原体的全基因组序列，为病毒变异、病毒溯源等研究提供了强有力的技术支持。

1. 第一代核酸测序技术

Sanger 和 Nicklen 在 1977 年发明了双脱氧核苷酸末端终止测序法。传统的双脱氧核苷酸末端终止测序法、化学降解法、荧光自动测序技术和 DNA 杂交测序技术等，都称为第一代核酸测序技术。双脱氧核苷酸末端终止测序法（didieoxy chain‑termination method，又称 Sanger 法）基本原理是在 4 组 DNA 合成反应体系里，使用一种 DNA 聚合酶来延伸结合在单链或双链 DNA 模板上的特异性引物，直到混入一种链终止核苷酸为止。每一次序列测定有一套四组单独的反应体系，每个反应体系含有聚合酶、引物和四种脱氧核苷酸三磷酸（dNTP），并混入一定含量的一种不同的 $2'$，$3'$‑双脱氧核苷三磷酸（ddNTP）。因为 ddNTP 缺少延伸所需要的 3‑OH 基团，因此，其作为链反应终止剂，使延长的寡聚核苷酸选择性地停止在每一个 G、A、T 或 C 处，从而合成四组互补 DNA 链。第一代测序技术准确性高，但成本比较高、通量也低。

2. 第二代核酸测序技术

又称深度测序（deep sequencing）或高通量测序技术（high‑throughput sequencing），该代技术能够一次并行对几十万到几百万条核酸分子进行平行测序，主流技术有 Roche 公司的 454 焦磷酸法测序技术、Illumina 公司的 Solexa 合成测序技术、ABI 公司的 Solid 连接法测序技术和华大公司的智造测序技术。以 Illumina 测序法为例，其基本原理是优化了 Sanger 测序法，使用四种带不同颜色的荧光标记的 dNTP，每个 dNTP 末端都被保护基团封闭，当 DNA 聚合酶合成互补链时，每种 dNTP 就会释放出特有颜色的荧光，仪器捕捉的荧光信号经过计算机软件程序分析转换为相应碱基，从而揭秘出待测核酸的序列信息，分析出一个物种的全基因组。第二代测序技术是边合成边测序，因此，快速、高通量、低成本。

3. 第三代核酸测序技术

也称为从头测序技术，指的是单分子测序技术。这种技术在测序过程中不需要涉及 PCR 扩增，而是直接对单个分子进行测序。第三代核酸测序技术的代表技术包括单分子荧光测序和纳米孔测序。其中，市场接受度和使用度最高的是 Pacific Bioscience 公司的 SMART 单分子实时合成测序技术。这项技术建立在两项革命性的发明基础之上，从而克服了测序领域的重大挑战。

主流的第三代核酸测序技术除美国 Pacific Biosciences 公司的 SMART 单分子实时合成测序技术之外，还有美国 Helicos 公司的 SMS 技术和英国 Oxford Nanopore Technologies 公司的纳米孔单分子测序技术。这些技术能够直接读取单个荧光分子，测序速度快、精度高，并且不需要经过 PCR 扩增过程。与第一代和第二代测序技术相比，第三代测序技术的优势在于能够直接对单个分子进行测序，避免了 PCR 扩增引入的误差，提高了测序的准确性和精度。同时，第三代测序技术的速度也更快，能够更快速地完成大规模的基因组测序和数据分析。

总之，第三代核酸测序技术是一种快速、准确、高精度的基因组测序技术，具有广泛的应用前景，包括但不限于遗传病诊断、肿瘤基因组测序、微生物鉴定等领域。

第二节　核酸检测实验室建立与质量保证

核酸检测实验室是用于检测病毒、细菌等病原体的重要场所，作为第三方检测机构的核酸检测实验室，必须要符合临床基因扩增检验实验室的相关规定要求，要具备生物安全二级（P₂）及以上条件以及 PCR 实验室的条件，而且需要在相关的卫生健康行政部门进行登记备案。从事检测的人员，也应当经过培训，合格之后才能够开展核酸检测工作。因为核酸检测的样本多为极微量的核酸分子，因此，实验室的环境会对实验结果产生较大影响，实验室应严格按照《病原微生物实验室生物安全管理条例》（2004 年 11 月 12 日由中华人民共和国国务院令第 424 号公布，并经过 2016 年和 2018 年 2 次修订）进行管理。在实验室工作的人员需要遵循实验室安全规范，要具备专业的技能和严谨的工作态度，以保证检测的准确性和安全性。例如，使用 PCR 实验室时，应确保空气流向以单一方向进行，避免交叉污染。另外，实验室通常遵循严格的生物安全规定，应按照病原微生物分类进行管理，样本制备区宜为负压或 P2 级实验室，核酸操作应在生物安全柜内进行。动物检疫核酸检测实验室可以参考国家卫生部印发的《医疗机构临床基因扩增检验实验室管理办法》（卫办医政发〔2010〕194号）中要求进行实验室分区。实验室主要分为 4 个工作区域，分别为试剂准备区、样品制备区、核酸扩增区、产物分析区。各个工作区域相互独立，进入各工作区域必须严格按照从试剂准备区→样品制备区→核酸扩增区→产物分析区的单一方向进行。不同的工作区域物品要专用。工作人员离开时，不得将工作服和专用物品带出。建立合格的核酸检测实验室，对于实验室生物安全、生物防控和质量控制具有十分重要的意义。

一、实验室设施和环境

（一）建筑要求

核酸检测实验室应选择在通风、采光、安全、环保等方面都符合标准的建筑物内，并应按照国家有关规定、标准建设，符合防护和安全的要求，通风条件、照明设备、消毒杀菌设施应符合卫生要求。建筑物内建设前需对屋内部分进行地下通风、上设负压设备、进行防尘、防辐射措施，建设合格的通风设备、智能恒温仪器、过滤净化设备等。实验室配置高效的空气净化系统以确保过滤空气中的尘埃、病毒和有害气体等。配置通风系统能够有效地降低丙异丙酮等有害气体的浓度，保障实验室内人员的健康安全。合格的实验室应做到"各区独立、注意风向、因地制宜、方便工作"。实验室应采取周围大气压低于实验室的高效净化技术，建立无菌区，实现不同区域的气体流动方向相对稳定，清洁区和空气锁端设备实现正压差通风。实际操作中还需根据具体情况进行调整。

（二）分区

核酸检测实验室原则上分为 4 个单独的工作区域，分别是试剂准备区、样品制备区、核酸扩增区和产物分析区。

（1）试剂准备区　实验室最为洁净的区域，负责配制和分装用于核酸检测的试剂和耗材。试剂所带的标准品和阳性对照应放在样本制备区。

（2）样品制备区　检测人员需要穿好最高等级的防护装备，负责接收临床样本，并对样本进行灭活、核酸提取等处理，是整个实验室的核心区域。为避免交叉污染，必须盖好反应管盖。对于有潜在传染风险的物品，需在生物安全柜内操作，并明确样本处理和灭活程序。样本制备区的工作台、离心机等设施设备应定期消毒，室内实验结束应用紫外线消毒。

（3）核酸扩增区　此区域是进行扩增反应体系的配制和核酸的加入，使得样本中的核酸得以大量体外扩增。为避免产生气溶胶，应尽量减少人员走动，所有反应管不得在此区域打开。应定期对扩增仪进行校准，此区域还应配备不间断电源（UPS），以防止电压不稳、断电等因素影响检测试验。每次扩增结束，使用紫外灯对该区域照射。

（4）产物分析区　对扩增产物进行检测和分析，如荧光定量 PCR 仪、基因测序仪等。本区域为主要的扩增产物污染来源，要避免本区域的物品、工作服等带出，完成分析后要对本区域进行清洁消毒和紫外线照射。

这 4 个区域在物理空间上完全独立，不能有连通各区的中央空调、各区隔断不密封、传递窗不密封等情况，并且人流、物流、空气流向都是单向流动的。其中，样本制备区、核酸扩增区和产物分析区的空气流向是负压，这有助于防止病原体的扩散和交叉污染。每个区域都配备了专业的设备和设施，以确保实验室的高效运行和生物安全。如使用实时荧光 PCR，则可需 3 个区，模板扩增和产物分析可同时完成。实验室应划分为清洁区、污染区和半污染区，并采取有效的消毒措施，防止交叉感染。核酸检测实验室，要严格规范操作，多方面规划和实施，有效的质量控制，才能保证结果的准确可靠。

二、实验操作规范

核酸检测实验室的操作规范包括样本采集、保存、运输、接收、核酸提取、PCR 检测等方面，需要建立完善的操作流程和标准，并严格执行。通过规范实验操作流程，确保实验数据的准确性和可靠性，为动物疫情的诊断和防控提供科学依据。规范实验操作流程可以减少实验人员在操作过程中接触到活的病毒或细菌的机会，从而保障实验人员和动物的安全。规范的实验操作流程可以提高实验室的信誉和公信力，使人们更加信任实验室的检测结果，从而有利于实验室的发展和推广。通过规范的核酸检测，还可以及时发现动物疫情，为采取有效的防控措施提供依据，从而保障动物和人类健康。

（一）荧光定量 PCR 仪标准操作规范

（1）实验前准备　所有试剂应为此实验室专用，首先要使用 75％乙醇或其他去污剂擦拭工作台进行除污和消毒，进入荧光定量 PCR 操作实验室需佩戴一次性无菌口罩、一次性乳胶手套和头套，并尽量减少交谈，避免 PCR 模板污染。实验室温度应控制在 18～30 ℃，相对湿度小于 80％。

（2）设计引物　根据目标基因序列设计荧光定量 PCR 引物。

（3）配置反应液　使用试剂盒处理提取核酸，再根据荧光定量 PCR 反应体系的要求，将试剂和样品加入反应管中。

（4）上机操作　依次启动计算机和 PCR 仪，计算机进入 Windows 界面，用鼠标双击打开桌面上打开应用程序图标，进入程序的主界面；在程序设置界面 New Experiment 选择 Create New Experiment 检测模式；放入处理好的样本，点击 Next 命令，在 Detector 信息栏里选择检测项目，也在 New Detector 菜单中设定样品名称、报告基团和淬灭基团等新建检测项目信息；点击 Next 命令，根据样品的放置位置对样品孔进行编辑，之后点击 Finish 键返回主界面；在 Instrument 界面中对循环过程进行编辑，若只做阴阳性判定则可直接运行默认循环步骤，点击运行 Start。

（5）结果分析　点击扩增图谱 Amplification Plot 选项即可对荧光检测结果进行分析，选定样品孔可查看其荧光强度曲线；点击定量结果 Report 选项卡查看定量结果，点击复制到剪贴板 Copy to Clipboard 可将结果拷贝到剪贴板上以便输出，或者可以在定量结果 Quantitation 目录选择打印 Print 命令打印定量结果。

（6）关机　关闭电脑主机、关闭显示器，然后关闭仪器。

（7）实验记录　做好仪器使用记录的登记。

（二）全自动核酸提取仪标准操作规范

（1）仪器的电源线连接电源后，打开仪器开关，注意仪器门需处于关闭状态，等待机械臂移动完毕后再打开仪器门。仪器自检（显示屏变亮，转盘归位，磁头上下移动）后显示屏显示主界面。

（2）仪器可以直接通过仪器内置软件运行已有的程序，也可以在外接电脑上打开运行软件，根据需求选择相应的页面进行选定，将相应适配器、实验耗材及试剂放到相应位置。

（3）核对样本信息，包括检验号、名称、种类信息等，并录入。

（4）对样本进行振荡，让拭子上的病原体尽可能洗脱在病毒保养液中。

（5）使用全自动核酸提取仪对样本进行核酸提取。

（三）生物安全柜标准操作规范

（1）检测人员需进行生物安全柜的使用培训才能进行操作，未经授权人员不能使用。

（2）生物安全柜应放在 10 万级以下的一级净化室，室内环境需满足以下条件：温度 0～40 ℃，相对湿度不超过 90％，无腐蚀性气体，且远离高速尘源和震源。安全柜附近不得有超过安全柜正面吸入风速（大于 0.5 m/s）的气流，禁止在有人员频繁进出的场所、门和通道口处及空调送风口附近安装使用安全柜。在安全柜周围应留有保养检修空间（至少应在两侧留出 25 cm，背面留出 30 cm）。

（3）在操作前需打开紫外线灯照射 30 min，然后将本次操作所需物品全部移入生物安全柜中，避免手臂频繁穿过空气幕破坏气流；在搬入前，用 75％的酒精擦拭物品表面进行消毒，去除污染。

（4）开启风扇 10 min，待柜内空气净化，气流稳定后，再运行实验。

（5）准备 75％酒精棉球或浸有消毒剂的小块纱布以防止可能溢出的液滴，并避免用物品覆盖安全柜的格栅。

（6）在实验操作时，不要打开玻璃窗，并确保操作者的脸在工作窗口上方。在生物安全柜内操作时，动作要尽量轻柔舒缓，防止影响柜内气流，以免造成污染。

（7）操作结束后，将物品移出前，先使用消毒剂擦拭，下拉关闭玻璃窗，并继续保持风扇运转 10 min，然后打开紫外线灯消毒 30 min。

（四）高速冷冻离心机标准操作规范

（1）设备应放置在水平坚固的平台上，打开电源开关。

（2）控制面板显示，打开门盖，将离心腔内的物品清理干净，选对转子号，配的转子与转子号要匹配。检查转子和舱体是否干燥；检查转子是否拧紧；盖上门盖。

（3）平衡离心管，对称摆放离心管；设置好离心机的转速、时间、温控等参数，按启动键开始运行。

（4）离心机运行时，需观察设备状态，如出现异常立即打开应急开关门。

（5）离心完成后，设备会发出"滴滴"的报警声音，此时打开设备盖子取出样品，清理离心腔和转子，使其保持干燥状态。

（6）定期做好离心机的清洁和消毒。

（五）加样器标准操作规范

（1）根据要吸取的液体量程，选择合适的吸头。转动旋钮到需要的量程，装上吸头，然后手握住加样器手柄。

（2）用大拇指按住上面的按钮至第一挡位，吸头插入试剂液面下。

（3）轻轻松开拇指按钮，吸出试剂，把吸头插入要加入试剂的管子。

（4）吸头贴到内壁并保持 $10°\sim40°$ 倾斜，用拇指按下按钮至第一挡位，为了把吸头里面的试剂残留都打出去，拇指要用力按至第二挡位。

（5）如果不用吸头，可以用拇指按住加样器顶端的另一个按钮，把吸头打掉，丢弃到废液缸里。

（6）在吸取液体完成后排出液体之前，一定要擦去吸头四周的液体。

（7）吸取液体和排出液体动作都一定要缓慢，以免因液体表面张力吸附在吸头壁上造成移液量不准。

（8）加样完成后，应及时弃去使用过的吸头，以免吸头内的残留液体回吸到加样器中，造成交叉污染。

（9）定期做好加样器的清洁和校准。

（六）核酸电泳仪标准操作规程

（1）准备试剂和设备　根据核酸电泳实验需要，准备相应的试剂和设备，包括核酸样品、DNA 标准品、等电点标记染料、导电缓冲液、核酸电泳仪等。

（2）安装电源和仪器　将核酸电泳仪接通电源，并确保仪器处于正常工作状态。

（3）准备凝胶板　根据实验需要，准备适量的凝胶板，并将凝胶板放入电泳槽中。

（4）加样和处理　将核酸样品和 DNA 标准品分别加入相应的样品孔中，加入适量的等电点标记染料和导电缓冲液。

（5）开始电泳　打开核酸电泳仪的电源开关，设置电泳参数（如电压、时间等），并开始电泳。

（6）观察和记录结果　观察凝胶板的迁移情况，记录核酸样品和 DNA 标准品的迁移距离和时间。

（7）数据分析　根据观察和记录的结果，进行数据分析，计算核酸样品的分子量和浓度等参数。

（8）清洗和整理　实验结束后，清洗凝胶板和相关设备，并整理实验数据和记录。

注意事项：在操作核酸电泳仪时，需穿戴实验室外套、手套等防护用品。避免使用过期的试剂和设备，确保实验结果的准确性。在电泳过程中，要保持电压和时间的稳定，避免对实验结果产生影响。在数据分析时，需对实验数据进行仔细核对和分析，确保结果的可靠性。

（七）高压灭菌锅标准操作规程

（1）确认高压灭菌锅是否处于良好的工作状态，检查温度控制装置、压力表、水位表等各种仪器的功能性。

（2）清理高压灭菌锅内外的杂物和污渍。

（3）准备好净化水，确保水质符合国家标准。

（4）准备物品　准备要灭菌的物品，确保物品的表面清洁无杂质。

（5）装入物品　将要灭菌的物品装入高压灭菌锅，注意不要过度堆积，确保物品之间留有适当的空隙，以便蒸汽流通。

（6）均匀拧紧锅盖上的螺丝，避免漏气。

（7）加热灭菌　当压力升至 0.5 MPa 时，打开放气阀缓慢放气，让压力降至零，再放气 10～15 min，当有大量蒸汽排出时，关闭放气阀升压灭菌。

（8）当升至所需压力时，开始计时，并调节火力大小，始终维持所需压力直至达到规定时间。

（9）停止加热，缓慢减压。待压力自然下降到零时，打开放气阀，缓慢排出残留蒸汽，然后打开锅盖，取出灭菌物品。

（10）注意　如果选择人工排气降压，则排气不能太快，否则压力突然降低，会使培养基沸腾而溅到棉塞上，甚至把棉塞挤出，也可能造成瓶或袋胀破。

三、人员管理

实验室工作人员应进行生物安全通用要求培训和定期的在岗继续教育，实验室操作人员及特殊工作岗位需要进行有关专业检测生物安全培训。设施设备管理岗位人员需要会同设备保管人或操作人员进行设施和设备要求的培训；样品管理岗位人员、废弃物处置岗位人员需要进行生物安全操作技术规范、消毒和灭菌方法的培训。

同时，应建立工作人员健康档案，对工作人员进行健康监测，身体状况良好的情况下才可进入实验室工作。实验室要有严格的人员进入限制和程序。这是预防核酸检测实验室污染的重要措施。不是核酸检测实验室的工作人员，在未经许可的情况下，是禁止进入实验室的，实验室应在门口显眼的位置标识"非本实验室工作人员未经许可不得入内"的提示，来访者或合同方人员准入，必须经生物安全负责人同意，并告知实验室涉及的生物安全风险和进入实验室的注意事项后方可进入，并做好外来人员登记记录。

（一）组织结构和岗位设置

（1）实验室主任 全面负责实验室的日常管理和运营，监督实验室的各个部门和环节，合理调配使用各种资源，确保其正常运行和符合相关规定。

（2）样品管理部 负责样品的收集、接收、储存、运输和处理；负责对存放期满的样品定期处理并按规定办理处理手续。确保样品的质量和安全，以及实验室的生物安全。

（3）实验分析部 负责实验室的实验和分析，包括对样品的处理、核酸提取、基因检测、结果分析和报告等。

（4）质量管理部 负责实验室的质量管理和控制，包括对实验室的各个流程进行监督和评估，以及确保实验室的标准化和规范化运作。

（5）实验室安全部 负责实验室的安全管理，包括对实验室的设备、器材、药品等进行安全管理，确保实验室的安全和卫生。

（6）关键岗位 技术负责人，全面负责实验室检测技术工作，确保实验室质量体系运作所需的资源；负责技术人员培训计划，新项目、新检验检疫技术、检验检疫方法计划的审查并组织实施；批准技术类作业指导书、组织解决检测工作中的重大技术问题。质量负责人，负责实验室质量保证及监督工作；组织、参加质量管理体系文件的编写和审核，批准管理类作业指导书、组织实施内部质量控制措施；负责组织对质量事故、质量投诉处理的监督，负责纠正措施的审核，监督并跟踪措施落实情况，改进质量管理体系；负责偏离文件例外情况的批准。授权签字人，负责授权范围内报告的签发，对检测报告的完整性和准确性负责；对检测报告和原始记录有疑问，有权要求相关部门或责任人提供说明或见证材料，或提出改进的建议；对所签发报告上认可认证标志的正确使用进行监督；负责对其签发的报告进行解析和说明。

（7）其他岗位 如实验室技术员、实验员、清洁工等，负责实验室的日常维护和清洁工作。每个部门和职位都有相应的职责和权限，以保证实验室的高效运作和安全性。同时，实验室的组织结构可以根据实际需要进行调整和优化。

（二）资质要求

（1）采样人员 从事核酸检测样品采集的工作人员应具备相关专业技术资格，且须经过并通过生物安全培训，熟悉样品种类和相应采集方法，熟练掌握样品采集标准操作流程及注意事项，做好样品信息的记录，确保采集的样品符合质量要求，保证采集的样品及相关信息的可追溯性。

（2）检测人员 实验室检测技术人员应当具备相关专业的大专以上学历或具有中级及以上专业技术职务任职资格，并有 2 年以上的实验室工作经历和基因检验相关培训合格证书。新进工作人员必须参加培训和考核才能上岗；由于工作需要对工作人员岗位进行调整的，在上岗前必须经过转岗培训和考核；工作人员返岗培训：工作人员因病事假或其他原因脱离岗位 6 个月以上的，应对返岗人员进行能力确认，经考核合格后方能返回原岗位工作。技术人员应进行相关专业知识继续教育和培训，掌握检测技术和仪器使用原理。实验室检测人员能承担日常检验检疫工作，执行国家有关标准及标准方法，在规定的检测时间内完成任务；确保检测质量，做好各种记录，对原始记录的真实性、检测数据的可靠性和有效性以及检测结果的准确性负责；正确使用检测设备，做好使用仪器设备的使用登记及日常维护等管理工作；承担实验室相关的安全卫生工作；对检测中有关客户和数据等机密信息资料，做好保密工作。在检测结果形成正式报告之前，检验检疫和复核人员不得向客户提前透露检验检疫数据。

（三）教育培训

（1）理论学习　学习核酸检测的基本原理、操作流程、注意事项、质量控制等方面的理论知识。

（2）操作技能培训　通过模拟操作、演示、练习等方式，让实验室人员熟练掌握核酸检测的各项操作技能，包括样品采集、保存、处理、提取、扩增等环节。

（3）生物安全培训　加强实验室人员的生物安全意识，学习如何正确使用个人防护用品、如何处理高风险样品、如何进行实验室消毒等方面的知识。

（4）质量保证培训　让实验室人员了解质量保证的重要性和必要性，学习如何进行室内质控、室间质评等方面的知识，以保证核酸检测结果的准确可靠。

（5）应急处理培训　针对可能出现的应急情况，如核酸检测阳性样品的处理、实验室泄漏事故的处理等，进行相关的应急处理培训，提高实验室人员应对突发事件的能力。除了专业培训，还应该注重对实验室人员进行法律法规、职业道德等方面的教育，提高他们的法律意识和职业道德水平，确保实验室工作的规范、安全和有效。同时，针对不同的岗位和职责，还可以制定个性化的培训计划，以满足不同岗位对人员资质和能力的要求。

（四）能力认可

核酸检测实验室在质量管理体系的建立上，遵循了一般的实验室质量管理基本原则，只要是有利于实验室规范化管理的规则，全部适用于核酸检测实验室。国际标准化组织制定的《检测和校准实验室能力的通用要求》（ISO/IEC 17025）及针对医学实验室制定的专用要求《医学实验室——质量和能力的专用要求》（ISO 15189），不仅适用于人类的医学实验室的质量和能力评估，也可以应用于动物医学领域的实验室。因此，动物检疫核酸检测实验室可以采用 ISO 15189 标准来评估其质量和能力。

在动物检疫领域，ISO 15189 可以与《能力验证　动物检疫领域技术要求》（RB/T 210）、《检验检疫动物病原微生物实验活动生物安全要求细则》（SN/T 2984）等相关的动物检疫标准和规定相结合，用于评估动物疫病诊断和检测实验室的设施、人员素质、检测方法和程序、仪器设备等方面的要求，以确保实验室能够准确、及时地检测出动物疫病，并提供规范的核酸检测结果。因此，动物检疫核酸检测实验室可以使用 ISO 15189 标准来提高其检测水平和质量，并获得国际社会的认可和信任。

四、质量控制体系

完善有效的实验室质量控制体系是核酸检测实验室检验工作的基础，核酸检测实验室应建立室内质控和室间质评制度，是确保实验检测结果准确性和可靠性的重要措施。室内质控包括样本的收集、处理、核酸提取和 PCR 检测等方面的质量控制，室间质评则是通过与其他实验室间的比对实验来评估实验室的检测水平。

（一）室内质量控制

室内质量控制（internal quality control，IQC）由实验室工作人员，以一定的周期定性或定量检测某种稳定物质，采取适当的室内质控方案，根据分析方法的质量规范，选择统计标准、质控规则和每个分析批的质控物测定次数，以此来评估本实验室工作检测能力是否在预期的控制范围。旨在监控本实验室常规检测工作的精密度，确保该实验室常规检测中批内、批间样本检测结果的一致性，以保证实验结果可靠，出具报告准确。

1. 实验室内部质量控制程序

①使用相同或不同方法对同一样品重复检测，即通过检测的重复性或复现性核查活动水平，如使用不同分析方法（技术）或同一型号的不同仪器对同一样品进行检测；②留样再测，即由同一操作人员对保留样品进行重复检测，或由2个以上人员对保留样品进行重复检测，同样是考核实验室的重复性和复现性；③对实验室不同人员的检疫结果进行比较，即由不同操作人员对同一样品在同一仪器上进行操作；④分析某样品不同特性结果的相关性，即利用同一物品不同指标间的相关分析，间接地用另一指标核验一个指标的准确程度；⑤标准菌（毒）株或标本的盲样测试；⑥实验室环境对照；⑦阴性质控对照、阳性质控对照、空白质控对照等；⑧应对质量控制的数据汇总、分析和评价，在发现质量控制数据超出预定的判定依据时，应采取有计划的措施来纠正出现的问题，并防止报告错误的结果；⑨所得质量控制数据记录应便于使用统计技术分析、发现检疫结果的发展趋势。

2. 室内质量控制关键环节

（1）质控品的选择与使用　选择与待测样品基质相近的动物源性质控品，理想的质控品所含待测物浓度应接近试验的决定性水平，定性实验要达到临界阳性水平，定量实验要在线性范围的下限、中间和上限，以保证检测结果的准确性。同时，要根据质控品的有效期和稳定性，合理安排质控频次。

（2）质控数据的记录和分析　记录每个批次质控品的检测数据，包括基线值、标准曲线等指标，并进行统计分析。通过与质控品的标准曲线进行比较，可以评估批次内和批次间的误差。

（3）质控图的绘制　根据质控数据的变化趋势，绘制质控图。质控图可以直观地反映检测结果的波动情况，便于及时发现误差并采取纠正措施。

（4）异常数据的处理　对于超出可接受范围的异常数据，应进行调查和分析，找出原因并进行纠正。如果无法找出原因，则应重新进行实验或采用其他方法进行检测。

（5）室内质控的评估和改进　定期对室内质控工作进行评估，总结经验教训，发现问题，并采取改进措施。同时，要加强对实验室人员的培训和考核，提高他们的技术水平和操作规范意识。

（二）室间质量评价

室间质量评价（external quality assessment，EQA）也被称为能力验证，是由多家实验室对同一样本进行分析检测，并由外部独立机构收集和反馈实验室上报的检测结果，以此评价每个实验室操作的过程。通过实验室间的比对判定实验室的校准、检测能力以及监控其持续能力，是实验室质量控制的外部检测手段。外部质量控制采用以下方法：一是参加国家权威部门组织的能力验证计划（包括政府部门和行业协会或组织的能力验证计划、国家认可/认证机构认可的能力验证计划提供者提供的能力验证计划、与国家认可/认证机构签署互认协议的其他认可机构组织的能力验证计划等）；二是参加实验室间的比对计划，包括参加国际、国内、行业间的比对计划（如由国际合作组织、区域性组织、国际权威组织实施的行业国际比对活动、国内政府部门和行业组织实施的行业内比对活动、与 OIE 参考实验室间进行的比对活动等）；三是与其他实验室交换样品相互复核；四是请权威实验室或专家验证结果。

动物检疫核酸检测实验室的室间质评（EQA）是发现实验室自身难以发现的不符合工作或潜在的不符合工作的有效措施；是提升实验室检疫结果的可信度和管理者自信心的重要手段；是实现实验室检测结果得到国内外实验室互认的基础；是促进实验室之间的交流和合作，提高实验室整体水平的重要手段。以下是一些建议的措施。

（1）参与室间质评计划　积极参与动物检疫领域的室间质评计划，通过与其他实验室进行合作和交流，了解自己的优势和不足之处，并逐步改进和提高。

（2）室间质评样品的送检和检测　按照规定的程序和要求，将待测样品送至指定的实验室进行检测和分析。要确保样品的质量和代表性，并按照实验室的要求进行样品的前处理和检测。

（3）室间质评数据的记录和分析　记录每个批次室间质评样品的检测数据，包括基线值、标准曲线等指标，并进行统计分析。通过与其他实验室的检测结果进行比较，可以评估本实验室的分析方法性能。

（4）室间质评结果的评估和反馈　通过室间质量评价的反馈，评估本实验室的检测质量和水平。总结经验教训，发现问题并进行改进，同时向其他实验室学习，不断提高自己的检测水平。

（5）室间质评材料的管理　建立完善的室间质评材料管理制度，确保实验过程和结果的记录准确无误。报告应包括检测结果、实验数据和分析结果等内容，并按照相关规定进行审核、签发和存档。

通过以上质量控制措施的实施，动物检疫核酸检测实验室可以更好地了解自己的优势和不足之处，并逐步改进和提高。同时，与其他实验室进行合作和交流，可以促进实验室之间的交流和合作，提高实验室整体水平。

五、实验数据管理和记录管理

动物检疫核酸检测实验室应建立完善的实验数据管理和记录制度，对实验数据进行分析、整理和存储，并定期进行数据核查和记录。核酸检测实验室的实验数据管理和记录管理是确保动物检疫实验室工作规范、准确、可追溯的重要环节。

（一）实验数据管理

（1）实验数据应包括原始数据、处理后的数据以及相关的图表和分析结果等。

（2）实验数据的存储和管理应确保其完整性和安全性，避免数据的丢失或损坏。

（3）实验数据的分析和解释应在规范的程序下进行，确保结果的准确性和可靠性。

（4）对于异常数据或不符合预期的结果，应进行复核和调查，并记录相关的情况和处理过程。

（二）记录管理

（1）实验室应建立完整的记录管理制度，包括样本接收记录、实验记录、质控记录、重要试剂耗材技术验证记录、仪器使用记录、人员培训及能力记录、内部及外部审核记录、室间质量评价/实验室间比对记录、仪器维护和校准记录、期间核查记录、质量改进记录、安全核查表、实验室废物处理记录、偶发事件/意外事故记录及所采取措施等。并对每一份记录进行编号归档。

（2）记录的内容应详细、完整，包括实验或操作的名称、时间、人员、样品信息、试剂和仪器使用情况等。实验记录用笔应使用能确保永不褪色的钢笔或签字笔，不得使用铅笔和圆珠笔。记录的填写应用字清晰规范，笔误处应用横线划掉，在空白处填写正确的文字或数据，所有的记录改动都应有改动人的签名和修改日期。

（3）记录的保存和管理应遵循相关的法规和规定，确保记录的真实性和可追溯性。

（4）对于需要保密的记录，应采取专人负责等适当的保密措施，确保信息的保密性和安全性。

（5）实验记录中的签名是职责和权限的体现，签名均应签全名，不能出现有姓无名的情况，也要避免签名潦草不清，降低记录的真实性和可追溯性。

（6）电子记录是核酸检测记录的重要组成部分，核酸检测仪器均产生电子记录，其含有样本信息、检测结果、质控结果和质控图。为避免电脑崩溃或感染病毒导致电子记录的丢失，应严格电脑管理，安装保护软件和杀毒软件，定期对电子记录进行分别编号归档，备份保存。

（三）数据和记录的审核和批准

（1）对于实验数据和记录，应进行审核，并批准，确保数据的准确、完整。

（2）审核和批准应由指定的专业人员进行，确保审核和批准的准确性和公正性。

（3）对于审核和批准过程中发现的问题或不足之处，应进行及时的纠正和改进。

六、生物安全管理

为保证实验室的生物安全条件和状态不低于容许水平，避免实验室人员、来访人员、周边及环境受到不可接受的损害，并符合相关法规、标准等对实验室生物安全责任的要求，核酸检测实验室应建立完善的生物安全管理体系，确保从样本采集、运输、检测、保存、销毁等方面的操作规范。

（一）风险处置程序

动物检疫核酸检测实验室风险处置程序是确保实验室安全、有效运行的重要环节。主要有以下方面。

（1）风险识别和评估　实验室应定期进行风险识别和评估，包括检测过程中可能存在的样品污染和交叉感染的风险、人员暴露和感染的风险等。对于这些风险，应采取相应的措施进行防范和控制。

（2）风险应对计划　针对可能存在的风险，实验室应制定相应的风险应对计划，包括生物安全应急预案、风险控制措施、人员培训和应急演练等。这些计划应明确责任人、措施和程序，以便在紧急情况下迅速采取行动。

（3）样品管理　实验室应建立完善的样品管理制度，包括样品的采集、登记、储存、运输和处理等方面的规定。对于可能存在风险的样品，应进行特殊处理，如高温灭活、高压消毒等，以降低样品中病原体的传染风险。

（4）人员管理　实验室应加强对工作人员的管理，包括岗前培训、健康监测和个人防护等方面。工作人员应熟练掌握实验室安全知识和操作规范，了解掌握应急处理程序，并遵守相关的个人防护规定，如穿戴防护服、口罩、手套等。

（5）环境设施　实验室应确保其环境设施符合相关规定和标准，包括清洁区、半污染区和污染区的划分、通风排气系统的设计等。对于可能存在风险的区域或设施，应进行特殊标识和隔离，以防止病原体的传播和扩散。

（6）消毒和废弃物处理　实验室应建立完善的消毒和废弃物处理程序，包括使用适宜的消毒剂和消毒方法、分类收集和处理的废弃物等。对于可能存在传染性的废弃物，应进行无害化处理，以确保环境和人员的安全。并做废弃物交接记录。

（7）监督和检查　实验室应定期对风险处置程序进行监督和检查，确保各项措施的落实情况和效果。同时，应接受相关部门的检查和评估，不断改进和完善风险处置程序，以保障实验室的安全和有效运行。

（二）污染管理程序

（1）污染的预防　实验操作规程应明确规定，如试剂准备、样本制备和 PCR 扩增等步骤均应在生物安全柜、装有紫外灯的超净工作台或负压工作台上进行。所有的加样器和吸头都应在生物安全柜中使用，不能用来吸取 PCR 产物或其他来源的 DNA。配制 PCR 体系的水应为高压过的双蒸水。引物和 dNTP 均应用高压过的双蒸水在无 PCR 产物区域配制，并按时间标记储存，以备发生污染时查找原因。对于扩增区，为避免产生气溶胶，所有反应管不得在此区域打开。

（2）污染的监测和发现　采用质量控制措施及时发现污染。每次检测过程至少随机选取 3 个阴性对照参与提取全过程。在实验室内对空气进行采样监测，范围应至少包括样品制备区和产物分析区。定期对实验室台面、门把手、生物安全柜操作台和仪器设备表面进行取样监测。对于阳性样品必须使用其他一到两种准确灵敏且扩增不同区域的核酸检测试剂对原始样品进行复核检测。

（3）污染的处置　一旦发现污染，立即采取措施防止进一步的污染。如暂停实验，对污染区域进行消毒处理，对各区分别喷洒核酸去除试剂，并进行紫外灯消毒，对可能的污染源进行检测，调查污染的原因并采取相应的纠正措施，以防止类似事件的再次发生。

（三）废弃物处理程序

（1）生物安全实验室废弃物的处理应遵守相关法律法规的要求。处置原则是所有感染性材料必须在实验室内清除污染、高压灭菌或者交由医疗废物处置单位处置。

（2）不同类型的废弃物需要进行分类处理。实验废弃的生物活性实验材料（细胞、细菌、真菌、病毒等）必须及时灭菌和消毒处理；吸头、吸管、离心管、注射器、手套及包装等废弃的实验器材或耗材应使用医疗废物专用垃圾袋收集，及时灭菌后处理；废弃玻璃制品和金属物品（针头等）应使用专用锐器盒分类收集，高压灭菌处理；可重复使用的器材（剪刀等）必须在高压灭菌或消毒后再使用。

（3）应采用通用的生物危害警告标签，明确标识装有危险生物制品的容器或被其污染的物品。

（4）应指定专人负责处理危害性废弃物。应确保危害性废弃物只能由经过培训的人员处理，同时应采用适当的人员防护设备。无法在实验室妥善处理的废弃物应交由有资质的废物处理机构处理，并填写《危险材料确认、接受和运出记录表》做好交接记录登记。

七、分子诊断试剂和耗材质量

核酸检测实验室应建立分子诊断试剂和关键耗材的验收程序，相应程序中应有明确的判断符合性的方法和质量标准。在评价试剂时，首先确保试剂存放在符合其特性的储存环境中，然后外观检查包装完整性、有效期等，再通过实验检测，明确试剂是否合格。不同批次的试剂均需进行质量验收。用于定性检验的试剂，选择阴性和弱阳性的样品进行验证。用于定量检验的试剂，应进行新旧试剂批间的差异验证，验证可选取覆盖测量区间包括阴性、临界值、低值、中值和高值 5 个之前检测过的样品，采用新批号试剂或耗材复检，应至少 4 个样品测量结果偏倚小于 ±7.5%，其中阴性和临界值样品必须符合预期，结果满足质量标要求才能使用。验收合格后填写重要试剂耗材技术验收记录，并存档。

第三节　核酸检测仪器与设备维护

定期对核酸检测仪器设备进行维护校准，可保证仪器处于良好的运行状态，从而可保证检测结果的准确。核酸检测仪器通常分为两个部分：检测仪和采样器。核酸检测仪的主要作用是进行样本核酸的提取、扩增和检测，最终以荧光信号的方式显示结果。根据不同型号和用途，检测仪的设备构成和操作流程可能会有所不同。采样器通常包括采样拭子和样品收集管两个部分。采样拭子用于采集口腔、鼻咽、呼吸道等部位的样品，样品收集管用于储存采集的样品。在采样过程中，采样拭子会放入样品收集管中，然后将样品送往实验室进行后续的核酸检测。总体而言，核酸检测仪器需要满足精确度高、操作方便、速度快、高通量等要求，同时还要遵循相关的卫生和安全规定。

核酸检测仪器的发展越来越智能化、自动化和高效化，为疫情防控提供了更好的保障。全自动核酸检测仪器采用了机械臂、智能机械臂等先进技术，可以自动化地进行核酸提取、扩增和检测。现在，一些全自动核酸检测仪器还采用了机器人技术，实现了更高效、更精确的自动化检测。此外，现在还有便携式核酸检测仪器，可以在现场进行快速检测，不需要将样品送往实验室，大大缩短了检测时间。

一、核酸检测相关仪器设备类别

涉及核酸检测的仪器设备通常包括核酸提取仪、基因扩增仪、荧光 PCR 仪、加样器、离心机、生物安全柜、灭菌锅和核酸电泳仪等。核酸提取仪的主要作用是提取样本中的核酸，将其从细胞或其他物质中分离出来。基因扩增仪则用于扩增核酸，使得其数量增加到足以进行检测的程度。荧光 PCR 仪则是一种使用荧光染料或探针，在 PCR 反应中加入荧光基团，通过检测收集荧光信号来定量或定性分析特定核酸的方法。

此外，在核酸检测过程中，还会使用一些辅助设备和试剂，如离心机、移液枪、移液管、试剂盒等。移液枪可以精确地吸取和定量处理小体积的液体样本，而移液管则可以用来转移和混合液体。离心机可以用来分离样品中的不同成分，如细胞和病毒。试剂盒则包含一系列用于提取、扩增和检测核酸的试剂。

二、仪器设备使用注意事项

（一）核酸提取仪

（1）该仪器含强永磁体，安装心脏起搏器和金属假肢的人员请勿靠近或使用本仪器。核酸提取设备与其他竖直面至少保持 10 cm。仪器正确安装后，如非必需，请勿频繁更换磁头和加热块，磁头一旦取下，必须马上放在塑料磁头盒内，随意摆放可能引起磁头损坏，更不可直接置于仪器或其他铁物体上。磁头一旦损伤无法修复。

（2）仪器的输入电源线必须接地以防止触电事故。

（3）操作人员不可以擅自对仪器进行拆解，必须有持证的专业维修人员完成更换元器件或进行机内调节等操作，当接通电源时，不要更换元器件。

（4）仪器使用环境应在相对湿度 10％～80％、温度 20～35 ℃、正常使用温度一般为 25 ℃。

（5）避免在如电暖炉、水浴锅等靠近热源的地方放置仪器，防止将水或者其他液体溅入电子元器件中以避免短路。

（6）保持仪器所处环境整洁、干燥，避免烟尘。注意进风口和排风口均在仪器背面的位置，做好防尘措施，预防灰尘或纤维进入仪器。

（7）仪器表面可用 70％乙醇清洁消毒，请勿将样品或试剂洒到仪器表面或内部，洒出的液体要马上擦干。

（二）基因扩增仪

（1）基因扩增仪的要求温度与实际分布的反应温度不是一致的，当各孔温度发生偏离时，要运用温度修正法纠正基因扩增仪实际分布的反应温度差。

（2）基因扩增仪需要定期检测维护，根据变温方式而定，每半年至少检测 1 次。

（3）不得随便打开或调整仪器的电子控制部件，必要时须联系专业工程师修理或维护基因扩增仪电子线路。

（4）对风冷制冷的基因扩增仪反应底座进行彻底灰尘清理，并检查其他制冷系统相关的制冷部件。

（5）注意基因扩增仪的使用环境条件是否满足，严禁工作时打开机盖，机盖开关要轻，以防损坏盖锁。

（6）定期用中性肥皂水清洗样品槽，不得使用强碱、有机溶液和消毒酒精擦拭基因扩增仪。

（7）一旦仪器出现故障，应马上退出检测状态，及时向部门负责人或设备管理员报告，查明原因，及时请专业人员维护，并做好仪器故障情况登记。

（8）每次使用后，应做好清洁工作，罩上防尘罩。定期对仪器保养维护。

（三）荧光 PCR 仪

（1）样品处理　荧光定量 PCR 仪对样品处理有一定的要求，操作时需谨慎，避免干扰 PCR 反应和荧光检测的结果。

（2）PCR 反应条件　PCR 反应条件的设置和优化是操作荧光定量 PCR 仪的关键步骤之一，通常需要根据样品类型、目标基因序列等因素进行调整，以获得合适的扩增效率和特异性。

（3）荧光探针的选择和设计　不同的荧光标记和探针设计方式对 PCR 反应和荧光检测结果有重要影响，需要在实际操作中进行优化和选择。

（4）数据分析和解释　荧光定量 PCR 仪产生的数据需要进行处理和解释，包括荧光曲线分析、阈值设定、标准曲线制备等等，需要具备相关经验和技能才能准确得出实验结果。

（5）操作规范　在提取区、扩增区、分析区单方向流动，禁止逆向流动物品、样品和试剂，避免样品交叉污染。在对多份样品进行反应体系配制操作时，制备反应混合液，首先配制好荧光 PCR 反应液、荧光探针和酶的混合液。之后分装到每个 PCR 管中，这样操作次数减少，不容易混乱，而且能够使污染避免，使反应的精确度大大提高。

（6）仪器内部的卤素灯或其他激发光源一般有固定的使用寿命，应每年由生产厂家工程师对仪器光源按照规程进行保养、校准和更换。

（四）离心机

（1）仪器应在平坦、坚硬、稳定的桌面上操作。离心机套管底部要垫棉花或试管垫。

（2）电动离心机如有噪音或机身振动时，应立即切断电源，检查原因，排除故障。

（3）离心管必须对称放入套管中，防止机身振动，若只有一支样品管，可用另外一支要用等质量的水来平衡。

（4）应先盖上离心机顶盖后，设定所需的转速和时间，然后再启动。

（5）离心结束，在离心机停止转动后，方可按打开键，打开离心机盖，取出样品，不可用外力强制其停止运行。

（6）离心期间，实验者不得离开，防止发生异常情况。

（7）使用结束后把盖打开，让冷凝水蒸发干，清洁离心机腔体，再关闭顶盖。

（五）微量加样器

（1）注意不得将微量加样器浸入溶液中。

（2）吸取黏稠度高的试剂，应先将微量加样吸头尖端用剪刀剪下一部分，使口径增大，并先行预润后再慢慢吸取。

（3）吸取液体时，吸头浸入溶液的深度要适度，保证吸液过程中尽量保持吸头深度不变。

（4）微量加样器的任何部分禁止用火烧烤，也不得吸取温度高于 70 ℃的溶液，避免蒸气侵入腐蚀加样器活塞。

（5）套有吸头的微量加样器，无论吸头中是否有溶液，均不可平放或倒转加样器，需将加样器直立架好。

（6）若操作过程中溶液进入吸管柱内时，应尽快进行拆解，将活塞组件、吸管柱、O 型圈、铁氟龙垫等各部件用清水清洗干净后，再用酒精擦拭，液体风干后再正确组合恢复原状，校准后方可再次使用。

（7）定期清洁加样器外部，定期进行例行校准。

（六）核酸电泳仪

（1）穿戴实验防护用品，如实验手套和护目镜，以防止核酸的污染和飞溅。

（2）谨慎处理核酸样品，避免直接接触皮肤和吸入核酸气溶胶。

（3）遵循实验室安全规范，正确操作电泳仪和相关设备，避免电源短路和火灾等意外事件。

（4）在核酸电泳前要检查电泳槽和电极是否清洁，避免样品受到杂质污染。

（5）根据样品的大小和预期分离效果来选择适当的电压和运行时间。

（6）在核酸电泳过程中要注意缓冲液的使用，避免其泄漏或过度蒸发。

（7）在操作过程中要戴手套，避免接触到有害物质，如致癌物质乙酰胺。

（8）加样时要注意不要将液体超过凝胶孔的容积，否则会影响电泳效果。

（七）高压灭菌锅

（1）高压灭菌锅必须有专人保管，使用人员必须经过专门培训，能够熟练使用仪器。

（2）腐蚀性、易燃、易爆和热压不稳定等不耐高温高压的物品，勿放入灭菌。放入灭菌的物品不要塞得过紧，包裹亦不应过大。

（3）要经常检查高压灭菌锅底的水是否到了规定的水位，若低于该水位，应及时补充水至足够。

（4）高压灭菌锅出现故障时，应立即退出运行状态，向保管人或部门负责人报告，尽快查明原因，及时处理，做好故障情况记录。

（5）要定期用清洁的自来水冲洗高压灭菌锅底的污垢。

（6）每年请维修工程师对设备进行一次保养。

（7）每个季度使用生物指示剂对高压灭菌锅进行消毒效果评估，并在使用登记本上记录情况。

三、仪器维护和质量控制

1. 仪器的保养和维护

仪器设备的保养可延长仪器使用寿命，保养不仅限于仪器设备的定期清洁，还包括仪器指标的变化等等。实验室应制定仪器的维护保养标准化操作程序，定期对仪器进行清洁和维护，特别是仪器的光学部件需要定期清洁。清洁时应使用专门的清洁剂和软布进行擦拭，避免使用粗糙或有损伤的材料。

2. 仪器的校准和调整

按国家法规要求对检测仪器进行定期检定、校准，一般为半年至一年校准 1 次。校准和调整应由计量单位或生产厂家的专业人员进行，遵循严格的操作规程和标准。定期对仪器进行校准和调整，以保证测量结果的准确性和可靠性。

3. 部件的更换

如果仪器出现故障或某些部件损坏，需要更换相应的部件。更换部件时应使用与原厂配件相同的部件，并由专业人员进行更换和调试。

4. 仪器的核查

应制定设备期间核查年度计划，设备保管人按计划完成设备的期间核查工作，或在使用过程中需要进行质量控制，包括使用标准样品进行校准和监测，以及进行重复性和精密度等测试。对期间核查结果和质量控制的结果应及时记录并分析归档，以保证测量结果的可靠性和准确性。

5. 软件升级

随着技术的不断发展，仪器的软件也需要不断升级和更新，以适应新的应用和要求。在升级和更新软件时，应按照厂家的规定和要求进行操作。

第四节　实施核酸检测的要素和步骤

核酸检测流程的发展可以追溯到 20 世纪 50 年代，这时得到了初步探索，然后于 1977 年被突破性地提出。然而，由于早期的核酸检测技术受限于技术手段和设备设施的限制，应用范围较窄。到了 20 世纪 80 年代末至 90 年代初，随着聚合酶链反应（PCR）技术的提出和完善，核酸检测技术进入了一个新的阶段。PCR 技术的快速发展使得核酸检测技术变得更加灵敏、准确和高通量，同时也推动了细菌、病毒和基因的研究。之后，越来越多的核酸检测技术被开发并应用于医学、农业、环境等领域。

标准化核酸检测流程采用统一的方法、试剂、仪器和操作程序进行核酸的提取、扩增和检测。可以确保检测结果准确可靠，提高检测效率，降低操作误差，实现检测结果的可比性。一般包括采样、样品转运和录入、核酸提取与纯化、配制试剂和加样、上机检测和输出报告。

一、采样

检疫样品的采集是动物检疫工作的重点内容，应按照检测要求建立标准操作程序（SOP），并对采集人员进行培训。采样的重点在于应用规范的采集方法在合适的时机，选择具有代表性的不被外界因素污染的样品。核酸检测采样方法主要包括以下几种。

1. 咽拭子

这种方法主要适用于猫、狗等温驯的动物。采样人员将拭子轻轻插入动物的咽喉深处，然后慢慢旋转一周后取出。如果动物是鸡、鸭、鸟类等，需要掰开动物的喙或者诱导动物啃咬棉棒，从而采集它们口中的黏液进行检测；如果是大型猛兽，首先要给它们注射麻药，等它们进入昏睡状态后再进行核酸采样。此外，鱼类可以直接将采样棒伸进口中进行采样，而蟹、虾等甲壳类动物则需要将棉签插入嘴里才能提取到有效物质。

2. 肛拭子

由于病原会通过粪便传播，因此，肛拭子的采样方式对于检测动物是否感染更为准确。采样人员将拭子插入动物的肛门 3～5 cm，然后轻轻旋转一周后取出。

3. 肺组织或器官采样

对于猪、牛、羊等家畜，可以采集其肺组织或者器官进行核酸检测。采样时，应将动物的肺部或器官表面进行消毒处理，然后用无菌采样拭子深入动物的肺部或器官，轻轻旋转一周后取出。

4. 血清采样

采集血清进行核酸检测时，应将动物的血液采集到无菌的试管中，然后分离出血清，将血清涂抹在无菌的采样拭子上，再将采样拭子放入采样管中保存。

动物检疫核酸检测采样注意事项：一是适时性，在进行采样时，要根据检疫对象和检验要求，需要考虑动物所处的状态，特别是对于死亡后的动物，应尽快进行采样，以避免因尸体腐烂而影响检测结果。采样后应将样本尽快送往实验室进行检测。二是合理性，采样时应在疑似或发现疫情的动物群体中选取 5 个以上的动物作为采样对象。动物检疫核酸检测采样还应注意采样方法和采样部位的选择，以及样品的保存和运输等方面的要求。对于不同的动物种类和疫情种类，采样的具体要求也会有所不同，需要进行具体分析和操作。三是代表性，对于活体动物的采样，应尽量选取具有典型代表性、未经过治疗、出现典型症状的动物，以确保采样具有代表性。采样时应尽可能采集动物的肺部或器官表面样本，或者采集血清样本。四是安全性，在采样过程中，应注重安全防范措施，避免因操作不当导致动物疫情的传播和扩散，防止对环境和人类健康造成影响。采样人员需要戴好防护用具，包括手套、口罩、护目镜、帽子等。五是无菌性，存放样品的容器应为密闭的一次性无菌装置，采样前需要对采样工具有进行消毒处理，采样必须在无菌环境下进行，以防止样品受到污染和交叉感染。六是多样性，动物检疫样品种类繁多，要根据不同类别采取适宜的保存条件。七是唯一性，重视样本的唯一性，采样容器应有清晰标记的相关信息，从源头杜绝样品混淆。

二、样品转运和录入

（一）样品转运

样品采集后，需要尽快将其送往实验室进行检测。在转运过程中，需要注意样品的保存和运输方式，如低温保存（2～8 ℃）、避免阳光直射等，以确保样品的质量和稳定性。

（二）样品录入

样品到达实验室后，实验室人员应首先检查核对样品包装、标记是否规范合格，需要对样品进行相应的录入和登记，如样品编号、动物种类、年龄、体重、采样部位等，以便于后续的分析和数据处理。

（三）生物安全

在样品转运和录入过程中，需要注意生物安全防范措施，如佩戴个人防护用品、避免直接接触样品等，以防止病毒传播和扩散。

（四）数据记录

样品录入后，需要按照实验室规范进行相应的数据记录和整理，如检测结果、数据处理等，以便于后续的分析和评估。

（五）样品保存

样品要按样品状态分类、分区存放，做到摆放整齐有序、避免混淆、容易查找。样品室应配备必要的设备、设施，以便对样品保存环境和条件实施有效监测、监控，确保其满足样品保存的要求，保证样品在储存期间不丢失、不损坏、不变质。

需要注意的是，不同动物种类和疫情的检测要求会有所不同，需要根据具体情况进行相应的样品转运和录入操作。同时，为了确保样品的质量和准确性，需要严格遵守相关的实验室操作规范和安全措施。

三、核酸提取与纯化

动物检疫核酸提取与纯化的一般方法主要包括以下步骤。

（1）样品采集与裂解　根据样品的种类和特性，选择适当的方法进行采集和裂解。

（2）离心与分离　裂解后的样品进行离心分离，以便将核酸与蛋白质等其他成分分开。

（3）选择性结合　利用离心柱或硅胶等具有特定吸附性质的介质，将核酸与溶液中的其他成分进一步分离。

（4）洗涤与纯化　通过洗涤去除杂质和其他干扰物质，达到核酸的纯化目的。

（5）终产物获得　经过上述步骤后，获得纯度较高的核酸样品，可用于后续的核酸检测或相关应用。

这些步骤是核酸提取与纯化的一般流程，具体操作和条件可能会根据具体的样品和应用有所不同。在进行核酸提取与纯化时，需要注意实验室安全和操作规范，尽量减少污染和交叉影响。

动物检疫核酸提取与纯化试剂盒通常包含一系列试剂、缓冲液、洗涤剂等，是一种用于提取和纯化动物组织中核酸的工具。这类试剂盒通常采用高效的提取和纯化技术，以从动物组织中提取高质量的核酸。试剂盒包含裂解液、缓冲液、洗涤液等，可以有效地裂解动物组织并释放其中的核酸。同时，这些试剂盒还包含一些特定的试剂，如吸附剂、洗涤剂等，以进一步纯化核酸并去除其中的杂质。此外，这些试剂盒通常还包含一些标准的操作指南，以提供详细的信息和建议，以帮助用户正确地使用试剂盒并获得高质量的结果。

需要注意的是，不同的动物检疫核酸提取与纯化试剂盒可能略有不同，具体的操作步骤和条件可能会因试剂盒的种类而有所不同。因此，在使用试剂盒之前，对试剂盒进行验证和质量评估。在使用过程中需要根据试剂盒的说明书进行操作，并遵循相应的实验室操作规范和安全措施。

四、配制试剂和加样

（1）准备试剂盒中所需的试剂和相关溶液，包括 PCR 反应液等。

（2）按照试剂盒说明书上的要求，将各种试剂和溶液（引物、4dNTP、*Taq* DNA 聚合酶、PCR 反应缓冲液等）加入对应的离心管或者 PCR 管中。

（3）涡旋混合均匀后，离心 30 s，分装于 0.2 mL PCR 管中。

（4）加入提取与纯化后的待检核酸模板，涡旋混合均匀后，离心 30 s，等待上机。

五、上机检测

根据检测需要，选择使用相应的 PCR 或其他扩增技术，确保结果的可信度。以实时荧光定量 PCR 检测为例：将加好样的反应管放进荧光定量 PCR 仪中，按照荧光定量 PCR 仪的操作程序进行上机检测，双击打开电脑桌面软件图标，选择模板程序，填样品表，输入样品的名称和选择要用的探针，设置阴性、阳性和内部对照，如果所用的定量 PCR 试剂含有 ROX 参比荧光，则在参比荧光栏选择"ROX"；反之不选择。设置好相应的程序和参数。点击开始，屏幕上动态显示 PCR 进程和剩余时间。等待检测完成，分析检测结果并记录荧光信号和 Ct 值等结果信息。需要注意的是，不同种类的动物和不同的疫情所使用的检测方法和仪器可能会有所不同，需要根据具体情况进行相应的调整和操作。同时，为了确保检测的准确性和可靠性，需要严格遵守相关的实验室操作规范和安全措施。

六、输出报告

1. 动物检疫核酸检测输出报告内容

（1）样本信息　包括样本名称、样本编号、采集日期、检测项目等信息。

（2）检测方法　描述本次核酸检测所采用的方法和技术手段，如荧光定量 PCR 等。

（3）检测结果　详细记录每个样本的检测结果，包括荧光信号和 Ct 值等数据。

（4）结果判定　根据检测结果，对样本进行阴/阳性判定，并对可疑样本进行确认。

（5）检测限和重复性　说明本次核酸检测的检测限和重复性，以评估检测的准确性和可靠性。

（6）结论　总结本次检测的结果和结论，并对有关问题进行解释和分析。

（7）建议　根据检测结果提出相应的建议和意见，如进一步检查或采取防控措施等。

2. 输出报告时注意事项

（1）确保报告的准确性和可靠性　报告的内容必须真实、准确，并严格按照相关法规和标准进行撰写。制定统一的判读标准，进行结果的准确性和精密度分析。

（2）提供必要的说明　对于一些专业术语和数据，应进行必要的说明和解释，以便读者能够正确理解和使用。

（3）规范格式和排版　报告的格式和排版应该规范、整洁，内容清晰易懂，应采用常见的公文格式，如信函、通知等，以便存档和使用。

（4）提供必要的附件　对于一些重要的文件和数据，可以在报告中提供必要的附件，以便读者进行参考和使用。

第五节　常见样品的处理和保存

动物检疫核酸检测是指对动物源性样品进行分子生物学检测，以确定是否存在某种特定的病原体或病毒。样品规范采集与处置流程是保证获得高质量样本的重要措施，是核酸检测的重要环节之一。核酸检测的样品通常是从被感染动物的不同部位采集的。不同的样品需要采取不同的处理和保存方法。样品的处理和保存需要严格遵守实验室生物安全和样品处理规范，避免造成交叉感染和样品污染。同时，不同的样品应该根据相应试剂盒说明书和检测要求进行相应调整，以确保样品检测结果的准确性和可靠性。

样品采集后应尽快送至实验室处理，避免样品变质和污染。样品在保存过程中应保持低温、干燥和避光，避免影响检测结果。样品应分类保存，按照采样时间、动物种类、部位等进行分类，方便后续检测和分析。对于具有传染性的样品，应进行灭活处理后再保存，以保障实验室人员和动物的安全。

一、棉拭子

（1）用灭菌的棉拭子，在同一动物、同一环境区域、同一运输车辆采集的不同位置的棉拭子样品常分别置于同一个离心管中。

（2）最好是在动物使用抗菌药物之前进行采集，采集的棉拭子样品要保存在磷酸盐缓冲液（pH 7.2～7.4）中，对寄生虫进行检验应选择动物新排出的粪便或直接从直肠内采集。

（3）采集需要遵循无菌原则，并且应该尽可能在症状最明显的时候进行采样。采样后，棉拭子样品应该迅速送至实验室进行处理。

（4）送至实验室的棉拭子样品需要按照规定的条件进行保存，以免影响检测结果。

（5）将棉拭子样品进行处理，以去除杂质和污染物，从而提高检测的准确性。

（6）将处理后的棉拭子样品加入提取液中，进行充分振荡，使待检物质溶解在提取液中。

（7）将纯化后的棉拭子样品转移至反应体系中，准备进行下一步检测。

二、血清

（1）采集血清样品时，需要将动物保定或死亡后，采集其静脉血液，并按照相关规定进行采集和标注。

（2）将采集好的血液样本静置30～60 min，让血清从红细胞中分离出来。离心时温度要适当，速度不能过高也不能过低，一般设定为3 000～5 000 r/min。

（3）离心后，将上清液（血清）倒入无菌试管或离心管中即可。

（4）经过处理的血清样品可以放入冰箱中保存，温度应控制在-20 ℃以下，且保存时间不宜过长，一般不宜超过1周。

三、全血

采集全血样品时，需要将动物保定或死亡后，采集其静脉血液，并按照相关规定进行采集和标注。经过处理的全血样品可以放入冰箱中保存，温度应控制在−20 ℃以下，且保存时间不宜过长，一般不宜超过1周。

核酸检测全血样品前处理的目的是将全血中的核酸成分与细胞成分进行分离，从而减少或消除细胞成分对核酸检测结果的干扰。同时，还需要将分离出的核酸进行纯化、提取等操作，以便于进行后续的核酸检测。

全血样品的处理方法会根据不同的试剂盒和检测要求而有所不同，具体的处理步骤和操作方法需要在试剂盒说明书或相关指南中进行查找和了解。

四、细胞

采集细胞样品时，需要将动物保定或死亡后，采集其器官或组织细胞，并按照相关规定进行采集和标注。将采集的细胞样品放入离心机中进行离心分离，分离出的细胞可进行洗涤、裂解等处理，以避免干扰检测结果。经过处理的细胞样品可以放入冰箱中保存。

五、体液

体液样本包括积液、腹水、脑脊液等，采集体液样品时，需要根据不同动物种类和检测要求，选择适当的采集部位和采集方法。同时需要将采集的体液样品进行标注并记录相关信息，避免样品污染和混淆。采集后的体液样品需要立即进行处理，以避免样品中病毒、细菌等物质失活或破坏。通常采用的方法是加入适当的保护剂或稳定剂，如双抗、病毒裂解液等，以保护样品中的核酸、蛋白质等物质。同时，也需要对样品进行离心、过滤、除菌等处理，以去除样品中的杂质和干扰物质。

经过处理的体液样品可以放入冰箱中保存，温度应控制在−20 ℃以下，且保存时间不宜过长，一般不宜超过1周。在保存过程中需要注意样品的污染和混淆问题，及时进行检测或处理。

六、脓液

（1）用灭菌棉拭子采集脓液样品，将采集的脓液样品放入无菌离心管中。

（2）将采集的脓液样品进行洗涤、离心分离，去除杂质和干扰物质。

（3）将处理后的脓液样品放入冰箱中保存，温度应控制在−20 ℃以下，且保存时间不宜过长，一般不宜超过1周。

七、组织

（1）准确切除所需组织后应立即剔除结缔组织和脂肪组织。

（2）用 PBS 或 RNase‐free 的 0.9% 生理盐水中清洗样本，以去除血渍和污物。

（3）转入用油性记号笔标记的铝箔或冻存管中。

（4）若样本 30 min 内不进行核酸提取则需立即进行液氮冷冻，在−20 ℃下短期保持。

（5）放入液氮或转入−80 ℃超低温冰箱中长期保存。

（6）组织样品的处理方法会根据不同的试剂盒和检测要求而有所不同，具体的处理步骤和操作方法需要在试剂盒说明书或相关指南中进行查找和了解。

八、骨骼

采集骨骼样品时，需要将动物骨骼标本进行整形装架，并使用密封袋进行密封保存。同时需要标注样品信息并记录相关信息。在处理骨骼样品时，在密封袋内放入吸湿剂或者在室内装抽湿机，以避免样品受潮发霉。防止老鼠等动物进入密封袋内损坏样品，可以在袋中放置驱虫剂或杀虫剂。根据试剂盒说明书的要求，将骨骼样品中的病毒或细菌的核酸成分进行提取和纯化。提取后的核酸可以进行保存。一般建议将核酸保存于−20 ℃以下的冰箱中，且保存时间不宜过长，一般不宜超过 1 周。

九、皮毛

（1）选择有代表性的皮毛样品进行采集，每个批次或生产批次的皮毛样品都要采集。采集的皮毛样品应该具有代表性，包括不同部位和不同种类的皮毛样品。

（2）将采集的皮毛样品剪碎至 1 cm 以下，称取约 3 g 放在灭菌三角瓶中，加入适量的0.5%洗涤液充分浸泡，并进行搅拌。

（3）将样品在 50 ℃左右的环境下进行灭活处理，以破坏样品中的病毒和细菌等活性物质。

十、排泄物

（1）采集动物排泄物样品时，需要注意避免样品受到污染和交叉感染。采集的样品应该具有代表性，包括粪便或尿液等排泄物。

（2）对于需要长期保存的排泄物样品，应该将其放在密封袋中，并加入适量的干燥剂，然后存放在低温环境下。对于需要立即进行检测的排泄物样品，应该将其放在冰块上以保持低温，并尽快送至实验室进行处理。

（3）在处理排泄物样品时，需要将样品进行充分搅拌和混合，以避免样品不均匀。同时，需要将样品进行合理的分配，一般每份样品应该包含 5～10 g 的排泄物。

十一、精液

（1）对采精室和采精人员进行清洁和消毒处理，防止污染精液。采精人员需要穿工作服、戴口罩和卫生帽，防止污染精液。采精过程中弃去精液的前段部分，精液采集后扎好采精袋，并立即盖上保温杯盖子。

（2）动物检疫核酸检测精液样品需要特别注意温度控制，以保证精液质量和检测结果的准确性。样品采集后应尽快送至实验室进行检测，以避免温度变化影响检测结果。

（3）选择有代表性的精液样品进行采集，每个批次或生产批次的精液样品都要采集。

（4）根据精液中待检测物质的特性选择适合的试剂盒，并按试剂盒说明书进行前处理。

（5）将采集的精液样品进行制备，包括分装、标记等步骤。

（6）将制备好的样品加入提取液中，进行充分振荡，使待检物质溶解在提取液中。

（7）根据试剂盒的要求，去除样品中的杂质，提高检测的准确性。

（8）将纯化后的样品转移至反应体系中，准备进行下一步检测。

十二、饲料

（1）在采样前，要准备好相应的工具和容器，如洁净的塑料袋、标签纸、记号笔和密封袋等。

（2）在采样时，需要确保样品的代表性，通常选取每个批次或生产批次的饲料样品，并尽可能多地收集样品。

（3）采集的饲料样品需要尽快送至实验室进行处理。在样品运输途中，要确保样品不受到损坏和污染，同时要保证样品的温度和湿度不发生变化。

（4）样品到达实验室后，需要尽快进行处理和检测。对于需要长期保存的样品，需要按照规定的温度和湿度进行存储。

（5）准备试剂盒，根据饲料中待检测物质的特性选择适合的试剂盒，并按试剂盒说明书进行前处理。

（6）将饲料样品用高速粉碎机进行粉碎，使待检物质充分释放出来。

（7）将粉碎后的饲料样品置于离心管中，加入试剂盒中要求的提取液进行充分振荡，使待检物质溶解在提取液中。

（8）将提取液过滤，去除其中的固体杂质，收集滤液。

（9）如果提取液中含有干扰检测的物质，如脂肪、色素等，需要用试剂盒中提供的净化剂进行处理，去除干扰物质，并对滤液进行浓缩。

（10）将浓缩后的样品转移至试剂盒要求的反应体系中，准备进行下一步检测。

（11）在处理和检测过程中，需要对样品进行分类和标识，以确保样品不受到混淆和污染。

（12）对于需要长期保存的饲料样品，需要进行低温保存，并定期检查样品的温度和湿度是否发生变化。

第六节　核酸检测标准物质和作用

为了使不同实验室、不同方法间的检测结果具有可比性，就需要对检测标准化，标准物质就是检测标准化的核心。核酸检测标准物质是具有一个或多个特定序列和量值（质量浓度、拷贝数等特征信息），并具有足够的均匀性和稳定性的核酸分子。其主要作用是评价核酸检测结果的可比性、准确性和计量溯源性，对测量工作标准、检测试剂盒的质量、测量过程和实验室室内室间质量控制进行校准和评价。

核酸检测标准物质一般分为核酸检测用国际标准物质、国家或地区标准物质和实验室内部的核酸检测工作制剂3个等级。核酸检测用国际标准物质是指由世界卫生组织（WHO）多中心合作研究后由专门委员会认可的，通过稳定性和组成完整性检验的，在国际范围内用作有关量的其他标准定值基础的物质，其制备已经程序化。国家或地区标准物质是指面向某一个国家或地区，在有核酸检测用国际标准物质的情况下，能溯源到国际标准；在没有国际标准的情况下，国家标准物质管理相关组织可以自行建立国家标准物质并规定单位。实验室内部用的核酸检测工作制剂是指相关诊断试剂的生产厂家在实际生产工作中用于检查或校准实物量具、测量仪器或标准物质等的工作标准。

核酸标准物质是用于核酸检测的"金标准"，不仅可以用于核酸提取回收率、回收率均匀性、重复性的校准，还可以用于仪器、实验室资质和人员操作能力的评估和提升。这些标准物质对于疫情防控、生物安全等领域具有重要意义。核酸是一类生物大分子，其结构复杂、易降解和分子量大，这些特点难以满足标准物质的均匀性和稳定性要求。因此，核酸标准物质的研制具有很高的难度和挑战性。通过使用核酸检测标准物质，能够对核酸检测试剂盒进行有效质控，避免出现"假阴性"和"假阳性"等危害公共卫生安全的问题。在制备核酸检测标准物质时，要遵循基质相同或相近、原始材料的均匀性、靶病原体含量高、容易大量获得、无纯度要求、防污染、生物安全性和人工合成的病毒核酸筛选等原则要求。需要注意确保其具有准确的量值和标称特性，这些使得核酸检测标准物质成为保证核酸检测结果准确性和溯源性的重要参考。

一、种类

1. 病毒类

牛病毒性腹泻病毒、猪瘟病毒、猪繁殖与呼吸综合征病毒、禽流感病毒等。动物病毒核酸标准物质主要分为全病毒颗粒，裸露 DNA 或 RNA，噬菌体病毒样颗粒。全病毒颗粒标准物质主要包括活病毒、灭活病毒或阳性动物病料（血清、组织等）等。裸露 DNA 或 RNA 标准物质主要是病毒基因组 DNA、PCR 产物、重组质粒 DNA 和体外转录的 RNA。噬菌体病毒样颗粒标准物质是由病毒衣壳蛋白和成熟酶蛋白自行装配而成的粒子，结构与天然病毒相类似，但不具有感染性。

2. 细菌类

沙门氏菌、大肠杆菌等。

3. 寄生虫类

弓形虫、蛔虫等。

二、制备方法

动物检疫核酸检测标准物质的制备需要经过一系列严格的实验步骤，确保其均匀性和稳定性，并且制备过程需要遵循相关法规和规定。

1. 样品采集

从相关动物疫病监测和诊断实验室中选择具有代表性的动物样品，并确保这些样品的质量。

2. 样品处理

将采集的动物样品进行适当处理，如研磨、离心等，以释放出病毒、细菌或其他病原微生物。

3. 核酸提取

利用商业化的核酸提取试剂盒或自建的提取方法，从处理后的样品中提取出病毒、细菌或其他病原微生物的核酸。

4. 核酸纯化

通过纯化技术去除核酸中的蛋白质、脂质和其他杂质，以确保核酸的纯度。

5. 核酸定量

利用荧光定量 PCR 等分子生物学技术对核酸进行定量，以确定标准物质的浓度。

6. 标准物质制备

将定量的核酸加入无核酸的缓冲液中，制备成标准物质。在制备过程中需要注意分装和储存条件，以确保标准物质的稳定性。

7. 标准物质检验

对制备的标准物质进行质量检验，包括外观、标识、性能、稳定性和保存条件等方面。确保标准物质符合相关规定要求。

8. 标准物质存储和运输

国际标准物质要冻干、分装处理，密封要在真空或充满惰性气体的情况下进行，密封后核酸用标准物质保存在 $-20\,℃$ 或 $-70\,℃$。国家或地区用的体液状态核酸标准物质可保存于 $4\,℃$。按照规定的存储和运输条件对标准物质进行妥善保管和运输。

三、质量要求

在选择动物检疫核酸检测标准物质时，需要注意以下几点。

1. 准确度

标准物质必须具有高度的准确性，以确保检测结果的可靠性和一致性。

2. 稳定性

标准物质的保存和使用时间应该足够长，以保持其稳定性和有效性。

3. 可溯源性

标准物质应该是可溯源的，能够追溯到国际单位制或公认的标准参考材料。

4. 适用范围

根据检测项目的需求，选择合适的标准物质类型和浓度范围。

在选择动物检疫核酸检测标准物质时，需要综合考虑以上因素并进行充分的验证和确认，以确保检测结果的真实性和可靠性。动物检疫核酸检测标准物质可以向国家计量技术机构或第三方检测实验室进行咨询和申请。

四、主要用途

1. 校准标准和验证检测方法

动物检疫核酸检测标准物质可以用于校准和验证动物疫病的检测方法，通过使用标准物质进行检测，可以比较检测结果与标准参考值之间的差异，从而评估方法的准确性和灵敏度。

2. 评估实验室能力

动物检疫核酸检测标准物质可以用于实验室内部质控，来评估实验室的核酸检测能力和水平，达到监测实验室测定的重复性、仪器的维护校准、人员能力等；可以利用核酸标准物质进行室间质量评价，以检查实验室间的检测结果是否一致，并发现可能存在的误差和问题。

3. 监测疾病流行情况

动物检疫核酸检测标准物质可以用来监测动物疫病的流行情况。通过对核酸检测标准物质的检测和分析，从而了解特定疫病的流行趋势和变异情况，为制定防控措施和疫苗研发提供科学依据。

4. 评估治疗效果

动物检疫核酸检测标准物质可以用于评估动物疫病的治疗效果。在疫病治疗过程中，通过对标准物质的检测可以了解病毒或细菌的数量变化，从而评估治疗措施的有效性。

5. 科学研究

动物检疫核酸检测标准物质还可以用于科学研究，如疫病诊断试剂的研发、疫苗效果评价、药物筛选等研究领域。

总之，动物检疫核酸检测标准物质在动物疫病的检测、监测、流行病学调查和科学研究等方面都具有重要的应用价值，可为核酸检测的全过程进行严格的质量控制，也是试剂溯源、检测程序评价和不同实验室间结果比对的重要物质基础。促进实验室检测能力提升，并为动物疫病防控提供有力支持。

第七节　动物检疫核酸检测能力验证

能力验证是一种按照预先制订的准则，通过实验室间比对，以此监测并评价参加实验室检测能力的活动。当有的量值的溯源尚难实现或无法实现时，能力验证可以用来确保测量结果的可信性。核酸检测实验室应对核酸提取试剂、核酸提取仪、PCR反应试剂、扩增仪等组成检测系统进行必要的性能验证，性能指标包括精密度、重复性和最低检测限等。

通过实验室间的核酸检测能力验证比对，核实实验室具备按照某一项核酸检测标准方法开展核酸检测工作的资源和技术能力，以评价不同检测机构的动物检疫核酸检测能力。这有助于确保实验室对动物检疫相关病毒、细菌等检测结果的准确性和一致性，提高实验室对动物疫病的诊断能力和生物安全控制能力。这些能力对于有效防控动物疫情、保护公共卫生和动物健康至关重要。

能力验证提供者的要求：一是应配备管理和实施能力验证活动所必需的人员和设施等；二是从事能力验证策划、样品制备、能力评定岗位的关键技术人员应具有动物病原核酸样品制备和检测的技术能力；三是应有相应级别的生物安全实验室，以满足所选动物病原核酸检测能力验证样品的制备和检测要求；四是应对拟开展的动物病原核酸检测能力验证项目、检测方法、资源状况、预期参加者的检测能力和数量作出评估，对能力验证运作过程中的生物安全和保密性采取严格措施；五是应在能力验证计划开始之前制定文件化的方案，说明本次能力验证计划的目标、目的以及基本设计情况；六是能力评定时，应将参加者每个样品的检测结果与预期指定值进行比较，通过其相符性，评定参加者的能力。

下面以猪圆环病毒 2 型核酸检测能力验证为例进行说明。

一、方案设计

邀请各个动物检疫部门参与能力验证计划，包括农业部门各级动物检疫中心、海关动检实验室、兽医生物制药厂等。制订详细的能力验证计划，包括验证时间、样品数量、样品类型、提取方法、扩增方案和结果分析方法等。为了模拟真实场景，样品应取自于养殖场、屠宰场等现场环境，以及动物疫病诊疗机构提供的具有代表性的病料。进行双盲实验，即参与单位不知道样品来源和目的，检测人员也不知道参与单位的信息。这样可以保证实验结果的客观性和公正性。根据检测结果，对每个单位的核酸检测能力进行评价，包括重复性、稳定性、特异性等方面。根据能力验证结果，向参与单位提供反馈，指出存在的问题并给出改进建议。同时，鼓励优秀的单位继续保持并分享经验。建议每两年进行一次能力验证，以保持和提升动物检疫部门的核酸检测能力。

二、样品要求

（1）均匀性检验　随机抽取 10 份，在重复条件下，对每个抽取的样品进行至少 2 次测试，结果符合率均应达到 100%。

（2）稳定性检验　随机抽取各 3 份，分别在模拟运输和冷藏条件下，至少两个不同的时间点对每个样品进行测试，与均匀性检测结果符合率应达到 100%。

（3）不满足均稳性要求的样品，应销毁处理。

三、检测标准

按照《利用实验室间比对进行能力验证的统计方法》（GB/T 28043—2011）、《Statistical methods for use in proficiency testing by interlaboratory comparisons》（ISO 13528：2005）、《能力验证结果的统计处理和能力评价指南》（CNAS-GL02：2014）、《出入境动物检疫实验室能力验证技术规范》（SN/T 2989—2011）及《猪圆环病毒聚合酶链反应试验方法》（GB/T 21674—2008）、《猪圆环病毒病检疫技术规范》（SN/T 2708—2010）等进行。

参试实验室荧光 PCR 检测阴、阳性判定结果，全部样品与指定值符合，才为满意。

四、保密要求

动物检疫核酸检测能力验证的保密要求应当严格遵守国家法律法规和相关规定，特别是涉及动物防疫、检疫和检测方面的法律法规。相关机构或企业应当建立完善的内部保密制度，包括限制访问、加密存储和管理相关数据、文件和样品等措施。确保只有经过授权的人员才能访问和获取相关信息。对参与动物检疫核酸检测能力验证的工作人员进行保密意识和保密技能的培训，提高他们的保密意识和能力，防止未经授权的访问和泄露信息。

在与第三方合作时，应选择具有可靠保密协议和信誉良好的合作伙伴。在合作过程中，应严格限制信息的共享和访问，并明确各方的保密责任。采取必要的技术手段和措施，确保动物检疫核酸检测能力验证的数据安全，防止未经授权的访问、篡改或泄漏。制定保密事件应对预案，在发生信息泄露或其他保密问题时，应立即报告相关部门并采取必要的补救措施，以最大限度地减少损失和影响。对动物检疫核酸检测能力验证的保密工作进行定期监督和检查，确保各项保密措施得到有效执行。

第八节　核酸检测在动物检疫中的应用

1997 年 8 月 20 日，香港一名 3 岁男童在医院死亡，经检验为感染 H5N1 型禽流感病毒，这是首次发现 H5N1 禽流感病毒直接从禽类传染给人。但该病例为单发病例，未发生人与人之间传播。1997 年 12 月，香港再次发生了 17 例 H5N1 禽流感病例，其中 5 例死亡。香港特区政府下令扑杀全港 130 万只鸡，以减少病毒感染机会，消灭疫情。这一事件引起了当时的轰动，导致人们谈"鸡"色变，肉鸡销售价格急转直下，广东地区的供港肉鸡无法销往香港，而禽流感带来的市民恐惧心理，使得广东地区家禽市场陷入了困境。

供港澳家禽需要进行核酸检测，以确保供港澳家禽没有携带禽流感等病毒。在出口前 5 d 内，每批供宰活禽都要进行禽流感核酸检测，只有检测合格后才能运到加工厂，以保障活鸡供应不断档。海关工作人员会加班加点进行检验检测，即使节假日也不例外。通过这种方法，可以确保供港澳家禽的安全和质量。核酸检测是动物疫病诊断的重要手段，保证畜牧业、渔业高质量发展，为生物安全提供强大的技术支持。

一、提供早期检测和预警

首先，核酸检测可以检测出动物体内是否感染了病毒。通过采集动物的呼吸道标本、血液、粪便等，运用核酸检测技术，可以检测出动物是否感染了病毒。这对及时发现感染动物、防止病毒在动物群体中扩散具有重要意义。其次，核酸检测可以检测出动物病毒的变异情况。病毒容易变异，通过核酸测序技术，可以检测出动物病毒的基因序列变化，了解病毒的变异情况。这对于及时发现新的变异株，采取有效的针对性强的防控措施具有重要意义。

二、有助于追踪感染源，提高动物健康和食品安全

核酸检测还可以分析出病毒的传播途径。通过采集动物及其密切接触者的样本，感染的动物运用核酸检测技术，可以追踪溯源。核酸检测可以追踪病毒的传播链。通过对感染动物和其密切接触者的样本进行核酸检测，可以找出病毒的传播途径和感染源，及时切断病毒的传播链。提高动物健康和食品安全。这对于防止病毒的扩散和保护动物和人类的健康具有重要意义。

三、支持疫病防控策略的制定和实施

核酸检测在动物检疫中确实可以支持疫病防控策略的制定和实施。通过对动物进行核酸检测，可以在早期发现动物感染的情况，及时找出感染源并采取相应的防控措施，防止病毒在动物群体中扩散。核酸检测可以监测病毒的变异情况，及时发现变异株的出现，为防控措施的制定提供科学依据。通过核酸检测，可以追踪病毒的传播链，找出感染源和传播途径，及时切断病毒的传播链。根据核酸检测的结果，可以优化防控措施，提高防控效果。例如，根据核酸检测结果，可以调整疫苗的种类、接种时间和接种范围等。

四、符合国内外贸易和法规要求

在国际上，许多国家都规定了动物及其产品的检验检疫要求，包括病原微生物的检测、血清学抗体检测、免疫接种证明等。核酸检测作为一种快速、灵敏、准确的检测方法，已被广泛应用于动物检疫中，成为保障动物健康和安全的重要手段之一。在国内，核酸检测也得到了广泛应用。例如，在宠物诊疗领域，核酸检测被用于检测多种病毒性疾病，如犬瘟热、猫白血病等，为宠物主提供准确的诊断和治疗方案；在食品动物检疫领域，核酸检测可以检测食品动物是否感染了病原微生物，确保食品安全。此外，随着国际贸易的不断扩大，各国之间的动物及其产品交流也日益频繁。核酸检测可以帮助进出口贸易企业及时了解进出口产品的质量状况，保障进出口贸易的顺利进行。总之，核酸检测在动物检疫中符合国内外贸易和法规要求，是保障动物及其产品健康和安全的重要手段之一，有助于促进国内外贸易的发展。

第九节　核酸检测在动物检疫中的问题和建议

2021年9月25日，大连市新冠肺炎疫情防控总指挥部发布消息，因第三方外环境采样核酸检测结果阳性，2021年9月24日，网传大连市海鲜一条街某海鲜店检测出阳性病毒。经对8月2日以来所有进口冷链食品和加工环境进行核酸检测，结果均为阴性。针对网上传言，已依法依规对相关涉事企业和人员进行了严肃处理。这一事件暴露了核酸检测在动物和动物产品检疫中存在的问题。虽然核酸检测在动物检疫中起到了至关重要的作用，但也存在一些问题。

一、核酸检测在动物检疫中存在的问题

第一，核酸检测的准确性可能会受到影响，各实验室间检测方法的差异导致结果难以比较。例如，如果采样不规范、使用过期的核酸检测试剂、操作不当等，都可能导致检测结果不准确。

数据造假等故意违法违规问题，虽然较为少见，但也有可能发生。第三方检测机构可能夸大检测能力，超能力揽收样本，导致无法在规定时限内完成任务，进而采取数据造假谎报结果，或通过实验室内再次混合检测样本以减少检测量，导致结果失真。

核酸检测也存在一定的假阳性或假阴性率，这也会影响其准确性。由于病毒感染存在"窗口期"，且受采样时间、病毒量等因素影响，可能导致检测不出阳性结果或结果达到阳性判定标准的时间推迟，形成"假阴性"或"假阳性"。此外，试剂在样本采集、上机检测过程中受到污染，也可能导致检测结果阳性，但重新采样复核后确定为阴性，从而产生"假阳性"结果。

第二，核酸检测的成本相对较高。进行一次核酸检测通常需要数百元至数千元不等，而且还需要进行采样、运输、检测等多个环节，因此，总体成本较高。对于一些小型养殖场或贫困地区而言，这种成本可能会成为负担。

第三，核酸检测的普及程度也需要提高，缺乏统一的培训、认证和管理机制，国际交流与合作不足。虽然在一些大城市和发达地区，核酸检测已经得到了广泛应用，但在一些农村和贫困地区，由于缺乏相应的设备和人才，核酸检测还无法完全普及。

第四，对不同样品类型和物种的检测标准化程度不够，核酸检测的规范化和监管也需要加强。虽然各级政府高度重视动物检疫和疫情防控工作，但对于核酸检测的规范化和监管还存在一定的问题。例如，存在部分检测机构管理不规范、操作不标准、数据不透明等情况，这也会影响核酸检测的可信度和有效性。

二、在动物检疫中深入开展核酸检测的建议

在动物检疫中深入开展核酸检测，有以下几个方面建议。

1. 增加投入

为了提高核酸检测的普及程度和规范性，政府可以增加投入，增加基层动物检疫站的设施和设备，提高检测人员的待遇和培训水平，同时加大对动物核酸检测的科研力度，推动技术的研发和应用。

2. 规范操作流程

对于动物检疫中的核酸检测，必须制定严格的采样、保存、运输和检测流程，规范操作，确保检测结果的准确性和可靠性。特别是对于采样而言，需要规范采样部位、采样方法、样本保存和运输等环节，避免出现交叉感染和假阳性、假阴性的情况。

3. 加强监管

对于动物检疫中的核酸检测，必须加强监管，确保检测的质量和公正性。政府可以建立完善的监管体系，对检测机构的资质、技术水平、质量保证等方面进行评估和审核，同时加

强对检测数据的监管，确保数据的真实性和可信度。

4. 推广应用

为了更好地发挥核酸检测在动物检疫中的作用，需要推广其在不同领域的应用。例如，在宠物诊疗领域，可以推广针对犬瘟热、猫白血病等病毒性疾病的核酸检测；在食品动物检疫领域，可以推广针对病原微生物的核酸检测，确保食品安全。

5. 加强国际合作

动物检疫中的核酸检测是全球公共卫生的重要组成部分，需要加强国际合作，分享经验和信息，共同应对动物疫病的挑战。通过加强与国际组织和各国的合作，可以共同推动动物检疫和疫情防控工作的深入发展。

Chapter 7

第七章

重大动物疫病各论

重大动物疫病是指对人畜危害严重、需要采取紧急、严厉的强制预防、控制、扑灭等措施的疫病。这些疫病包括高致病性禽流感、口蹄疫、非洲猪瘟、小反刍兽疫等，可能对养殖业生产安全和公众身体健康与生命安全造成严重威胁和危害。

针对重大动物疫病，应建立和完善动物疫病预防控制和动物卫生监督体系，加强动物疫病的监测、预警和预防工作。推行科学的饲养管理，提高动物健康水平，增强动物抗病能力。严格控制动物及动物产品的流通和贸易，防止疫病的传播和扩散。对重大动物疫病进行强制扑杀和无害化处理，及时控制和消灭疫病。加强动物防疫法律法规的制定和执行，加大对违法行为的处罚力度。开展科学研究，加强对重大动物疫病防控技术的研究和开发，提高防疫水平和效果。加强国际合作与交流，学习借鉴国外先进的动物疫病防控经验和技术，共同应对全球动物疫病挑战。

第一节 口 蹄 疫

口蹄疫（FMD）是由口蹄疫病毒引起的一种急性、热性、高度接触性人畜共患病，主要侵害牛、羊、猪等偶蹄类动物。口蹄疫是一种跨界动物疫病，严重影响牲畜生产，扰乱地区和国家动物及动物产品贸易，对世界经济产生重大影响，被认为是最重要的动物传染病。据估计，该病流行于全球77%的牲畜，主要分布在非洲及南美洲地区。目前，在未接种疫苗的情况下没有口蹄疫的国家仍然时刻面临着口蹄疫入侵的威胁。75%的口蹄疫防控成本由低收入和中低收入国家承担。非洲和欧亚地区的成本最高，分别占总成本的50%和33%。目前，口蹄疫仍然广泛流行，发病率高，死亡率低，但幼龄家畜病死率高。

口蹄疫是由微核糖核酸病毒科口蹄疫病毒引起的，全世界不同国家流行7种亚型病毒株（A、O、C、SAT1、SAT2、SAT3 和 Asia1）。每种毒株都需要特定的疫苗才能为接种动物提供免疫力。口蹄疫的预防基于早期检测和预警系统的存在，以及实施有效监测等措施。口蹄疫标准化检疫技术是一种针对口蹄疫的监测和排查方法。它的意义在于通过标准化的操作流程和先进的检测技术，实现对口蹄疫的早发现、早报告，以防止疫情的蔓延和传播。

一、检疫措施

口蹄疫是世界动物卫生组织（WOAH）要求必须报告的疫病之一，我国将其列为一类动物疫病之首，也是我国进境动物检疫一类疫病，为国际贸易必检动物疫病。

当猪、牛、羊等偶蹄动物在离开饲养地前 3 d，应向当地动物卫生监督机构报检，填写检疫申报单，检疫监督机构安排 2 名以上官方兽医到场、到户实施检疫。经检疫符合标准和出证条件后，收回动物免疫证，出具检疫合格证明，并用 3%的烧碱对运载工具进行消毒。现场检疫不合格和实验室检测确诊为口蹄疫的家畜应按规定在官方兽医监督下进行无害化处理。屠宰检疫应在宰前 8～12 h 进行申报并同步检疫，对检疫过程中发现有口蹄疫的家畜，应在官方兽医的监督下进行无害化处理。异地运输的动物及产品，须在输出地进行检疫，合格后用 3%高锰酸钾或烧碱严格消毒的车辆进行运输，活动物在起运前 2 周需进行一次口蹄疫强化免疫，到达输入地后需隔离饲养 30 d 以上，由动物卫生监督机构检疫合格后方可进场饲养。

当从境外进口活动物（家养反刍动物和猪）、动物精液、牛胚胎、肉及肉制品、乳及乳制品时，根据不同国家口蹄疫流行情况不同，检疫措施应参照《陆生动物卫生法典》给予从非免疫无口蹄疫、免疫无口蹄疫、实施官方控制计划的口蹄疫感染以及口蹄疫感染国家或地区进口不同动物及产品的相关建议执行。经检疫不合格的动物，连同其同群动物全群退回或者全群扑杀并销毁尸体；经检疫不合格的动物产品、饲料、生物制品等，依法予以收缴销毁，并对检疫隔离场，受污染的饲料、场地以及运输工具等进行熏蒸或喷洒消毒。

二、诊断

（一）现场诊断

易感动物感染口蹄疫病毒后，典型的临床特征是蹄部、口腔内及其周围和母畜乳头出现水泡。水泡破裂后愈合，引起的冠状垫病变会导致在蹄下部形成生长受阻线。根据这些变化可判断发病时间，估测病变的时间长短。乳房炎在患口蹄疫的乳牛中很常见。在其他部位如鼻腔内和四肢受力部位（尤其是猪）也会出现水泡。临床症状的严重程度随毒株、感染剂量、动物年龄和品种、宿主种类和动物免疫状况的不同而异。可表现为温和或隐性感染到严重感染，有时导致死亡。幼畜常因多发性心肌炎而死亡，在其他部位也可能发生肌炎。

口蹄疫的主要病理变化表现在患病动物的口腔、蹄部、乳房、咽喉、气管、支气管和胃黏膜可见水疱和水疱破溃后的烂斑，上面覆盖黑棕色的痂块。反刍动物的真胃和肠黏膜可见出血性炎症。心包膜有弥漫性或点状出血，心脏表面有灰白色或淡黄色斑点或条纹，俗称"虎斑心"。心肌松软似煮过的肉。

当易感动物出现上述临床症状和病理变化时，可初步判定为疑似口蹄疫病例。

（二）实验室诊断

口蹄疫在临床诊断上无法与其他水疱病，如猪水疱病、水疱性口炎、水疱疹和塞内卡病毒感染区分开来，因此，对任何疑似口蹄疫病例的样本必须在安全的条件下按照国际、国家和相关的行业标准的规定进行运输，送往经授权的实验室进行口蹄疫实验室诊断确诊。

1. 病原鉴定

通过特异性抗原或核酸的展示，无论是否先在细胞中对病毒进行扩增培养（病毒分离），都可确认口蹄疫病毒的存在。由于口蹄疫具有高度传染性和重要的经济意义，病毒的实验室诊断和血清型鉴定应在具有适当生物封闭水平的实验室进行。酶联免疫吸附试验（ELISA）和侧流装置（LFD）都可用于检测口蹄疫病毒抗原，其中ELISA还可以用于血清分型。在大多数实验室中，ELISA已取代补体结合试验（CF），因为其具有更好的特异性和更高的灵敏度，而且不受促补体或抗补体因素的影响。如果样本不足或仍不能确诊，可通过反转录聚合酶链反应（RT-PCR）检测病毒核酸或使用易感细胞进行活病毒分离。培养物最好是原代牛（小牛）甲状腺细胞，也可使用猪、羔羊或小牛肾细胞或敏感性相当的细胞系。当观察到细胞病变（CPE）时，可使用ELISA、CF或RT-PCR对收获液进行FMDV检测。

2. 血清学试验

在未接种过疫苗的动物体内发现口蹄疫病毒结构蛋白特异性抗体，表明该动物曾感染过口蹄疫病毒。对于无法采集上皮组织的轻症病例，也可以进行口蹄疫病毒结构蛋白特异性抗体检测。检测非结构蛋白（NSP）抗体有助于提供宿主体内以前或现在病毒复制的证据，与疫苗接种情况无关。NSP与结构蛋白不同，具有高度保守性，因此不具有血清型特异性，这些抗体的检测不受血清型限制。病毒中和试验（VNT）和酶联免疫吸附试验（ELISA）可检测结构蛋白抗体，作为血清型特异性血清学试验。VNT依赖于组织培养，因此比ELISA更容易产生变异，而且速度较慢，容易受到污染。检测抗体的ELISA方法具有速度快、不依赖细胞培养的优点，且可以使用灭活或重组抗原，因此对生物封闭设施的要求较低。

三、监测

口蹄疫在世界不同地区的影响及流行病学情况差异很大，因此，必须因地制宜地制定相应的监测策略和计划。监测策略和监测计划的设计应基于流行病学历史，包括是否曾进行疫苗接种。在可接受的置信度内，随机有针对性地进行临床调查或采样。如在某些地区或某种群内发现感染概率上升，可选择有针对性的定向抽样监测。监测策略和采样频率必须符合相关要求和本地流行病学特点。

口蹄疫的监测方法主要包括临床监测、病毒学监测和血清学监测。与牲畜日常接触的养殖户和工作人员，以及兽医辅助人员、兽医和诊断医生需要对易感动物进行仔细检查，及时报告任何口蹄疫疑似病例。病毒学监测主要确定致病病毒的分子、抗原和其他生物学特征及其来源，与后继监测、流行病学研究和疫苗匹配，监测风险畜群中病毒的存在和传播，血清学监测主要检查动物血清中是否含有口蹄疫病毒或疫苗的抗体。可用于评价口蹄疫病毒流行情况，或证明无口蹄疫病毒感染或传播以及监测口蹄疫群体免疫。

四、疫苗使用和管理

口蹄疫疫苗一般分为常规和高效两种疫苗。标准常规疫苗应包含足够的抗原和适当的佐剂，以保证在保质期内达到最低效力，通常适用于常规免疫接种。高效疫苗免疫谱更广，同时能更快激发免疫保护，因此用来控制易感群体的口蹄疫暴发。

口蹄疫疫苗的使用需国家权威机构批准，选择与本地流行毒株抗原性相匹配的疫苗。免疫无疫国家和有疫情的国家多实行口蹄疫常规苗免疫。无口蹄疫的国家多不使用口蹄疫疫苗，而是在疫情暴发时，通过严格控制移动动物、扑杀所有感染与接触动物以扑灭疫情。不过，许多无口蹄疫国家仍拥有疫苗接种和高浓度病毒制品的战略储备，以备在紧急情况下短时间内提供疫苗。

口蹄疫疫苗管理涉及的种毒管理、制造方法、过程控制、终产品检测、疫苗注册、浓缩抗原的储存和监管、浓缩抗原制备疫苗的紧急放行等可参照WOAH相关规定，结合各国和地区标准，严格按照要求从事生产和管理，保证疫苗的质量、安全性和有效性。口蹄疫疫苗应该保存在2~10℃的冷冻库中，且在运输过程中应避免剧烈震动和阳光直射。可用于各种年龄的黄牛、水牛、奶牛、牦牛预防接种和紧急接种，免疫持续时间为6个月。对于猪O型口蹄疫的预防接种，疫苗可以在10℃以下冷藏包装运送，保存在2~10℃的冷冻库中，有效期为1年。疫苗注射时必须注入深层肌肉内，切不可注入脂肪层或皮下，以免影响免疫效果。对怀孕母畜免疫时应注意防止流产。疫苗瓶开启后限当日用完，超过 24 h 不可再用。在接种过程中，应做好记录，注明接种动物品种、大小、性别、数量、接种时间、疫苗批号、注射剂量等。在首次使用本疫苗的地区，应选择一定数量动物（20～30 头/只）进行小范围试用观察 3～6 d，确认安全后，方可扩大接种面。接种后应加强接种动物的饲养管理和观察。为保证免疫效果以及免疫对象和人员的安全，应切实做好免疫对象的保定和解除。同时还应加强消毒、隔离、封锁等其他综合防治措施。

第二节　猪水疱病

猪水疱病（SVD）是由猪水疱病毒引起的猪的一种急性、接触性传染病。1966 年首先在意大利发现，1971 年在我国香港地区分离出该病毒，随后在欧洲常有发生，在东亚地区日本和中国台湾也有检出该病。2004 年，葡萄牙和意大利又暴发了猪水疱病疫情。之后，水疱病仅有零星报告，主要来自意大利。最近暴发的 SVD 多为病情较轻或无症状，仅在开展血清学监测项目或出口检验时才发现感染。我国大陆地区尚无本病发生的报道。

猪水疱病仅发生于猪，不同年龄、性别、品种的猪都可感染，导致临床发病。牛、羊可短期带毒，但不发病。接触过病毒的实验室工作人员发生 SVD 血清学阳转，除 1 例感染病例发生脑膜炎外，其他病例均为轻度感染，没有农场人员或与病猪接触的兽医人员出现血清学阳转或发病的报告。猪水疱病临诊症状出现前 48 h，感染猪可经鼻、口和粪便向外毒，感染后第 1 周产生大量病毒，通常 2 周后停止经鼻、口排毒，感染后 1 个月内可在粪便中持续存在病毒，有时感染后 3 个月仍能在动物粪便中检出病毒。猪水疱病病毒具有极强的环境抵抗力，在 pH 2.5～12.0 都很稳定，因此，饲喂污染的饲料、饮水、泔水、屠宰下脚料，感染猪的移动、运输、交易，污染的运输工具、饮水、饲料、垫草、用具以及人员出入等容易造成本病的传播。

一、检疫措施

目前，我国大陆地区尚未发生猪水疱病，因此，要严格防范，杜绝病毒传入。加强进境检疫，对进口的活猪及其产品进行严格的检疫，同时对运输工具和装载器具要进行彻底的消毒，防止猪水疱病的传入。经检疫不合格的动物连同其同群动物全群退回或者全群扑杀并销毁尸体；不合格的动物产品和其他检疫物，由口岸动植物检疫机关签发《检疫处理通知单》，通知货主或者其代理人作除害、退回或者销毁处理。

二、诊断

（一）现场诊断

猪水疱病主要临床特征是感染猪的蹄部、鼻端、口腔黏膜、乳房皮肤发生水疱。自然感染的潜伏期通常为 2～7 d，可能出现高至 41 ℃的短暂高烧，随后蹄冠出现水疱，在蹄叉部特别典型，引起蹄脱落。水疱有时也可能出现在口鼻部（特别是背侧表面）、唇、舌和头，膝部可能出现浅糜烂。感染猪可能出现跛行，几天不进食。流产不是 SVD 的典型症状。通常 2～3 周后康复。

　　猪水疱病病理变化主要表现在蹄部、鼻盘、唇、舌面、乳房出现水疱，水疱破裂后，水疱皮脱落，创面又出血和溃疡。个别病例心内膜上有条状出血斑，其他器官组织难见眼观病变。组织学病理变化主要为非化脓性脑膜炎和脑脊髓炎病变，脑膜含有大量淋巴细胞，血管嵌边明显。脑灰质和白质出现软化病灶。

（二）实验室诊断

　　猪水疱病临诊症状与口蹄疫难以区别，因此，在疑似猪水疱病时，必须先假定是口蹄疫，然后经实验室确诊。

1. 病原鉴定

　　猪出现水疱症状后，经酶联免疫吸附试验（ELISA）证明在破溃组织或水疱液样本中存在 SVD 病毒抗原，可做出阳性诊断。如送检的破溃水疱病料量不足（少于 0.5 g）或检测结果阴性或无结果，可通过接种猪源细胞进行病毒分离，或采用更敏感的方法如 RT-PCR 进行诊断。接种细胞培养物后如产生细胞病变，且经 ELISA 或 RT-PCR 证明存在 SVD 抗原，即可出阳性诊断。诊断隐性感染可随机采集猪圈地面上的粪便样本进行 RT-PCR 或病毒分离鉴定 SVDV 基因的方法。

2. 血清学试验

　　血清学检测可确诊 SVDV 临诊感染或隐性感染，所以在提供临诊疑似病例的血清样本时，必须同时提供该猪群中无临诊症状猪的血清样本。可用微量中和试验或 ELISA 方法检测 SVDV 的特异性抗体，微量中和试验虽需 2～3 d 才能完成，但仍是 SVDV 抗体的确证试验。一小部分（最多 0.1%）无 SVD 感染的正常猪的血清学检测可呈阳性，但这些个别反应是暂时性的，可通过再次采集阳性动物及同群动物样本进行抗体测定予以甄别。

三、监测

　　水疱病的监测应考虑水疱病病毒的传播途径多种多样的特性，不仅通过直接接触及损伤的黏膜和皮肤传播，也可通过吸血昆虫叮咬传播，发生流行不受季节影响。养殖场中一旦有个别患病猪出现临床症状，就可以通过多种途径迅速向整个群体快速传播，一般经 1～2 d 整个养殖场的猪都可受到病毒威胁，发病几天后，在整个猪场的血液中都能检测到水疱病毒抗体。

　　水疱病的监测包括临床监测、病毒学监测和血清学监测，同时应考虑养殖场或隔离场的虫媒监测。

四、疫苗使用和管理

　　预防猪水疱病的疫苗有弱毒苗和灭活苗，弱毒苗因存在安全性问题已停止生产使用，灭活苗安全性较高，注射后 7～10 d 即可产生免疫，保护率可达 80% 以上，并可维持 4 个月以上。目前用水疱皮和仓鼠传代毒制成的灭活苗具有良好效果。此外，用猪水疱病高免血清和康复血清进行被动免疫有良好效果，免疫期可达 1 个月。

选择针对猪水疱病病毒的疫苗，并确保疫苗的质量和有效性。疫苗应该保存在阴凉、干燥、避光的地方，避免阳光直射和高温。在运输过程中，应该避免剧烈震动和温度过高。疫苗的接种时间应该是在猪感染病毒之前，一般是在猪出生后 30 d 左右进行接种。根据疫苗说明书和养殖实际情况，按照规定的剂量进行接种。一般采用肌肉注射的方式进行接种，注射部位可以是股部、背部或肩部等。在接种过程中，应该做好记录，包括接种时间、剂量、接种部位等信息，并保存好记录以备后续参考。定期进行免疫监测，了解疫苗的免疫效果和抗体水平，及时进行补种和加强免疫。在疫苗使用和管理过程中，应该采取必要的生物安全措施，如穿戴防护服、勤洗手、消毒等，以避免病毒的传播和感染。

第三节　猪　　瘟

　　猪瘟又称古典猪瘟（CSF）、猪霍乱，是由黄病毒科瘟病属的猪瘟病毒引起的家猪和野猪的一种接触性传染病。猪瘟常见于中美洲、南美洲、欧洲、亚洲和非洲部分地区。北美洲、澳大利亚和新西兰目前没有该疾病。20 世纪 90 年代，荷兰（1997 年）、德国（1993—2000 年）、比利时（1990 年、1993 年、1994 年）和意大利（1995 年、1996 年、1997 年）暴发了大规模的古典猪瘟，给世界养猪业造成了巨大的经济损失和贸易约束，是猪病中危害最大、最受重视的疫病之一。

　　猪是古典猪瘟病毒的唯一自然宿主。健康猪与感染古典猪瘟病毒的猪直接接触可传播该疾病。古典猪瘟病毒在猪肉和猪肉加工品中冷藏可存活数月，冷冻可存活数年，猪吃了受古典猪瘟感染的猪肉或猪肉制品就会受到感染。此外，病毒可随唾液、鼻腔分泌物、尿液和粪便排出，接触被污染的车辆、猪圈、饲料或衣物也可能传播该病。慢性带毒动物（持续感染）可能没有临床症状，但可能在粪便中排出病毒。受感染母猪的后代在子宫内亦可受到感染。

一、检疫措施

　　长期以来我国对猪瘟的防控主要是疫苗接种为主的综合防控措施，主要是对种猪和后备母猪实行严格检疫，把好引种关，及时淘汰带毒种猪，建立健康种群，繁育健康后代。

　　当从境外进口活动物（家猪和圈养野生猪）、动物精液和胚胎、猪肉、猪鬃以及相关制品时，应根据 WOAH《陆生动物卫生法典》关于从古典猪瘟无疫国、无疫区或无疫生物安全隔离区进口建议执行检疫措施。经检疫不合格的动物，连同其同群动物全群退回或者全群扑杀并销毁尸体；经检疫不合格的动物产品、饲料、生物制品等，依法予以收缴销毁，并对检疫隔离场、受污染的饲料、场地以及运输工具等进行熏蒸或喷洒消毒。

二、诊断

（一）现场诊断

　　由于猪瘟病毒毒力、宿主动物年龄、感染时期（产前或产后）等因素的影响，古典猪瘟的临床差异比较大，可分为急性、亚急性、慢性、迟发型和无临诊症状型。成年猪感染后症状较轻，存活率高。病毒能通过怀孕母猪的胎盘屏障感染胎儿。子宫内感染中等毒力或低毒力毒株后，可导致"带毒母猪"综合征，出现产前死胎、产后早死、产病弱仔猪或表面健康的带毒仔猪。在急性期，所有年龄组的病畜都会发烧、蜷缩、食欲不振、呆滞、虚弱、结膜炎、便秘后腹泻、步态不稳。出现临床症状数天后，耳朵、腹部和大腿内侧可能会呈现紫色。患急性疾病的动物会在1～2周内死亡。重症病例与非洲猪瘟非常相似。

不同类型的猪瘟临床病理变化不同，急性型猪瘟的病理变化主要表现在脾梗死；亚急性型猪瘟的病理变化主要表现在盲肠扁桃体或结肠的溃疡即纽扣样溃疡；慢性型猪瘟通常不会在小猪产生较大的病理变化，但母猪通常会出现流产、死胎、木乃伊胎等一系列繁殖功能障碍。

（二）实验室诊断

古典猪瘟临诊表现多样，仅仅根据临诊和病理学变化难以与其他疫病如非洲猪瘟、猪皮炎肾病综合征、猪丹毒等区分，因此，需要利用实验室诊断技术对古典猪瘟进行确诊。目前，已经有国际、国家及相关的行业标准可作为古典猪瘟实验室诊断依据。

1. 病原鉴定

检测全血中的病毒或病毒核酸是检测活猪 CSF 的主要方法，检测组织样品中的病毒、病毒核酸或抗原是诊断病死猪的最佳方法。可用猪肾细胞或其他易感细胞进行病毒分离，然后使用免疫荧光或免疫过氧化物酶染色法检查病毒增殖情况，分离出的病毒通过基因测序确认或者使用病毒特异性单克隆抗体鉴定。病毒核酸的 RT－PCR 检测方法已得到国际认可，并在许多实验室使用。病毒抗原检测可以利用荧光抗体试验或者抗原捕获酶联免疫吸附试验，但是酶联免疫吸附试验适用于群体筛查不适用于个体检测。

2. 血清学试验

通过检测血清中古典猪瘟的抗体也是检测活猪 CSF 的主要方法，检测病毒特异性抗体对于感染古典猪瘟病毒 21 d 后的猪群的检测特别有效。种猪中可能检测到古典猪瘟病毒与反刍动物瘟病毒有交叉反应，可利用可靠的鉴别方法即中和试验比较不同瘟病毒抗体的滴度以进行确诊。古典猪瘟血清学方法还有酶联免疫吸附试验（ELISA）、猪瘟抗体胶体金免疫检测技术、猪瘟正向间接血凝试验、猪瘟琼脂扩散试验等。

在古典猪瘟血清学中，中和过氧化物酶连接测定法（NPLA）是一种灵敏度高、特异性强、操作简便、快速高效的检测方法，可以用于检测猪瘟病毒的抗体。该方法采用了纳米技术，将抗体和纳米颗粒组装在一起，形成纳米抗体颗粒，并将其与猪瘟病毒颗粒反应，通过激光共聚焦扫描仪观察荧光信号，判断是否存在猪瘟病毒的抗体。相比传统的 ELISA 方法，NPLA 方法具有更高的灵敏度和更低的交叉反应，能够更准确地检测猪瘟病毒的抗体。

荧光抗体病毒中和试验（FAVN）方法基于病毒中和试验的原理，但采用了荧光标记技术，将病毒和荧光标记的抗体结合在一起，通过观察荧光信号的强度来判断是否存在猪瘟病毒的抗体。相比传统的中和试验方法，FAVN 方法具有更高的灵敏度和更低的交叉反应，能够更准确地检测猪瘟病毒的抗体。

这两种测试都可以在微量滴定板中进行，可以通过使用光学显微镜来确定结果，具有操作简便、快速高效的特点，可以在短时间内对大量样品进行检测。因此，古典猪瘟血清学NPLA 和 FAVN 方法都是非常实用的检测方法，可以用于猪瘟病毒的监测和防控。

三、监测

古典猪瘟的监测应考虑古典猪瘟流行病学的具体特点，如饲喂泔水、不同生产体系、野猪和野化猪在疫病传播中的作用；精液在传播病毒中的作用；感染猪可能缺少典型的病理变化和临床症状；无明显临床症状感染的发生率；持续和慢性感染的发生；不同古典猪瘟病毒毒株的基因型、抗原性和毒力的变化。检测样本的数量要足够大，以保证能够检测到最低程度的感染。

古典猪瘟的监测包括临床监测、病毒学监测和血清学监测。临床监测是古典猪瘟检测的基石，对早期诊断很有用。分子诊断方法可用于大规模的病毒筛检。针对高风险群体使用分子检测技术可早期检测到病毒，从而显著降低古典猪瘟病毒的后续传播。对从流行地区和以往无疫地区疫情中分离到的病毒进行分子特性分析，可显著提高对古典猪瘟病毒传播途径的流行病学认识。

野猪古典猪瘟是一种严重的动物疫病，对野猪的生存和健康造成了极大的威胁。为了有效监测和控制这种疾病，需要对野猪进行采样并进行猪瘟分子诊断。除了采样和检测之外，还需要采取措施来预防和控制野猪古典猪瘟的传播。这包括加强野猪群的免疫接种、定期进行监测和巡查、及时发现和控制疫情等。

四、疫苗使用和管理

目前，猪瘟疫苗以多种减毒病毒株（如 C 株、Thiverval 株、PAV‑250 株、GPE 株、K 株）为基础的改良活疫苗（MLV）应用最为广泛，且许多已被证明既安全又有效，此外还有用杆状病毒或其他系统生产的 E2 亚单位疫苗，尚无有效的传统全病毒灭活疫苗，新一代标记疫苗也在开发中。

猪瘟疫苗可用于不同的流行病环境和情况。大多数没有该疾病的国家都采取了不接种预防性疫苗的控制策略，但制定了紧急接种疫苗的法律规定。在疾病流行的情况下，疫苗接种主要用于降低疾病的影响或作为根除计划的第一步。在以前没有流行病的地区发生流行病时，紧急疫苗接种可作为控制和根除疾病的额外工具，而区分受感染动物和接种疫苗的动物的疫苗有望在这种情况下成为宝贵的额外工具。此外，还应考虑对受影响的野猪群体进行口服疫苗接种。

猪瘟疫苗生产应符合兽医疫苗生产准则给出的一般性指导原则，此外，在特定国家和地区，生产商要获得兽用疫苗的授权和许可，还需满足与质量、安全性和有效性相关的不同附加要求。生产设施应遵循适当的生物安全程序和操作规范。用于疫苗生产和疫苗攻毒研究的相关设施应符合四级病原控制要求。必须确定病毒生产的最佳条件，以保障种毒和高质量疫苗的生产。

选择质量可靠的猪瘟疫苗，如猪瘟兔化弱毒单苗等。猪瘟疫苗的接种时间应该在猪出生后 20 d 左右进行，具体时间可以咨询当地兽医或养殖专家。根据疫苗说明书和养殖实际情况，按照规定的剂量进行接种。一般采用肌肉注射的方式进行接种，注射部位可以是股部、背部或肩部等。猪瘟疫苗应该保存在阴凉、干燥、避光的地方，避免阳光直射和高温。在运输过程中，应该避免剧烈震动和温度过高。在接种过程中，必须详细记录接种时间、剂量、接种部位等信息，并妥善保存这些记录，以备后续参考。定期进行免疫监测，了解疫苗的免疫效果和抗体水平，并根据需要及时进行补种和加强免疫。在疫苗使用和管理过程中，必须采取必要的生物安全措施，如穿戴防护服、勤洗手、消毒等，以防止病毒传播和感染。此外，必须对所有接种人员进行定期培训，确保他们了解如何安全、有效地使用和管理疫苗。在接种猪瘟疫苗时，要注意避免与其他疫苗同时接种，以免影响免疫效果。同时，也要注意避免给已经患病或处于亚健康状态的猪只接种疫苗。猪瘟疫苗的使用和管理需要严格遵守相关规定和操作流程，确保疫苗的有效性和安全性。同时，加强饲养管理和生物安全措施，提高猪群的抵抗力，减少疾病的发生和传播。

按照 WOAH 和我国的规定，采取严格、严密的卫生预防措施，建立完善的疾病报告系统，以及保护家猪不与野生猪接触的卫生措施，是预防猪瘟的最有效措施。

第四节　非洲猪瘟

早在 1957 年，非洲猪瘟（ASF）病毒的基因 I 型首次出现在葡萄牙，并在此后逐渐传播到欧陆和美洲大陆。到 20 世纪 90 年代，该基因型病毒在全球非洲以外的地方基本完成了净化，除了意大利的撒丁岛。在 2007 年，基因 II 型病毒又在格鲁吉亚出现，并随后在欧洲东部和北部一些国家传播，并于 2008 年进入亚洲。在这个过程中，有些国家成功完成了对病毒的净化。即使在某些地区成功净化后，非洲猪瘟仍可能再次出现，表明了持续进行防控和监测的重要性。

自 2018 年 8 月我国确诊首例非洲猪瘟疫情以来，该病在我国及周边国家和地区呈地方性流行趋势。根据 2019 年的报道，非洲猪瘟在中国主要发生在辽、吉、黑、蒙、豫、鲁、皖、湘、陕、晋、冀、甘、琼、京、津、冀等地，其中大部分省份都出现了疫情，但传播速度有所减缓。

非洲猪瘟标准化检疫技术是一种针对 ASF 的监测和排查方法。它的意义在于通过标准化的操作流程和先进的检测技术，实现对 ASF 的早发现、早处理，以防止疫情的蔓延和传播。

一、检疫措施

（一）全程监管

深化"三式管理"，强化养殖场户"密罐式"、屠宰企业实施"高压式"、官方兽医"问责式"管理。对养殖、屠宰、无害化处理等各类场所、运输工具实施集中清洗消毒，保证消毒效果，有效切断病毒传播途径。通过严把产地检疫关、调运管理关、落地检查关，实现对生猪调运的全程监管，严防染疫生猪流通，严防病毒扩散。强化无害化处理和动物诊疗环节风险管控，严打违法违规行为，及时消除风险隐患，严防疫病传播。

（二）分区防控

落实非洲猪瘟分区防控机制，积极推动分区防控，规范大区生猪调运监管，实施生猪跨区、跨省"点对点"调运政策，落实重大动物疫病防控与应急处置协同机制和相关举措。强化养殖企业分级管理，不断提升养殖场生物安全水平。提升检测能力和水平，强化预警预报，依据监测和流调情况，对非洲猪瘟发生和流行趋势进行预测并及时发布预警。加强应急物资储备，及时调整充实应急队伍，加强人员培训，确保对疫情能够早发现、快处置，把损失降到最低。

按照《中华人民共和国动物防疫法》规定，全面落实属地责任、监管责任、主体责任，齐抓共管、联防联控，共同做好非洲猪瘟防控工作。

（三）强化检疫

从无疫区或有疫区引进生猪、野生猪时，隔离检疫时间应符合要求，装运之日无非洲猪瘟临床症状，病毒学和血清学检测为阴性。猪鲜肉、野生猪鲜肉的供体动物应符合要求，宰前与宰后肉类检验未发现任何非洲猪瘟感染迹象。用于加工猪肉相关产品的鲜肉应符合要求，加工企业经由兽医主管部门批准用于出口目的，只加工符合规定的产品，保证杀灭非洲猪瘟病毒，以及加工后采取必要的预防措施，避免与任何含有非洲猪瘟病毒源的产品接触。

家猪精液、胚胎的供体动物隔离检疫时间应符合要求，采集之日无非洲猪瘟临床症状，采集、加工和储存应符合卫生规范和有关规定。猪鬃及装饰品、猪垫草和肥料产品应来自非洲猪瘟无疫国、无疫区或无疫生物安全隔离区，产品在兽医主管部门批准用于出口目的的企业加工，以便保证杀灭非洲猪瘟病毒，以及加工后采取必要的预防措施，避免与任何含有非洲猪瘟病毒源的产品接触。

引进动物和动物产品应按照要求提供检疫证书。

二、诊断

（一）非洲猪瘟的现场诊断

非洲猪瘟临床症状主要分为：最急性、急性、亚急性和慢性四种型。其中最急性表现为无明显临床症状突然死亡。急性表现为体温升高可达 42 ℃，沉郁，厌食，耳、四肢、腹部皮肤有出血点，可视黏膜潮红、发绀。眼、鼻有黏液脓性分泌物；呕吐；便秘，粪便表面有血液和黏液覆盖；或腹泻，粪便带血。共济失调或步态僵直，呼吸困难，病程延长则出现瘫痪、抽搐等其他神经症状。妊娠母猪流产。病死率可达 100%。病程 4～10 d。亚急性临床症状与急性相似。但病情较轻，病死率较低。体温波动无规律，一般高于 40.5 ℃。仔猪病死率较高。病程 5～30 d。慢性表现为波状热，呼吸困难，湿咳。消瘦或发育迟缓，体弱，毛色暗淡。关节肿胀，皮肤溃疡，跛足。死亡率低。病程 2～15 个月。

非洲猪瘟典型的病理变化主要为浆膜表面充血、出血，肾脏、肺脏表面有出血点，心内膜和心外膜有大量出血点，胃、肠道黏膜弥散性出血；胆囊、膀胱出血；肺脏肿大，切面流出泡沫性液体，气管内有血性泡沫样黏液；脾脏肿大，易碎，呈暗红色至黑色，表面有出血点，边缘钝圆，有时出现边缘梗死；颌下淋巴结、腹腔淋巴结肿大，严重出血。最急性型的个体可能不出现明显的病理变化。

当易感动物出现上述临床症状和病理变化，可初步判定为疑似非洲猪瘟病例。

（二）非洲猪瘟的实验室诊断

非洲猪瘟与猪瘟及其他出血性疾病的症状和病变都很相似，因而必须用实验室方法才能鉴别。根据国际、国家和相关的行业标准进行非洲猪瘟实验室诊断。

（1）聚合酶链反应（PCR）检测　此检测方法主要用于检测是否存在病毒核酸的特定序列（DNA）。优点是其检测试剂最敏感且成本相对较低，可以合并样品以降低成本，并最大限度地降低敏感性损失。然而，此方法不能使用血清，需要全血。

（2）血液吸附试验（HAD）　通过将红细胞附着在 ASFV 受感染的猪巨噬细胞的外部（细胞质）膜上来检测病毒的存在。少数现场毒株不会引起血液吸附，阴性结果通常需要通过 PCR 确认。

（3）抗原检测酶联免疫吸附试验（Ag－ELISA）　此方法检测的是抗原的存在。其优点是可用商业套件且相对便宜，然而其灵敏度比 PCR 低得多，不建议合并样本。如果出现阴性结果通常需要通过 PCR 确认。

（4）抗体检测酶联免疫吸附试验（Ab－ELISA）　此方法检测的是抗体。

（5）间接荧光抗体（IFA）　此方法也需要用到全血或特定的组织，样本需要特定的处理，实际应用时可能会比较困难。

需要注意的是，无论哪种实验室检测方法，采集的样品必须附有足够的冷却材料（如冰袋），以防变质。实验室在开展检测工作时，建立更严谨而合理的检测体系是非常重要的，例如设立内部阳性对照有效预防假阴性结果出现。

三、检疫处理

经检疫不合格的动物产品如胴体、肉、精液等动物产品，依法予以收缴销毁。确诊为非洲猪瘟阳性病例的全部发病猪、同群猪，所有直接或间接接触病猪及污染物的猪以及发病猪周围半径 1 km 地区内的猪，全面扑杀，彻底销毁尸体，对涉及的场地、物品彻底消毒。

经检疫合格的动物产品和易感动物建立检疫合格标识和追溯体系，对检疫合格的猪只进行标识，建立身份信息记录，实现对猪只流通的全过程追溯和监管。

四、监测

（一）策略

非洲猪瘟的监测对象主要包括猪和野猪，重点是出现疑似非洲猪瘟症状的死亡猪、发病猪，以及与确诊疫情或监测阳性场点有明确流行病学关联的猪群。除猪和野猪之外，软蜱也是非洲猪瘟的传播媒介，也可以作为监测对象。

采用随机抽样和目标抽样进行非洲猪瘟的监测抽样。随机抽样是在猪场中随机选择一定数量的猪进行采样，这种方法较为简单，适用于猪场规模较大、猪只数量较多的情况。目标抽样是根据猪场的实际情况，选取特定群体或地区的猪进行采样，例如出现临床症状的猪、与阳性场点有流行病学关联的猪等。这种方法更具针对性，适用于猪场规模较小或猪只数量较少的情况。

应使用适合国家或地区感染状况的临床观察、血液检测和分子生物学检测。临床观察为定期对猪群进行观察，注意猪只的健康状况、行为变化等，特别是出现可疑的临床症状时，如发热、食欲不振、皮肤发红、咳嗽、呼吸困难等，应及时采样检测。血液检测为采集猪只的血液样本，通过血清学方法检测非洲猪瘟病毒的抗体，以评估猪只的免疫状态。分子生物学检测：采集猪只的组织样本，如鼻拭子、口腔拭子、淋巴结等，利用分子生物学技术，如聚合酶链式反应（PCR）等，检测非洲猪瘟病毒的核酸，以确诊非洲猪瘟。

一旦发现 ASFV 入侵风险增加，即应审查监测策略。①猪场管理。猪场的管理水平对非洲猪瘟的传播和感染有着重要影响。如果猪场管理不善，可能会导致猪只生病、受伤，从而增加感染非洲猪瘟的风险。②引种风险。引进新的猪种或猪群可能带来非洲猪瘟的风险。如果引进的猪只已经感染了非洲猪瘟病毒，或者引进的猪只没有得到充分的检疫和隔离，可能会将病毒带入猪场。③饲料和水源。如果猪场使用的饲料和水源受到污染，可能会导致非洲猪瘟的传播。例如，饲料和水源被病毒污染，或者饲料和水源中添加了含有病毒的物质。④人员和车辆。人员和车辆在猪场中的流动也可能带来非洲猪瘟的风险。如果人员或车辆没有得到充分的消毒和隔离，可能会将病毒带入猪场。⑤贸易往来。国际贸易和地区之间的贸易往来可能会导致非洲猪瘟的传播。如果进口和出口的猪只和相关产品没有得到充分的检疫和隔离，可能会将病毒带入国内或地区内。

（二）临床监测

由于与 ASFV 感染相关的严重临床症状和病理变化，临床监测是防控 ASF 的最有效工具。然而，由于临床上与其他疾病相似，如猪瘟、猪繁殖与呼吸综合征、猪丹毒、猪圆环病毒 2 型感染，临床监测应酌情辅以血清学和病毒学监测。

临床症状和病理变化有助于早期发现，任何提示 ASF 的临床体征或病变伴有高死亡率的病例，都应立即进行调查。野猪很少有机会进行临床观察，但应该纳入监测计划，应该尽可能监测其病毒和抗体。

（三）病毒学监测

病毒学监测对于目标群体的早期检测、鉴别诊断和系统采样非常重要。应调查临床疑似病例；监测高危群体；随访阳性血清学结果；在不能排除 ASF 的情况下调查死亡率的增加；在实施淘汰政策后确认根除。

分子检测方法可用于大规模筛查病毒的存在。如果针对高危群体，它们提供了早期发现的机会，可以大大减少随后的 ASFV 的传播。通过对流行地区的病毒和以前没有 ASF 的地区暴发的病毒进行分子分析，可以大大增强对 ASFV 传播途径的流行病学理解。因此，ASFV 分离株应送往 WOAH 参考实验室进行进一步鉴定。

（四）血清学监测

血清学监测是一种有效的监测工具。血清学监测旨在检测针对 ASFV 的抗体。ASFV 抗体检测结果呈阳性可能表明正在发生或过去的疫情，因为一些动物可能会康复并在相当长的一段时间内保持血清阳性，可能是一辈子，这可能包括带毒动物。然而，ASF 血清学监测不适合早期检测。

（五）恢复无疫状态监测

根据非洲猪瘟的流行病学、临床症状和病理剖检变化等相关特点开展现场排查，找到感染猪。必要时采集疑似感染猪的病料进行实验室检测，以检测出感染非洲猪瘟阳性的家生猪、野生猪群。对检测为非洲猪瘟感染阳性的猪群采取扑杀、消毒和无害化处理等措施，以消灭病原并切断传播途径。通过有效的监测排查，达到有效防控疫情蔓延，最终消灭非洲猪瘟的目的。

（六）野猪及非洲野猪监测

监测计划的目的是证明野生动物中不存在 ASFV 感染，或如果已知存在，估计感染的地理分布。应确定野猪种群的分布、大小和运动模式；评估猪群中可能存在的 ASFV 感染的相关性；考虑区域内家养和圈养野猪的相互作用程度，确定建立监测区域的可行性。监测方案应包括发现死亡的动物、道路上被杀的动物、表现出异常行为的动物和被猎杀的动物，还应包括针对猎人和农民的宣传活动。

确定目标监测高风险区域的标准包括：有 ASF 历史的地区；有大量野猪或非洲野猪的区域；与受 ASF 影响的国家或地区接壤的边境地区；野猪种群与家养和圈养野猪种群之间的接触区；有自由放养和户外养猪场的地区；狩猎活动频繁的地区；兽医局确定的其他风险区域，如港口、机场、垃圾场、野餐和露营区。

（七）媒介监测

媒介监测旨在确定软蜱的类型和分布。应了解软蜱的存在、分布和类别，并考虑到可能影响分布的气候或栖息地变化。制定抽样计划时应考虑到现有物种的生物学和生态学，特别是这些物种在洞穴和与养猪相关的有利栖息地，还应考虑到猪在该国或该地区的分布和密度。

五、疫苗研发

非洲猪瘟目前没有安全有效的疫苗。尽管有些研究机构已经尝试研发 ASF 疫苗，但至今仍未取得显著成果。ASF 是一种危害严重的跨地区传染病，防控难度和压力巨大，只能依靠扑杀和无害化处理等严格的生物安全措施来消灭和控制该病。因此，良好的生物安全措施是目前预防 ASF 的关键。

非洲猪瘟 mRNA 疫苗是一种新型疫苗，采用 mRNA 技术制备，旨在预防非洲猪瘟病毒的感染。这种疫苗具有不带有病毒成分、没有感染风险、具有较高的免疫原性等优势。目前，国内外的研发机构都在积极推进非洲猪瘟 mRNA 疫苗的研发工作。其中，中国的研究人员已经成功开发出一种基于 mRNA 技术的非洲猪瘟候选疫苗，并在 3 000 头猪身上进行的临床试验中取得了可喜的结果。

然而，非洲猪瘟 mRNA 疫苗的研发和应用仍面临着一些挑战。非洲猪瘟病毒的基因组结构复杂，且容易变异，这给疫苗的研发和保护效果带来了很大的难度。mRNA 疫苗的生产工艺较为复杂，且成本较高，这可能会影响疫苗的普及和应用。

总的来说，非洲猪瘟 mRNA 疫苗是一种具有潜力的新型疫苗，但需要更多的研究和临床试验来验证其安全性和有效性，并确定其在实践中的应用价值。

第五节　尼帕病毒病

尼帕病毒病是由尼帕病毒引起的多种动物和人类呼吸道和神经性疾病的新发传染病。于1998 年至 1999 年首次出现在马来西亚和新加坡家猪身上，并迅速在猪群中蔓延，当时为了控制疫情，马来西亚政府扑杀了一百多万头猪。在马来西亚，人类感染此病多表现为致死性急性脑炎，50％的感染者死亡。2003 年后，孟加拉国和印度陆续零星出现人类病例，但没有明显的相关家畜暴发疫病，这表明可能存在低水平的人传人的情况。2014 年，在菲律宾发生流行病学不同的人感染尼帕病毒疫情暴发，17 人感染、9 人死亡。2013 年 1月，孟加拉国暴发新一轮的尼帕病毒病疫情，发病和死亡人数均为 2015 年以来的最高水平。

尼帕病毒的自然宿主是狐蝠属的果蝠。首批受影响的马来西亚农场中，许多猪舍附近都种有果树，这吸引了储存宿主果蝠，最终增加了猪与含有病毒的蝙蝠排泄物的接触。尼帕病毒能感染伴侣动物如犬和猫，犬自然感染尼帕病毒后会出现类似犬瘟热的综合征，死亡率较高。人通常是通过接触有放大作用的宿主如猪感染，有时也可以通过直接自然宿主感染。在孟加拉国疫病暴发时，尼帕病毒通过翼手目蝙蝠直接传染给人。

一、检疫措施

尼帕病毒病属于我国进境动物检疫一类疫病，2018 年被世界卫生组织列为优先研发和防控的传染病。目前在我国尚无尼帕病毒病发生，因此，应加强严格的入境口岸检疫和防控措施，防止该病传入我国。

具有尼帕病毒病感染高风险的活动物和产品只能从具有检疫能力和检疫设施的口岸进口，严格实施进口检疫查验，进行重点监管，降低疫病传入风险。对于入境口岸人员和货物应严格执行卫生检疫，加强健康申报和医学巡查，对健康申报异常和检疫发现的疑似病例及时妥善处置并开展流行病学调查，掌握病例的发病情况，暴露史和旅行史等信息。做好集装箱进口货物的查验，发现蝙蝠及其叮咬痕迹时，及时开展卫生处理。

二、诊断

（一）现场诊断

尼帕病毒主要侵害中枢神经系统和呼吸系统，引起严重脑炎和呼吸道障碍，出现急性发热，头痛和不同程度的意识障碍等症状。猪感染尼帕病毒后大多数为亚临床感染，少数出现临床症状，主要特征是发烧，伴有呼吸道症状，通常还伴有神经系统症状，表现为呼吸困难，后肢软弱无力，肌肉震颤、麻痹或跛行，严重的可见咯血。妊娠母猪可能出现流产。

受尼帕病毒感染的动物的呼吸系统（气管炎、支气管炎和间质性肺炎）和大脑（脑膜炎）都会出现免疫组织学病变。在小血管、淋巴管和呼吸道上皮细胞中可见含有病毒抗原的合胞体细胞。

（二）实验室诊断

1. 病原鉴定

尼帕病毒可在多种细胞中增殖，如内皮细胞、血管平滑肌细胞、肺实质细胞、肾小球细胞、神经元细胞等，因此适合诊断尼帕病毒感染的组织包括肺、脑、淋巴结、脾和肾，妊娠期以及流产动物的子宫、胎盘和胎儿组织。对于活体动物一般采集拭子（鼻拭子或口-鼻-咽拭子）、尿液和血清。新鲜采集的组织、尿液或鼻腔拭子可先进行病毒分离，然后对感染细胞进行免疫染色、病毒特异性抗体中和试验、分子生物学方法如荧光定量 RT - PCR、常规RT - PCR 或 Sanger 测序法进行病毒鉴定。对于福尔马林固定的组织切片，可用免疫组织化学（IHC）法进行尼帕病毒抗原成分检测。

2. 血清学试验

尼帕病毒病的血清学检测方法主要包括病毒中和试验（VNT）和 ELISA。ELISA 方法一般用于疫病的初筛，病毒中和试验是公认的标准方法和确诊方法，血清学检测方法适用于可能漏检的感染尼帕病毒的猪。由于尼帕病毒和同属副黏病毒亚科的亨得拉病毒关系密切，抗体在一定程度上有交叉中和作用，因此单独进行尼帕病毒或亨得拉病毒的病毒中和试验不能完全鉴定血清抗体的特异性，应同时进行尼帕病毒或亨得拉病毒的病毒中和试验，比较血清中两者中和抗体的效价高低，鉴别两者的中和抗体。此外，已开发可同时检测尼帕病毒和亨得拉病毒抗体的磁珠技术，可同时对两种抗体进行鉴定。

三、监测

尼帕病毒病的监测包括临床监测、病毒学监测和血清学监测，其监测要按照动物卫生一般监测原则外，对于高风险猪场应进行抗体监测，以防止今后暴发疫情。此外，要严密监控野生动物的生态环境和疫情动态，对养殖场周边的蝙蝠进行监测，降低蝙蝠与养猪设施接触的可能性。

四、疫苗研究

目前，还没有针对尼帕病毒病的特异性疫苗。预防尼帕病毒病需要采取综合措施，包括控制传染源、切断传播途径、保护易感群体等。在疾病高发季节，加强动物防疫工作，加强个人防护，避免接触感染。

目前，有一种针对亨得拉病毒的疫苗，已在澳大利亚注册用于马匹。针对尼帕病毒病疫苗的研究正在进行中。一些研究机构和公司正在开展基于病毒样颗粒（VLP）的疫苗研究，这些疫苗可以模拟病毒的结构，激发免疫反应，但不会导致疾病。此外，一些基于 mRNA技术的疫苗也在研发中。需要注意的是，尼帕病毒是一种新出现的病毒，对它的研究还处于早期阶段，因此疫苗研发也需要时间。同时，疫苗的研发和上市也需要经过严格的临床试验和审批程序，以确保其安全性和有效性。

第六节　非洲马瘟

非洲马瘟（AHS）由呼肠孤病毒科环状病毒属的非洲马瘟病毒引起，是一种可感染所有马科动物的非接触病毒性传染病，以呼吸系统和循环系统变化为特征。非洲马瘟主要通过节肢动物传播，至少有两种库蠓属昆虫可传播本病。

非洲马瘟由于是病媒传播模式，因此，在病媒最活跃的季节出现，热带地区在雨季后，温带地区在夏季和秋季。非洲马瘟病毒流行于撒哈拉沙漠以南的非洲热带和亚热带地区。在 20 世纪，该病毒曾多次从非洲盆地向外传播，并在新感染地区引起严重暴发：1943—1944 年在埃及、叙利亚、约旦、黎巴嫩和巴勒斯坦暴发，1959—1960 年在塞浦路斯、土耳其、黎巴嫩、伊朗、伊拉克、叙利亚、约旦、巴勒斯坦、巴基斯坦和印度等地暴发，造成 30 多万只马死亡。1965 年，摩洛哥首次报告了非洲马瘟，随后到达阿尔及利亚和突尼斯，并于 1966 年穿越直布罗陀海峡进入西班牙。1987 年，欧洲暴发了第二次非洲马瘟疫情，波及西班牙、葡萄牙。非洲马瘟导致的高死亡率和为限制非洲马瘟病毒传播而采取的控制措施对国际马匹贸易和受感染国家的马产业造成了重大影响和经济损失。

一、检疫措施

严禁从疫区引进马匹是控制本病的关键，必须引进时，必须实施严格的入境口岸检疫。对于入境马匹，应充分调查、了解所在国家或地区的非洲马瘟流行史，根据议定书、卫生证书，核查入境马匹是否应该进行免疫接种并实施严格检疫和临床检查，同时加强境外交通运输工具和媒介昆虫的消杀处理。严禁马属动物在库蠓活跃时段出厩活动，一旦发现可疑病例，立即将其隔离，同时限制同群马属动物移动，防止疫病传播扩散。

二、诊断

（一）现场诊断

非洲马瘟主要有 4 种临诊类型，即肺型、心型、混合型和发热型。在大多数病例中，亚临床心型会突然出现明显的呼吸困难和其他典型的肺部症状。神经症状也可能会出现，但很少见。非洲马瘟的发病率和死亡率因动物种类、免疫力和疾病形式而异。马匹尤其易感，其中以混合型和肺型为主，死亡率通常为 50%～95%；骡子死亡率约为 50%；欧洲和亚洲驴死亡率为 5%～10%；非洲驴和斑马死亡率极低。感染康复后的动物对感染的血清型产生良好的免疫力，并对其他血清型产生部分免疫力。非洲马瘟也可能导致动物猝死。

非洲马瘟肺型的病理变化主要表现为肺叶间水肿、心包积水、胸腔积液、胸腔淋巴结水肿、心包瘀点状出血、脾脏囊下出血、肾皮质充血、主动脉和气管周围水肿浸润以及各种浆膜和胸膜表面有瘀斑出血；小肠和大肠充血和瘀斑，胃底充血。心型的病理变化主要表现为头部、颈部和肩部的筋膜出现皮下和肌肉黄色胶状水肿，偶尔在胸部、腹部和臀部也会出现水肿；心外膜和心内膜瘀斑，心肌炎，常见心包积水；胃肠道可能出现类似肺型的症状，盲肠、大肠和直肠也可能出现突出的黏膜下水肿。有时可见腹水，肺部通常正常或轻微水肿和充血，胸腔很少有过量积液。

（二）实验室诊断

非洲马瘟的临床症状和病变的特异性较低，可能与其他疾病相混淆，如马脑炎、马传染性贫血、马麻疹病毒性肺炎等，因此需要通过实验室诊断进行确诊。

1. 病原鉴定

可取发热期的动物抗凝全血或尸检采集动物脾、肺和淋巴结进行病毒的分离培养。血液、脾脏及感染细胞培养上清中的非洲马瘟病毒抗原可用 ELISA 检测。感染动物血液及其组织中非洲马瘟病毒核酸的快速鉴定可用普通 RT-PCR 和荧光定量 RT-PCR 方法。

2. 血清学试验

基于可溶性非洲马瘟病毒抗原或重组蛋白 VP7 抗原的间接 ELISA 和竞争阻断 ELISA 可用于检测非洲马瘟病毒的群特异性抗体，特别适用于大规模样本的筛查。其中竞争阻断 ELISA 也可用于野生动物的检测。此外在小量血清检测时可选择免疫印迹试验。补体结合试验应用也较广，但驴和斑马的血清具有抗补体作用。病毒中和试验可检测血清型特异性抗体，和基因测序可用于非洲马瘟病毒血清型鉴定，为疫苗制备选择病毒血清型。

三、监测

非洲马瘟的监测应覆盖本国和地区内所有易感马科动物，应持续进行非洲马瘟病毒主动和被动监测。监测时可实施随机或定向方案，应根据流行病学情况，使用适当的病毒学、血清学和临床诊断方法。对于表现出临床症状的动物如马进行定向临床监测，对于很少出现临床症状的动物如驴，适合开展病毒学和血清学监测。

对于特定地点非洲马瘟感染的监测可采用哨兵动物，通常饲养在固定地点，并接受定期观察和采样，以监测新发的非洲马瘟感染。

非洲马瘟是一种虫媒传染病，由数量有限的库蠓种属传播。虫媒监测旨在证明无虫媒存在，或确认存在于某地的不同库蠓种属及其季节性发生期和大量繁殖期，并根据这些信息来划分高、中、低风险地区，同时掌握当地季节性详细数据。在非洲马瘟病毒潜在流行区开展虫媒监测具有重要意义，长期监测还可用于评估虫媒清除策略的有效性或确认某地一直无虫媒。

四、疫苗使用和管理

目前，用于马、骡和驴免疫的弱毒活疫苗（单价和多价）已实现商品化，亚单位疫苗也已通过试验性评估。多价或单价非洲马瘟弱毒疫苗来源于 Vero 细胞培养上筛选出的遗传稳定的大蚀斑，已用于非洲及非洲以外非洲马瘟病毒的控制。非洲马瘟弱毒疫苗的生产管理要符合兽用疫苗生产指南，弱毒疫苗的种毒需进行生物学特性和质量标准的监测。

根据疫情和当地情况，选择适合的非洲马瘟疫苗。市场上存在多种非洲马瘟疫苗，其针对病毒的不同毒株可能有所不同，应根据具体情况选择适合的疫苗。使用疫苗前，应了解其生产日期、保质期、使用方法等信息，并确保疫苗在有效期内且保存良好。同时，应进行疫苗安全性和有效性的评估，确保疫苗不会给马匹带来不良影响。根据马匹的品种、年龄、健康状况等因素，制订详细的免疫计划。免疫计划应包括接种时间、接种剂量、接种方法等信息，并按照计划进行接种。每次接种后，应做好记录，包括接种时间、接种剂量、接种部位等信息，并保存好记录以备后续参考。

在接种疫苗期间，应加强饲养管理，注意马匹的饮食、运动和休息，确保其身体健康。非洲马瘟的传播媒介是蚊子、蜱和苍蝇等昆虫，因此需要采取防控措施。例如在马圈周围放置昆虫灯和昆虫拍，保持马圈的清洁卫生等。一旦发现疫情，应及时上报给当地动物疫病预防控制机构或相关部门，采取扑杀等措施，进行控制。

第七节　牛传染性胸膜肺炎

牛传染性胸膜肺炎（CBPP）也称牛肺疫，是由丝状支原体丝状亚种 SC 型（MmmSC，SC＝小菌落型）引起的一种牛的接触性传染病，与口蹄疫和牛瘟并称为世界三大历史性牛瘟疫。牛传染性胸膜肺炎于 1693 年首次在德国被发现，19 世纪下半叶，通过牛群贸易，牛传染性胸膜肺炎开始在全球范围内传播。我国于 1919 年在上海首次发现，1931 年在上海暴发，然后逐渐蔓延到全国。20 世纪初，牛传染性胸膜肺炎在许多国家被根除，我国于 1996 年宣布在全国范围内消灭了此病，并在 2011 年获得世界动物卫生组织认可。但在撒哈拉沙漠以南非洲的许多国家，包括非洲西部、南部、东部和中部地区的国家，牛传染性胸膜肺炎仍处于流行状态。

MmmSC 仅感染牛属反刍动物，主要为牛和瘤牛，也可感染牦牛。主要是通过感染动物与易感动物的直接接触传播，目前没有证据证明本病可通过污染物传播，因为 MmmSC 在环境中抵抗力很低，但是康复动物的肺部病灶被结缔组织包裹或钙化，使得病原可在里面存活数月或更长时间，从而促进传播。许多地区控制牛传染性胸膜肺炎的策略都基于早期检出发病动物、控制动物流动和采取扑杀政策。

一、检疫措施

我国于 1996 年宣布已全面消灭此病，目前更需警惕从有该病的国家或地区再次传入。因此，必须加强口岸入境检疫，非必要不从疫区引进牛，坚持自繁自养，必须购入牛时，要执行严格检疫措施。可根据 WOAH 陆生动物卫生法典相关建议，在进口动物和动物产品时，兽医主管部门应要求出口国、地区或生物安全隔离区的牛及其相关产品符合传染性胸膜肺炎相关要求。

二、诊断

（一）现场诊断

牛感染牛传染性胸膜肺炎之后，前期的临床症状不明显，主要表现为体温升高、精神沉郁和食欲不振，但是随着病情的加剧，患病牛的症状逐渐明显，主要有咳嗽和流脓性或黏液性鼻涕、呼吸困难、按压肋骨间，动物会有强烈反应，同时伴有明显的反刍消失，随着病情的进一步恶化，患病牛可能出现死亡。

牛传染性胸膜肺炎的主要病变特征为纤维素性胸膜肺炎和毒血症。在患病的初期阶段，患病牛会出现小叶性肺炎，中期阶段会出现纤维素性肺炎，形成特有的大理石花纹外观，通常局限于单肺。最后，患病牛的肺部会出现大量的坏死灶并有结缔组织包囊包裹，严重影响牛的正常呼吸。

（二）实验室诊断

结合病牛的流行病学特点和临床症状可以做出初步的诊断，如果需要进一步诊断，可以采集样本进行实验室诊断。

1. 病原学鉴定

可采集活体牛鼻拭子、鼻分泌物、支气管肺泡灌洗液、气管冲洗液、胸腔积液以及菌血症期间的血液和尸检的肺部病变组织、胸液、肺部支气管淋巴结及有关节炎动物的关节滑液进行病原检测。病原检测可利用体外培养、生化和免疫学鉴定、分子鉴定和分型。其中分子鉴定 PCR 技术敏感、高度特异、快速易于操作，已成为快速和特异鉴别 MmmSC 的首选方法。利用液体培养基进行 MmmSC 体外培养，2～4 d 可出现均匀混浊，常有易碎的细丝状物，被称为"彗星"，这是 MmmSC 液体培养的典型特征；利用琼脂平板培养，可见直径 1 mm、中心致密的"煎蛋"样典型小菌落。生化鉴定是过去的常规检测方法，免疫学试验主要用来确认生化鉴定结果，但由于生化鉴定可评估的表型特征不多，仅靠生化检验无法准确鉴定支原体的种类，因此生化和免疫学鉴定已被 PCR 方法替代。

2. 血清学试验

因在疾病早期，特异性抗体尚未产生或者动物处于慢性病程，抗体滴度低，因此血清学试验仅用于群体监测，对单个病例可能造成误导。补体结合试验（CFT）是国际贸易指定试验，也是我国一直用来检疫的方法，可用于无疫证明。与 CFT 相比，竞争 ELISA（C - ELISA）具有相同的灵敏度和更高的特异性，但牛肺疫支原体与近缘支原体之间存在血清学交叉反应；免疫印迹试验是一种免疫酶试验，比补体结合试验敏感性高，特异性强，可用于确认可疑的 CFT 和 C - ELISA 结果。

三、监测

（一）一般原则和方法

牛传染性胸膜肺炎的监测体系应由兽医主管部门负责，制定一个快速采集疑似传染性胸膜肺炎样本并交送诊断实验室的程序。监测应包括一个贯穿整个生产、市场交易和加工产业链的早期预警系统，以便报告疑似病例。日常与牲畜接触的农场主、工作人员（如社区的动物卫生工作人员）、肉品检验员包括实验室诊断人员等，应及时报告任何传染性胸膜肺炎的疑似病例，他们应可直接或间接地（如通过私营从业兽医或执业兽医）被纳入监测系统中。应立即对所有传染性胸膜肺炎疑似病例进行调查，对于无法根据流行病学和临床进行诊断的疑似病例，应把其样本送交实验室进行诊断。这需要为监测人员配备采样工具箱和其他设备，监测人员应能获得传染性胸膜肺炎诊断和控制专家团队的帮助。处于与传染性胸膜肺炎感染国相邻的地区，应对高风险动物群频繁进行常规临床检验和血清学检测；在监测时应考虑影响疫病发生风险的其他因素，如动物移动、不同的生产体系、地理条件和经济生态因素等。

（二）定向监测

定向监测时基于某地区或种群内感染概率上升、屠宰场定点检验以及临床动态监测的监测方案，是最适合牛传染性胸膜肺炎的监测方案。定向监测感染的目标群体应涵盖在该国、地区或生物隔离区的所有易感物种（家牛、印度牛、牦牛和亚洲水牛）或其中的一个样本。其取样方案需要考虑到预期的疫病流行率。样本容量应足够大，保证能够检出最低程度的感染。调查结果可信度取决于样本量和预期疫病流行率。预期流行率和置信度的选择是基于监测目标和流行病学背景，并符合动物卫生监测的要求，而且流行率的预期值应当基于当前或历史的流行病学情况。

（三）临床监测

临床监测目的是通过对易感动物进行仔细检查，确定有否传染性胸膜肺炎临床症状。临床监测是传染性胸膜肺炎监测工作的一个重要环节，如果受检易感动物的数量足够多，临床监测则可达到理想的检测置信水平。应结合使用临床检查和实验室检测，以查明经其中一种诊断方法初诊为传染性胸膜肺炎疑似动物的感染状态。实验室检测和尸检可确诊临床疑似病例，而临床监测则有助于核实血清学阳性结果。任何出现疑似病例的采样单元均应视作存在传染性胸膜肺炎感染，除非有确凿的无感染证据。

（四）病理学监测

对传染性胸膜肺炎进行病理学监测是最有效的方法，应在屠宰厂和其他屠宰场所开展。若发现病理学可疑病变，应进行抗原鉴定加以确诊。建议对屠宰人员和检疫员进行该项技能培训。

（五）血清学检查

对于传染性胸膜肺炎而言，血清学检测并非是首选方案，但在流行病学调查中，可应用血清学检查。鉴于现有传染性胸膜肺炎的血清学检验的局限性，检测结果的解释很困难，仅在群体层面上有用。发现阳性结果后，应补加临床、病理学检查和抗原鉴定。应预计到会发生传染性胸膜肺炎血清阳性反应集中出现的可能，并经常伴有临床症状。这种现象可能意味着野毒株感染，应在监测方案中计划对所有情况进行调查。确认某一畜群感染传染性胸膜肺炎后，应对与其有接触的畜群进行血清学检查。有必要反复进行检测，以使畜群分类达到可接受置信水平。

（六）病原体监测

应进行病原体监测，用以证实或排除疑似病例。应进行病原体分离以证实丝状支原体丝状亚种的存在。

四、疫苗使用和管理

自 20 世纪初以来，已推出了很多类型的传染性胸膜肺炎疫苗（如灭活苗、异源苗等），但至今没有真正令人满意的疫苗。目前，常用的疫苗只有用致弱 MmmSC 菌株制备的疫苗，主要是 T1/44 和 T1sr 菌株。选择质量可靠的牛传染性胸膜肺炎疫苗，如国产或进口疫苗，有液体苗和冻干苗，在大规模接种前，应评估牛的品种对疫苗的敏感性。值得注意的是，在插管接种时，疫苗可能会产生牛传染性胸膜肺炎病变；但由于疫苗是肌肉注射的，因此不会产生严重风险。

在牛出生后 6 个月左右进行首免，之后每隔 6 个月进行一次加强免疫。根据疫苗说明书和养殖实际情况，按照规定的剂量进行接种。一般采用肌肉注射的方式进行接种，注射部位可以是股部或肩部。牛传染性胸膜肺炎疫苗应该保存在阴凉、干燥、避光的地方，避免阳光直射和高温。在运输过程中，应该避免剧烈震动和温度过高。在接种过程中，必须详细记录接种时间、剂量、接种部位等信息，并妥善保存这些记录，以备后续参考。定期进行免疫监测，了解疫苗的免疫效果和抗体水平，并根据需要及时进行补种和加强免疫。在疫苗使用和管理过程中，必须采取必要的生物安全措施，如穿戴防护服、勤洗手、消毒等，以防止病原传播和感染。此外，必须对所有接种人员进行定期培训，确保他们了解如何安全、有效地使用和管理疫苗。在接种牛传染性胸膜肺炎疫苗时，要注意避免与其他疫苗同时接种，以免影响免疫效果。同时，也要注意避免给已经患病或处于亚健康状态的牛只接种疫苗。

第八节　牛海绵状脑病

牛海绵状脑病（BSE）俗称疯牛病，是一种进行性、致死性的牛神经系统疾病，由神经组织中一种称为朊病毒的异常蛋白质蓄积引起。该病可分为两种形式：一种是典型疯牛病（由 C 型疯牛病病原体引起），牛只在摄入被朊病毒污染的饲料后发病；另一种是非典型疯牛病（由 H 型和 L 型病原体引起），据说在所有牛群中都会自发发病。典型疯牛病于 1986 年在英国首次发现，并在 1992 年进入暴发高峰期。目前，已在大多数欧洲国家及美洲、亚洲的牛中发现了典型和非典型疯牛病，但由于采取了适当的控制措施，其发病率在全球范围内有所下降。迄今为止，这两种形式的发病率都可以忽略不计，估计每百万头牛中的发病率接近零。

典型疯牛病被认为是人畜共患疾病，因为它被认为与人类变异克雅氏病的出现有关。流行病学研究表明，疯牛病通过与骨源性饲料接触的方式呈地方性流行，多数病例可能直接或间接地由出口病牛或污染肉骨粉引起，然后通过污染饲料而局部扩散，因此作为预防措施，建议采取措施管理饲料链中的接触风险。

一、检疫措施

牛海绵状脑病的检疫在严格执行产地检疫和屠宰检疫时，要注意宰前检疫，一旦发现病牛或者可疑病牛，立即扑杀、销毁，严禁屠宰和销售病牛及其制品；禁止在饲料中添加动物蛋白（肉骨粉等）。

我国尚未发现本病，因此要加强入境口岸检疫，在进口牛及其相关产品时要遵循陆生动物卫生法典相关建议。此外，要加强邮检工作，严禁携带和邮寄牛肉及其产品入境，建立BSE监测系统，对其采取强制性检疫和报告制度。一旦发现可疑病例，立即扑杀、销毁，确诊后，对其接触的牛群全部处理，尸体焚毁或深埋3m以下。

二、诊断

（一）现场诊断

从动物感染疯牛病病原体到出现临床症状之间的时间可从两年到十多年不等，因此成年动物才会出现临床症状。病症多种多样，通常包括行为和情绪异常、高度敏感、失调等。感染牛可表现出不愿进入挤奶间，或在挤奶过程中用力踢蹬，这些一般是可观察到的最初症状。此外，后肢失调无力也可能是初步临诊症状，尤其在干奶期的患牛。最常见的神经症状是恐惧、下肢失调、对声音和触摸过于敏感等。如牛对外界刺激常重复出现惊跳反应，可作为疑似BSE的临诊诊断依据。感染奶牛有时像拉车样低头站立，伸长脖子，弓背或后肢张开，也可见头部震颤。步态异常，如失调或步幅过大，一般仅限于后肢，在牛吃草时易于发现这一症状。随着患牛运动症状日趋严重，主要临诊病症可表现为因全身衰弱而摔倒和卧地不起。随着病情发展，出现体况不佳、体重下降和产奶量减少等一般症状，并常伴随神经症状。

疯牛病的组织病理学变化仅见于脑干和脊髓。主要特征为神经元的空泡变性皱缩、灰质的海绵状疏松、星形胶质细胞增生等。神经元的空泡形成表现为单个或多个空泡出现在胞质内，典型的空泡呈圆形或卵圆形、界限明显，为液化的胞质团块。海绵状疏松是神经基质的空泡化，使基质纤维分解而形成许多小孔。

（二）实验室诊断

目前，没有任何方法可确认活体动物感染了疯牛病。当出现可疑临诊病例时，必须上报，开展诊断调查，按规定扑杀，检查脑组织。

1. 病原鉴定

"病原体"鉴定一般通过可疑临诊症状或通过非疑似畜群的主动监测，宰后检查显示异常型阮病毒蛋白（PrPSc）积累。该"病原体"的性质仍为假说，因此，无法以诊断目的分离病原。然而，PrPSc被普遍接受作为统一的疫病标志，除临诊检查和组织学方法外，当前所有诊断方法都基于该蛋白。免疫组织化学方法（IHC）已成功用于检测PrPSc，不仅能检测PrPSc积累物，还可展示典型的分布模式和外观。蛋白质印迹法可用于检测新鲜组织，即使自溶组织也适用，其检测敏感性和IHC不相上下，都可以作为牛海绵状脑病确诊的首选方法。此外，已建立蛋白质印迹法、测流装置（LFD）和ELISA技术等快速检测方法，可用于筛查大量脑样品，作为初筛方法，当快速检测结果不一致时，必须使用特征性痒病相关纤维（SAF）-免疫印迹或IHC法进行确诊。当尸体腐烂无法进行组织病理学检测时，可采用负染电镜检查新鲜或冷冻的脑或脊髓组织表面活性提取物，检测SAF。

2. 血清学试验

由于动物感染牛海绵状脑病后，潜伏期长、发病缓慢、无免疫应答，因此，血清学试验并不适用。

三、监测

考虑到牛海绵状脑病的诊断局限性，结合牛海绵状脑病在不同牛亚群中的分布和表现，针对牛海绵状脑病的监测关注针对 4 种不同牛亚群的监测。

1. 30 月龄以上表现出行为异常或其他牛海绵状脑病临床症状牛（临床疑似）

患牛对治疗无反应，并表现出渐进性行为变化，如易兴奋、挤奶时不停蹦跶，在畜群中地位的改变，在门口和栅栏门前踌躇不前，并在无感染情况下表现出渐进性神经症状，对具有这些症状的牛应进行检查。这些行为异常不易察觉，只有每天与牛群密切接触的饲养人员才能在日常工作中发现。由于牛海绵状脑病无特异性诊断意义的临床症状，所有养牛国家应监视临床症状符合牛海绵状脑病的动物个体。某些牛海绵状脑病病例可能只表现部分临床症状，且严重程度也有所不同，此类动物也应作为潜在牛海绵状脑病感染牛继续观察。疑似病例的发生率因不同流行病学背景而异，难以准确预测。

本亚群的典型牛海绵状脑病患病率通常最高，需对本亚群动物精准识别、报告和分级。

2. 30 月龄以上表现出无法行动、卧倒或不能起身或在没有帮助的情况下不能行走状态的牛；急宰或宰前检疫不合格的 30 月龄以上的牛（意外死亡/急宰/卧倒牛）

这些牛可能具有某些上述临床症状，但这些症状与牛海绵状脑病不相关。经验表明，该亚群牛海绵状脑病流行率居第二，是牛海绵状脑病监测的二级目标群。

3. 30 月龄以上在养殖场或运输途中或屠宰场死亡或宰杀的牛（死牲畜）

这些牛在死前可能表现出某些上述临床症状，但与牛海绵状脑病不相关。经验表明，该亚群牛海绵状脑病流行率居第三。

4. 常规屠宰的 36 月龄以上的牛

经验表明，该亚群通常被视为牛海绵状脑病监测的最基本目标群体。因此，如果目的是检测牛海绵状脑病，将该亚群作为主要监测目标是不合适的。然而，监测该亚群将有助于跟踪动物流行病的进展情况和控制措施的效果。通过这种监测，可以持续接触这一已知牛群类型、年龄结构和原产地的亚群。对常规屠宰的 36 月龄或以下月龄的牛进行监测的意义不大。

四、防控

牛海绵状脑病（疯牛病）目前无特效药可以治疗，也无疫苗预防。按照预防为主、科学防治、依法防治、净化环境、净化健康的总要求，采取监测排查、加强监管、综合防控等措施，严防疯牛病等外来疫病的传入和发生。

第九节　牛结节性皮肤病

结节性皮肤病（LSD）是由痘病毒科羊痘病毒属的结节性皮肤病病毒引起的牛的一种急性、亚急性或慢性传染病。1929 年首先发现于赞比亚，1943 年蔓延到博茨瓦纳和南非，超过 800 万头牛受到影响，造成重大经济损失，随后迅速传播至非洲南部和东部地区，并在非洲和中东国家流行。2012—2022 年，结节性皮肤病扩散到了欧洲东南部和亚洲。我国于

1987 年在河南发现病例，1989 年正式报道分离出病毒，2019 年 8 月，新疆伊犁等地报道发现牛结节性皮肤病病例。

结节性皮肤病主要通过节肢动物传播，如蚊、蠓等，也可通过污染的饮水、饲料传播，但在没有媒介的情况下，自然接触传播的效率很低。结节性皮肤病为零星散发，主要取决于动物的迁移、免疫状态以及影响传播媒介种群的风雨变化等因素。

一、检疫措施

牛结节性皮肤病的检疫需对动物、病尸、皮张和精液进行严格检疫，一旦发生疫病，应及时隔离患病动物和疑似患病动物，疫区严格封锁，对发病圈舍，可用碱性溶液、漂白粉等消毒，粪便堆积发酵处理。进口活动物及其相关产品时要遵循 WOAH《陆生动物卫生法典》的相关建议。此外，要注意养殖隔离场内节肢动物的监测和消杀，减少本病发生。

二、诊断

（一）现场诊断

结节性皮肤病临床上以发热、皮肤结节性痘疹、浅表淋巴管炎和淋巴结炎为特征，但是由于病毒毒株、宿主年龄和品种、免疫状态等不同，临床症状的严重程度差别较大。

在急性感染的动物中，最初会出现发热，温度可能超过 41 ℃，并持续 1 周。所有浅表淋巴结都会肿大。泌乳牛的产奶量明显下降。接种病毒后 7～19 d，全身出现病变，尤其是头部、颈部、乳房、阴囊、外阴和会阴部。特征性的体表病变是多发性、周界清楚到凝聚、直径 0.5～5 cm、坚实、平顶的丘疹和结节。结节出现时，眼睛和鼻子会流出黏液脓性分泌物，可能发展为角膜炎。结节还可能出现在口腔和消化道黏膜，特别是肛门，以及气管和肺部，从而导致原发性和继发性肺炎。眼、鼻、口腔、直肠、乳房和生殖器黏膜上的结节很快会溃烂，此时所有分泌物、眼鼻分泌物和唾液中都含有结节性皮肤病病毒。四肢可能出现水肿，动物不愿走动。怀孕母牛可能会流产，并有宫内传播的报道。公牛可能永久性或暂时性不育，病毒可长期排泄在精液中。严重感染后的病牛恢复缓慢，身体虚弱，可能伴有肺炎和乳房炎，坏死性结节易受苍蝇叮咬，脱落后在皮肤上留下深洞。

急性组织学病变为表皮空泡变、胞浆内包涵体和真皮血管炎。内皮细胞、成纤维细胞、巨噬细胞、周细胞和角质细胞的胞浆内可能出现大量嗜酸性包涵体，均质或偶尔呈颗粒状。真皮病变为伴有纤维素性坏死的血管炎、水肿、血栓形成、淋巴管炎、真皮和表皮分离及混合性炎症浸润。慢性病变的特点是组织梗死，内核坏死，边缘常有肉芽组织，逐渐被成熟的纤维化所取代。切开结节，呈乳灰色至白色，可能会出现锥形的中心核或坏死物/坏死栓。

（二）实验室诊断

结节性皮肤病早期阶段的临床症状与牛疱疹病毒 2 型引起的假性结节性皮肤病类似。其最终确诊需通过实验室检测。

1. 病原鉴定

可采集皮肤结节中的样本进行病毒分离和抗原检测。结节性皮肤病病毒可在牛、绵羊或山羊组织中培养，引起特征性细胞病变和胞浆内包涵体，抗原检测可采用免疫过氧化物酶或免疫荧光染色法。实验室确认结节性皮肤病最快的方法是使用针对羊痘病毒的荧光定量或普通 PCR，结合牛的泛发性结节性皮肤病和浅表淋巴结肿大的病史进行确诊，此外该方法还可用于检测 EDTA 抗凝血、精液或组织培养物中的羊痘病毒基因组。环介导等温扩增技术提供了与荧光定量 PCR 技术相似的敏感性和特异性。

2. 血清学试验

羊痘病毒属所有病毒诱导的中和抗体有一个共同的主要抗原，因此，血清学技术无法区分是来自牛、绵羊或山羊的羊痘病毒毒株。目前广泛使用的是病毒中和试验和 ELISA。琼脂凝胶免疫扩散试验和间接荧光抗体试验可与其他痘病毒抗体发生交叉反应，因此，特异性不如病毒中和试验。蛋白印迹法敏感性和特异性较高，但操作困难且费用昂贵。

三、监测

牛结节性皮肤病的监测体系应在没有临床症状的情况下，也能检测出结节性皮肤病感染。主要包括临床监测、病毒学和血清学监测以及高风险地区监测。

（一）临床监测

临床监测对于发现结节性皮肤病感染病例至关重要，需对易感动物进行体检。如果以适当的频率定期检查足够数量的临床易感动物，并记录和量化调查，则基于临床检查的监测可提供高水平的疫病检测置信度。临床检查和实验室检查应预先计划并使用适当类型的样本，以确定疑似病例的情况。

（二）病毒学和血清学监测

对易感种群进行主动监测以发现感染结节性皮肤病的证据，这有助于确定一个国家或地区的疫病状态。牛和水牛的血清学和分子检测可用于检测自然感染动物中是否存在结节性皮肤病病毒感染。用于血清学调查的研究群体应代表该国或该地区的风险群体，并应限于未接种疫苗的易感动物。对接种疫苗的动物进行鉴别检测，可最大限度地减少对血清学监测的干扰，有助于恢复无疫状态。

（三）高风险地区监测

根据地理、气候、感染史和其他相关因素，监测应在距离结节性皮肤病流行国家或地区边界至少 20 km 的地方进行，如有可能阻断结节性皮肤病传播的相关生态或地理特征，则可接受较短的距离。无结节性皮肤病国家或地区可通过在邻近感染国家或地区设立保护区而得到保护。

四、疫苗使用和管理

目前所有已检测到的羊痘病毒株，无论来自牛、绵羊还是山羊，都有相似抗原性。减毒牛源株、绵羊和山羊源株已被用作预防结节性皮肤病病毒的活疫苗，但因安全问题，在无本病的地区不推荐接种弱毒苗。近年来，应用本病毒的鸡胚化弱毒苗也具有良好的免疫效果。新生牛犊通过初乳可获得 6 个月的保护力。

接种疫苗时，应选择适合的疫苗，并遵循疫苗接种说明和操作流程。在接种过程中，应做好记录，包括接种时间、剂量、接种部位等信息，并保存好记录以备后续参考。同时，应加强饲养管理和生物安全措施，减少疾病的发生和传播。

接种牛结节性皮肤病疫苗后，应进行免疫监测，了解疫苗的免疫效果和抗体水平，及时进行补种和加强免疫。如果出现不良反应，应立即采取相应的治疗措施。

第十节　痒　　病

痒病（scrapie）是绵羊和山羊自然发生的一种慢性、神经退行性、致死性传染病，根据不同的病理实体，分为典型痒病和非典型痒病。典型痒病是由一种特殊的具有致病能力的糖蛋白即阮病毒（PrP）引起，最早于 1732 年在英格兰被发现，随后传入到欧洲许多国家以及北美洲和世界各地，1936 年得到确认。近年来，一些欧洲国家如罗马尼亚、芬兰等还不时有痒病病例的报道。我国 1983 年从苏格兰引进的边区莱斯特羊群中发现疑似病例，根据病羊临床症状和脑组织组织病理学检查确诊为本病。而澳大利亚和新西兰由于采取严格的进口措施和其他措施，尚未发生本病。典型痒病的 PrP 基因的多态性与其易感性有关，抗性育种已成为控制绵羊典型痒病的有效工具。非典型痒病于 1998 年首次发生在挪威，随后在欧洲和北美洲也有报道。非典型痒病的一些临床和病理特征与典型痒病相似，但认为不会在野外传播，其流行病学与偶发的非传染性疾病一致。在对典型痒病监测时偶尔会发现非典型痒病病例。据报道，在被认为能抵抗典型痒病基因型的绵羊和山羊中，已鉴定出非典型痒病。

痒病可在分娩至断奶期间通过母羊传染给羔羊，也可水平传播给不相关的绵羊或山羊，特别是在分娩区域。胎膜是一种传染源，临床患病动物的乳液也会传播该病，以前放牧或居住过感染绵羊的牧场或建筑物也具有传染风险，传染性物质可在牧场和建筑物中存留数年。痒病病原具有极强的化学和物理抗性，且在实验室条件下可通过注射感染大多数哺乳动物，所以需谨慎处理该病原，以防人类感染。

一、检疫措施

一般的防控措施对于痒病无效，因此，要加强检疫措施，防止该病的传播与流行。在从国外输入羊及其相关产品时，可参考《陆生动物卫生法典》相关的建议。对没有发生过本病的国家和地区，在输入感染动物后，要全部淘汰并销毁（焚化或深埋）。若有的动物已分至另一些动物中，应将这些羊群封锁隔离观察，观察期间发现患病动物，可做同样处理。然后对养殖场和相关运输工具，饲料全面进行消毒处理。

二、诊断

（一）现场诊断

痒病可通过临诊症状辨认，虽临诊症状不定，但起初一般表现为不明显的行为异常，后发展成明显的神经症状，如频繁表现出搔痒、共济失调或步态失控。无论是搔痒还是共济失调，都通常出现于整个临诊过程，并且是主要症状。搔痒主要表现为倚靠某固定物使劲摩擦，啃咬皮肤，用后肢或角搔抓，造成大面积羊毛脱落，尤其在胸侧、肋侧、臀部和尾部。持续搔痒通常会导致自身造成的局部皮肤损伤，可能发生在羊毛脱落处及后部、脸部、耳部和四肢。抓摸羊的背部会激起其特征性啃咬反射，另外，羊自身的摩擦运动也可激起啃咬反射，但有些患病绵羊或山羊可能不出现明显的瘙痒症状。共济失调或步态失控可通过转圈时动作笨拙表现出来，症状有后肢站立困难、臀部摇摆，前肢高踏或小跑，有时会发生蹒跚或倒地现象，但病羊通常很快会恢复站立状态。如这些症状发展下去，病羊就表现出虚弱，最后卧地不起。

该病在发病动物的内脏器官中通常没有肉眼可见的病理变化，仅在脑干和脊髓中可观察到组织学病理变化。其特征性的病理变化包括神经元的空泡变性、皱缩，灰质的海绵状疏松以及星形胶质细胞的增生等。神经元的空泡形成表现为单个或多个空泡出现在胞质内，典型的空泡呈圆形或卵圆形，界限明显，为液化的胞质团块。海绵状疏松是神经基质的空泡化，使基质纤维分解而形成许多小孔。

（二）实验室诊断

痒病的临诊症状常表现为明显的行为变化和神经症状，包括明显的无秩序、离开羊群、眼凝视、瘙痒、共济失调或步态失控。但是这些临诊症状均非本病特有，临诊疑似病例应进一步实验室诊断确定。

1. 病原鉴定

在大多数情况下，延髓切片的组织学检查足以确认临诊疑似典型痒病的诊断。但是诊断自然痒病的主要手段还是致病型 PrP 在特定靶区聚集的检测，可用免疫组织化学（IHC）和免疫印迹对疑似病例进行确诊。此外，已开发多种检测小反刍动物脑组织的快速免疫诊断试验并已商品化，但需要鲜脑闩部延髓或仅脑闩尾端。在绵羊和山羊的痒病病例诊断确诊时，要注意与 BSE 病例的区别，因为牛海绵状脑病（BSE）具有人畜共患病的性质，而小反刍动物过去有可能通过受污染的饲料接触到该病，因此在小反刍动物中区分传统痒病和牛海绵状脑病（BSE）的能力尤为重要。自然绵羊痒病的 PrP 构象与 BSE 感染绵羊出现的疫病不同。这些构象的不同可通过适用特异表位抗体建立的免疫印迹或 IHC 试验来检测。可首先进行免疫印迹试验加以区分，然后开展同行评议及进一步通过生化和 IHC 试验，最后如有必要，进行标准野生型小鼠的接种传播试验。

2. 血清学试验

痒病不能引起宿主任何特异性免疫应答，因此，不能建立检测特异性抗体的诊断方法。

三、监测

针对痒病的监测主要是针对绵羊和山羊痒病病原的监测，不涉及非典型痒病，因为其在临床、病理、生化及流行病学等方面与"传统"痒病无关，且可能无传染性，实际上可能是大龄羊自发的退行性病变。

针对典型痒病应建立完善的监测监视体系，主要包括按照国际及国家相关标准和规定实施官方兽医监测、报告及监管；对全国所有绵羊和山羊养殖场实施规范管理，实时掌握最新疫病信息；必须通报所有出现疑似痒病临床症状的绵羊和山羊，并开展临床调查；出现疑似痒病临床症状的 18 个月龄及以上的绵羊和山羊应采集合适的病料进行实验室监测；保留调查的全部相关资料至少 7 年；针对兽医、养殖户、从事绵羊和山羊运输、销售、屠宰的人员，持续进行提高认识宣传教育，鼓励他们报告所有出现疑似痒病临床症状的动物。

四、防控

痒病是一种由阮病毒引起的疾病，主要症状包括皮肤瘙痒、运动共济失调等。这种疾病主要发生在成年羊身上，其病程较长，通常几个星期或几个月。在病羊的体温正常且没有厌食行为的情况下，养羊户有时难以发觉病情，但病羊会越来越瘦，最后走向死亡。

目前还没有针对阮病毒痒病的特异性疫苗，因此，预防该病需要采取综合措施，包括控制传染源、切断传播途径、保护易感羊群等。加强饲养管理和生物安全措施，减少疾病的发生和传播。

第十一节 蓝舌病

蓝舌病是一种由蓝舌病病毒（BTV）引起反刍动物（如绵羊、山羊等）的严重传染病。其主要特征是口腔、鼻腔和胃肠道黏膜发生溃疡性炎症变化。蓝舌病在国外的情况比较复杂。这种病在非洲一些国家流行，美国的一些南方州也存在地方性流行。在葡萄牙和其他一些国家，也报告过蓝舌病的发生。蓝舌病在我国主要流行于新疆、内蒙古、青海、甘肃、宁夏等省份的部分地区。在华南地区，蓝舌病的流行率较高，如广东、广西、云南等地，而在东北地区则较低。另外，不同品种的羊对蓝舌病的易感性有所不同。绵羊较山羊更易感，且发病率和死亡率都较高。此外，该病在一年四季中均可发生，但以夏秋季更为常见。

蓝舌病的防控需要采取综合措施，在蓝舌病流行季节前，可以选用二价苗和多价苗接种，预防蓝舌病发生。保持羊舍的清洁和干燥，定期清除粪便和垃圾，保持羊的身体卫生，同时要注意饲料的质量和卫生。严禁从有蓝舌病的国家和地区引进牛、羊等易感动物，防止病毒的传播。按照国家的动物防疫法规定，对患病动物和带毒动物进行强制扑灭和扑杀，并进行无害化处理，以防止病毒的传播。对羊群进行定期监测，发现可疑病例及时进行诊断和治疗，防止病毒的传播。

一、检疫措施

蓝舌病是一种严重的动物疾病，对人和动物都有较大的危害。为了预防蓝舌病，可以采取以下措施：①加强海关检疫和边境监测。严禁从有蓝舌病的国家或地区引进牛羊或冻精。对于内蒙古、新疆和西藏等地区，要加强监测，避免在媒介昆虫活跃的时间内放牧，加强防虫、杀虫措施，防止媒介昆虫对易感动物的侵袭，并避免畜群在低湿地区放牧和留宿。②严格运输监管。不到高风险地区引种，加强运输检疫排查。③发生本病的地区，应扑杀病畜清除疫源，消灭昆虫媒介，必要时进行预防免疫。

二、诊断

(一) 现场诊断

蓝舌病具有一定的传染性，所以当发现疑似蓝舌病症状时，应采取以下步骤进行现场诊断：①观察是否出现蓝舌病特有的症状，如发热、厌食、抑郁或乳汁减少等。②检查动物口腔、鼻腔和眼结膜是否有充血、出血或水肿等症状。③检查动物是否出现鼻和眼分泌物增多，以及出现黏稠样的粪便。④检查动物舌头和口腔黏膜是否出现溃疡和糜烂等症状。⑤检查动物是否出现蹄部肿胀、溃疡或坏死等症状。如果发现以上症状中的一种或多种，可以初步怀疑是蓝舌病，需要进行进一步的实验室检测以确诊。同时，还要注意与其他类似疾病进行鉴别诊断等。

(二) 实验室诊断

1. 病原体检测

BTV 是呼肠孤病毒科环状病毒属的典型成员，有 27 种公认的 BTV 血清型，以及一些最近分离但尚未分类的独特非典型毒株。病毒血清型鉴定传统上需要在胚蛋、库蚊属细胞或其他组织培养物中分离和扩增病毒，并随后应用血清群和血清型特异性检测，包括病毒中和试验。逆转录聚合酶链式反应（RT-PCR）检测已经允许在临床样本中快速扩增 BTV cDNA，实时 RT-PCR 经过充分验证，现在已经成为常规，可以进行更快速、更灵敏的诊断检测。RT-PCR 扩增结合测序或全基因组测序，现在可以在基因组水平上提供相对快速、明确的鉴定。RT-PCR 增强了经典的病毒学技术，可以提供有关病毒血清群、血清型和拓扑型的信息。

2. 血清学检测

BTV 感染后 7~14 d 出现血清学反应。受感染的动物产生中和和非中和的抗 BTV 抗体，这些抗体通常是持久的。酶联免疫吸附试验（ELISA）和病毒中和（VN）是最常用的血清学检测方法。基于单克隆抗体的竞争性 ELISA 专门检测抗 BTV（血清群特异性）抗体，是推荐用于证明动物在运输前没有感染的检测方法；与琼脂凝胶免疫扩散法相比，该 ELISA 试验灵敏度高，特异性强，而且快速、廉价、可靠。然而，ELISA 对某些血清型的敏感性可能降低。识别和量化 BTV 血清型特异性抗体的程序更为复杂，通常基于细胞培养和活病毒依赖性中和试验。

三、监测

监测工作应由兽医管理部门负责实施，并需根据当地实际情况对监测策略进行相应调整。同时，应及时开展随访和调查，并实时更新监测预警系统。在确定监测范围时，应考虑到将监测范围设定的距离不超过 100 km。此外，针对可能存在的隐性感染和接种疫苗的动物，也应进行相应的检测。为了提高检测结果的可靠性，用于检测的样本量应当足够大，同时检测的置信水平也需保持在合理范围内。另外，所使用的诊断测试方法应具有较高的敏感性和特异性，以确保准确诊断。

临床监测可以发现群体中蓝舌病临床症状。羊感染后的临床症状可能包括水肿、黏膜充血、蹄炎和发绀。对于可疑的病例，应通过实验室检测以确诊。血清学检测是蓝舌病流行病学调查的有效手段。自然感染、接种疫苗、母源抗体和非特异性反应都能产生血清学阳性结果。在血清学采样中，应采取随机和有目标的策略。应加强对无疫区边界的动物的血清学监测工作，并针对出现的血清学阳性结果进行追踪，从感染动物中分离病毒，并进行基因分析。

在感染区域周围，可以利用未感染的牛作为哨兵动物，定期采集样本进行血清学和病毒学检测。在制定方案时，应考虑动物的分布情况和杀虫剂的使用情况。同时，需要了解并考虑到当地媒介库蚊的生物学和行为特征，在哨兵动物所在的相同地点设立病媒监测点，使用微流控光阱或类似的光阱，用于收集与病媒种类、季节性和丰富度有关的信息。

四、疫苗使用和管理

蓝舌病是一种严重的动物疾病，对人和动物都有较大的危害。为了预防蓝舌病，可以使用疫苗。每年应注射鸡胚化弱毒疫苗或牛肾脏细胞致弱的组织苗，半岁以上的羊按说明用量皮下注射，10 d 后产生免疫力，免疫期 1 年。生产母羊应在配种前或怀孕后 3 个月内接种疫苗。羔羊 6 月龄后注射。同时应加强饲养管理，搞好环境卫生。

第十二节　小反刍兽疫

小反刍兽疫（PPR）是一种高度接触传染性疾病，主要感染山羊、绵羊、野生小反刍兽等动物。小反刍兽疫首次发现于西非的科特迪瓦，主要分布在撒哈拉沙漠以南及赤道以北的非洲国家。近年来，几乎遍及所有西亚、南亚国家，我国周边国家和地区均呈地方性流行。在我国，2007 年和 2013 年底分别在西藏和新疆发现该病。

为了有效防控小反刍兽疫的传播和发生，应加强日常饲养管理和消毒工作。养殖户应建立健全防疫制度，注意保持圈舍的清洁卫生，定期进行消毒处理。同时，对饲料、饮水和用具进行严格消毒，确保养殖环境的卫生安全。发现小反刍兽疫可疑病例时，应立即进行隔离，限制其移动，并立即向当地兽医主管部门或动物疫病预防控制机构报告。对病死动物及其产品进行无害化处理，以彻底消除疫源地。养殖户应严禁羊、牛等反刍动物出入，对来访人员进行严格消毒。同时，对出入车辆进行彻底消毒，确保防疫工作的严密性。应按照当地畜牧兽医部门的建议，及时对羊群进行免疫接种，提高羊群的免疫力。应积极配合当地动物疫病预防控制机构开展疫情监测工作，及时发现和控制疫情。如出现疫情，应迅速采取隔离、消毒等紧急处理措施，防止疫情扩散。

一、检疫措施

1. 加强口岸动物疫情防控

在小反刍兽疫非流行国家，加强口岸动物疫情防控，对进境动物实施严格检疫监管，对疑似患病动物及其产品按规定进行处理。

2. 实施动物疫病区域化管理

在无疫区开展小反刍兽疫监测和流行病学调查，逐步推进动物疫病区域化管理进程。

3. 做好动物防疫基础工作

加强动物防疫基础设施建设，健全动物防疫体系，提高动物防疫水平。

4. 强化动物疫情监测和预警

加强小反刍兽疫监测和预警，对疫情进行全面、及时、准确的监测和预警。

5. 强化动物疫病追溯管理

建立健全动物疫病追溯管理体系，完善动物标识和档案管理，确保动物疫病可追溯。

6. 加强国际合作与交流

积极参与世界动物卫生组织等国际组织开展的小反刍兽疫防控工作，加强与周边国家和地区的合作与交流，共同推进小反刍兽疫防控工作。

二、诊断

（一）现场诊断

小反刍兽疫的现场诊断主要依据临床典型的特征和病理变化来进行。发病急、高热、口鼻分泌物增多、口腔糜烂、腹泻等是该病的临床诊断特点。

在急性型病例中，病羊突然发热，高烧达 40.5～41.5 ℃，精神颓废、食欲废绝、鼻镜干燥、眼结膜潮红充血、呼吸困难、咳嗽，口眼鼻分泌物由浆、液性转为黏性脓液性大量流出，继而在口鼻周围形成结痂，口腔黏膜溃疡、糜烂坏死，恶臭腹泻严重，甚至发生血性腹泻，病羊极度脱水，终因衰竭而亡。

在温和型病例中，与感冒症状类似，部分病羊出现短暂性发烧，大量黏液性或脓性分泌物从眼鼻流出，偶有腹泻发生。发病严重的病例，在咽喉和硬腭等部位也会出现肉眼可见的病变。在上呼吸道黏膜可见大量出血点，还常见有支气管肺炎等病变。其皱胃病变较为明显，表现为糜烂，创面为红色，有出血斑点；而瘤、网、瓣胃通常不出现病变。肠道可见出血性肠炎或者坏死性肠炎病变。盲肠和结肠部位有特征性的条状充血和出血，外观如斑马状条纹，尤其是在结肠和直肠交界处。此外可见淋巴结肿大，特别是肠系膜淋巴结；脾脏肿大和坏死等。

需要注意的是，这些现场诊断依据仅供参考。PPR 必须通过实验室方法进行确认，因为蓝舌病、口蹄疫和其他侵蚀性或水疱性疾病，以及传染性山羊胸膜肺炎，都可能导致临床上类似的疾病。

（二）实验室诊断

1. 病原体的检测

在正确的时间采集标本对于通过病毒分离进行诊断很重要，应该在疾病的急性期，当临床症状明显时采集。推荐的活体动物样品是结膜分泌物、鼻腔分泌物、口腔和直肠黏膜的拭子，以及经过抗凝剂处理的血液。

实验室诊断是通过免疫捕获酶联免疫吸附试验（ELISA）或实时 RT－PCR 进行的。也可以使用反向免疫电泳和琼脂凝胶免疫扩散。胶体金测试可供现场使用。

2. 血清学检测

常规使用的血清学检测是病毒中和试验和竞争性 ELISA。

三、监测

小反刍兽疫监测是防治小反刍兽疫的重要环节，必须全面覆盖、科学严谨、及时准确、规范操作。要进一步掌握小反刍兽疫病毒的分布范围和羊群免疫状况，科学评估疫情风险，规范开展监测与流行病学调查工作，推进小反刍兽疫消灭计划。

所有的山羊、绵羊、野羊等易感动物都应该被纳入监测范围。所有的省份和地区都应该开展小反刍兽疫监测工作，及时发现和掌握疫情的传播和流行趋势。应该全年持续开展，定期进行免疫抗体集中监测和流行病学调查。接到疑似疫情报告后，及时采样送检，规范处置，按规定报告。对监测结果要进行科学分析，评估疫情风险，为制定防治措施提供依据。应该遵守相关动物防疫规定，确保人员和环境的安全。

（一）临床监测

通过观察和记录动物的临床表现和症状，结合实验室检测结果，判断动物是否感染小反刍兽疫病毒。密切观察动物的精神状态、食欲、体温、呼吸、排泄等方面的变化，以及口腔、眼、鼻有黏性分泌物等症状，及时发现和记录异常情况。采集动物血清、口鼻咽部分泌物、粪尿等样品进行实验室检测，检测方法包括病毒分离、抗原检测、核酸检测等，以确诊小反刍兽疫病毒的存在。

对所有的易感动物群进行临床监测，监测时间根据实际情况而定，一般每周进行一次采样检测。在进行临床监测时，要遵守相关动物防疫规定，避免交叉感染和疫情扩散。同时，要提高检测的准确性和灵敏度，避免假阴性或假阳性结果的出现。

临床监测和流行病学调查是所有监测系统的基石，应得到病毒学和血清学监测等额外战略的支持。应考虑进行临床检查所涉及的劳动力需求和后勤困难。PPRV 分离株可送往 WOAH 参考实验室进行进一步鉴定。

（二）病毒学监测

通过对动物和环境进行采样和检测，发现和追踪小反刍兽疫病毒的存在和传播，是防治小反刍兽疫的重要手段之一。采集疑似动物的鼻和眼分泌物、血液、组织器官等样品，以及环境样品如水源、饲料、排泄物等，进行病毒分离和检测。在实验室进行病毒分离、鉴定和基因检测，以确诊小反刍兽疫病毒的存在。病毒分离可采用细胞培养或动物接种等方式，鉴定可通过病毒的抗原性检测、核酸序列分析等手段，基因检测可采用 PCR 等分子生物学技术。记录病毒学监测数据，对数据进行分析，评估疫情的传播风险和病毒的变异情况，为制定防治措施提供依据。

小反刍兽疫病毒学监测应覆盖所有可能存在疫情的区域，并贯穿整个疫情期。监测时间间隔可根据实际情况确定，一般每周进行一次采样检测。在进行样品采集和实验室检测时，要遵守相关生物安全规定，确保人员和环境的安全。同时，要提高检测的准确性和灵敏度，避免假阴性或假阳性结果的出现。

（三）血清学监测

小反刍兽疫抗体水平监测是重要的监测手段，可以评估动物免疫状态和发现潜在的病毒感染风险。根据监测计划，按照规定的数量和采集标准采集动物血清样品。采集过程中要保持样品无菌，避免交叉污染。采集的血清样品需要进行分离、除菌、除病毒等处理，以备后续检测使用。

可以采用酶联免疫吸附试验（ELISA）或病毒中和试验（VN）等方法进行血清学检测。ELISA方法具有灵敏度高、操作简便、可用于大量样品筛选等优点，但也可能出现假阳性结果。而VN方法较为准确，但操作烦琐，需要大量时间。

根据血清学监测结果，对抗体合格率、抗体水平等进行科学分析，评估免疫状态和发现潜在的病毒感染风险。同时，要结合当地实际情况和监测数据，进行流行病学分析。将监测数据及时汇总整理，进行数据分析和结果评估，及时发现抗体水平下降的地区和免疫空白区域，采取补救措施。

（四）野生动物监测

接到野生动物PPR疑似疫情报告后，当地动物疫病预防控制机构应及时采样送检，规范处置，按规定报告。野羊样品应联合林草部门共同采集。

四、疫苗使用和管理

有效的减毒活PPR病毒疫苗广泛可用。自从全球根除牛瘟以来，禁止使用牛瘟疫苗来预防PPR。根据瓶子上粘贴的标签，使用灭菌处理的生理盐水将小反刍兽疫活疫苗稀释为每毫升含1头份，然后给羊颈部皮下注射1 mL，免疫可以持续期36个月。单独接种小反刍兽疫疫苗，不要和其他疫苗联合使用，和其他疫苗使用的时间间隔要在10 d以上。如果要给怀孕母羊进行接种，一定要做好保定工作，避免因保定不当而出现流产。疫苗在稀释过后，一定要在3 h内使用完毕，同时要避免阳光直射。如果温度过高，可以使用冷水浴进行保存，接种疫苗前后10 d之内不能给羊使用抗生素以及磺胺类药物。用过的疫苗瓶、剩余的疫苗以及接种用的注射器必须进行消毒处理。

第十三节　绵羊痘和山羊痘

绵羊痘和山羊痘是一种由羊痘病毒引起的急性、热性、接触性传染病，也被称为羊天花或羊痘。病羊呈亚急性临床表现，常见症状包括皮肤出现红色斑块、丘疹、水疱、脓疱、肺部病变和死亡。在赤道以北的非洲和亚洲流行，而欧洲的一些地区最近暴发了疫情。2010—2015年期间报告该疾病暴发的国家包括保加利亚、以色列、哈萨克斯坦、吉尔吉斯斯坦、蒙古国、摩洛哥、希腊、以色列和俄罗斯等。我国各地都有发生，且全年任何季节都能够发生，但冬末春初季节发病率较高。

羊痘是一种常见的传染病，对于养羊业来说是一个较大的威胁。养羊者需要重视羊痘的预防和控制工作，避免接触患羊痘的绵羊和山羊。对于2~3周的羔羊，可以接种羊痘活病毒疫苗来预防羊痘的发生。平时做好羊群饲养管理工作，注意保持圈舍的干燥和清洁，定期打扫羊圈和消毒场地、用具。如果发现有羊出现可疑症状，应立即进行隔离，并对整个羊圈进行消毒，以防止病毒的传播。未发病的羊只或邻近已受威胁的羊群可用疫苗紧急接种，患病羊群实施严格封锁、隔离。

一、检疫措施

针对羊痘流行特点，制定并执行严格的检疫制度。对羊群进行定期的检疫，特别是对进口羊只的检疫。对病羊和疑似病羊进行隔离，并对病死羊进行无害化处理。平时应做好圈舍的消毒工作，定期免疫是预防本病的有效措施。对于病死羊待过的地方，应用3%氢氧化钠溶液进行喷洒消毒，每天2次，连续3周。

二、诊断

（一）现场诊断

1. 检查病羊的体温和皮肤变化

病羊的体温通常会升高至40℃以上，并在2~5 d后在皮肤上出现明显的局灶性充血斑点。这些斑点会逐渐扩大，并伴随着红色丘疹、结节和水泡等症状的出现。

2. 检查病羊的全身情况

病羊可能会出现全身症状，包括呼吸系统症状（如呼吸困难、流鼻液等）和消化系统症状（如厌食、顽固性拉稀等）。

3. 观察病羊的行为表现

病羊可能会出现运动障碍或瘫痪等症状，这通常是由于病毒侵害了病羊的神经系统所致。

4. 了解羊群的饲养管理和疫苗接种情况

羊痘的流行病学特征需要考虑羊群的饲养管理、疫苗接种情况以及与其他羊群的接触情况等因素。

（二）实验室诊断

1. 病原学鉴定

使用聚合酶链式反应（PCR）方法，结合广泛感染的临床病史，实验室可以最快速确诊。病毒可以在绵羊、山羊或牛来源的组织培养物上生长，可能需要长达14 d的生长或需要一个或多个额外的组织培养传代。能引起细胞质内包涵体，苏木精和伊红染色可以清楚地看到。还可以使用特异性血清和免疫过氧化物酶或免疫荧光技术在组织培养中检测抗原。活检或死后病变材料的石蜡切片染色可以看到抗原和包涵体。酶联免疫吸附测定（ELISA）可以检测抗原，该法使用针对病毒的重组免疫抗原产生的多克隆血清。

2. 血清学试验

病毒中和测试是最具特异性的血清学测试。由于与其他痘病毒的抗体发生交叉反应，间接免疫荧光测试的特异性较低。使用病毒的 P32 抗原与测试血清之间的反应的蛋白质印迹是敏感和特异的，在 ELISA 中使用这种抗原或由合适的载体表达的其他合适的抗原，提供了未来可接受和标准化血清学测试的前景。

三、疫苗使用和管理

羊痘免疫接种是预防羊痘的重要措施之一。活疫苗和灭活疫苗已用于预防接种，根据羊痘的流行病学特征和免疫学原理，可以采取不同的免疫接种方案。目前市售的羊痘疫苗有弱毒苗和灭活苗两种，可根据羊只的用途和健康状况进行选择。一般来说，对于规模化养殖场建议使用弱毒苗，对于散养户建议使用灭活苗。羊痘疫苗应在羊只出生后 7～10 d 进行接种，对于怀孕母羊需要在怀孕前或者怀孕期间进行接种。应注射在羊的颈部，采用皮内注射或者肌内注射，注射量为 1 mL。免疫持续时间较长，一般可维持 1 年左右，因此，每年接种 1 次即可。在进行免疫接种时，要严格遵守疫苗的保存方法，按照说明书进行操作。同时，对于怀孕羊进行接种时要注意安全，避免对母羊造成损伤。

第十四节　高致病性禽流感

高致病性禽流感是一种由甲型流感病毒引起的疾病，这种病毒通常只在鸟类中传播，但偶尔也会感染人类。高致病性禽流感的死亡率很高，因为它可以导致严重的呼吸道疾病和全身感染。这种病毒通常通过呼吸道传播给人类，也可以通过接触感染病毒的鸟类或其排泄物而传播。1997 年，香港发生了第一宗人类感染 H5N1 型禽流感病毒的病例。这种病毒通常只在野生水鸟的肠胃里发现，但在家禽身上被发现，表示病毒已经开始发生突变，使它可以跳过至少一种物种障碍。在此之后，广东作为香港主要的活鸡供应地，蒙受了近 10 亿元的经济损失。

应监测和控制高致病性禽流感传染源，加强禽类疾病的监测，一旦发现禽流感疫情，立即封锁疫区，将周围半径 3 km 范围划为疫区，捕杀疫区里的全部家禽，并对疫区 5 km 范围的易感禽类进行强制性疫苗紧急免疫接种，应加强对密切接触禽类人员的检疫。发生禽流感疫情后彻底消毒禽类养殖场、兽禽类排档以及屠宰场，销毁或深埋死禽及禽类废弃物，彻底消毒患者排泄物及用于患者的医疗用品。急诊室医务人员应做好个人的防护，检测患者标本和禽流感病毒分离应严格按照生物安全标准进行，保持病室内空气清新、流通，做好手卫生，杜绝院内感染。

一、检疫措施

（一）加强禽类贸易和加工环节的监管

加强禽类屠宰场、冷库等场所的监管，严格执行检疫检验制度，确保禽类来源合法、安全。加强对进口禽类及其产品的监管，严格执行入境检验检疫和隔离观察制度，防止疫情传入。

（二）强化家禽养殖环节的监管

加强对家禽养殖场、农贸市场、农村散养户等场所的监管，建立家禽免疫档案，落实免疫接种制度，确保家禽健康。加强对家禽饲养环节的监管，实行产地检疫和屠宰检疫制度，及时发现和处理患病家禽。

（三）做好疫情监测和预警

加强对家禽的疫情监测，及时发现和处理患病家禽，防止疫情扩散。加强与有关部门的信息沟通，做好疫情预警工作，及时掌握疫情动态。

（四）做好个人防护

在接触禽类及其产品时，应佩戴口罩、手套等个人防护用品，避免直接接触禽类排泄物和病死禽类，及时洗手消毒。

二、诊断

（一）现场诊断

观察家禽是否出现从无症状到厌食、精神委顿、减蛋等临床症状，并注意是否出现突然暴发、高度死亡的情况。检查家禽是否出现采食量下降、精神沉郁、呼吸困难、冠髯发绀、产蛋突然下降等症状。剖检气管、肺、腹腔、肠道、腺胃等部位可能发生病变。

（二）实验室诊断

1. 病原检测

通过对来自活禽的口咽和泄殖腔拭子（或粪便），或来自死禽的粪便和合并器官的样本进行处理，制备出悬浮液，并接种到 9～11 日龄鸡胚尿囊腔中，在 37 ℃孵育 2～7 d。在孵育过程中，对死亡或病变胚胎的尿囊液，以及孵育期结束时的所有胚胎的尿囊液进行测试，以确定是否存在血凝活性。甲型流感病毒的存在可以通过琼脂免疫扩散试验来确认，该测试使用浓缩病毒和核蛋白（基质）抗原的抗血清，核蛋白（基质）抗体对所有甲型流感病毒都是常见的。或者通过尿囊液实时 RT－PCR 来确认，通过使用实时 RT－PCR 或其他经验证分子技术在样本中直接检测甲型流感基因组的一个或多个片段。胚胎中的分离已很大程度上被分子技术的初步诊断所取代。

2. 病毒分型

对于病毒的血清学分型，参考实验室应当针对甲型流感病毒的 16 种血凝蛋白（H1－16）和 9 种神经氨酸酶（N1－9）亚型中的每一个亚型的一组多克隆或单特异性抗血清进行血凝和神经氨酸酶抑制试验。或者使用具有亚型特异性引物和探针的 RNA 检测技术，例如实时 RT－PCR 或测序和系统发育分析，来鉴定特定 H 和 N 亚型的基因组。

3. 致病性试验

由于"高致病性禽流感"和"禽瘟疫"这两个术语均指代甲型流感病毒的高致病性毒株，因此，必须针对甲型流感病毒分离株对家禽的致病性进行评估。迄今为止，已分离出的所有天然高致病性禽流感（HPAI）毒株均属于 H5 或 H7 亚型，其中 H5 或 H7 分离株的一个子集具有低致病性。近年来，随着对致病性分子基础的进一步了解，评估鸟类毒株毒力的方法不断发展。具有与在高致病性病毒中观察到的任何一种相似的 HA0 切割位点氨基酸序列的 H5 或 H7 病毒，无论其对鸡的致病性如何，都被认为是具有高致病性的甲型流感病毒。而对于 H5 和 H7 分离株，若没有类似于在高致病性病毒中观察到的任何一种的 HA0 切割位点氨基酸序列，则被认为具有低致病性。

然而，在某些情况下，需要通过静脉接种至少 8 只 4～8 周龄易感鸡来验证病毒分离株是具有高致病性还是低致病性；如果毒株在 10 d 内导致 75% 以上的死亡率，或者接种 10 只 4～8 周龄的易感鸡，导致静脉致病指数（IVPI）大于 1.2，则认为它们具有高致病性。疑似高致病性病毒株的特征鉴定应在生物安全的病毒防护实验室中进行。

家禽中的低致病性禽流感（LPAI）可能突然出现毒力增加（新出现的疾病）或已经证明自然传播给人类并产生严重后果。在这些情况下，国家当局应对相关家禽种群进行正式监测。应监测 H5 和 H7 低致病性禽流感病毒的发生情况，因为有些病毒有可能变异成高致病性的禽流感病毒。

4. 血清学检测

由于所有甲型流感病毒都具有抗原相似的核蛋白和基质抗原，这些是甲型流感血清学检测的首选靶点。酶联免疫吸附测定法（ELISA）被广泛用于以宿主物种依赖性（间接）或物种独立性（竞争）测试形式来检测这些抗原的抗体。此外，血凝抑制试验也被用于常规诊断血清学中，但是这项技术可能会遗漏一些特定感染，因为血凝蛋白具有亚型特异性。

三、监测

（一）禽流感监测原则

家禽和野生鸟类之间的接触频率、不同的生物安全水平和生产系统，以及包括家养水禽在内的不同易感物种的混合，可能需要不同的监测策略来应对各种情况。应利用测序技术和系统发育分析来确定引入途径、传播途径和感染的流行病学模式，对制订疫苗接种计划、监测家禽低致病性禽流感以及野鸟高致病性禽流感具有重要意义。H5 和 H7 亚型低致病性禽流感病毒有可能变异成高致病性的禽流感病毒，但无法预测哪些病毒会发生变异，也无法预测这些变异何时发生。在家养或圈养野生鸟类中检测到已被证明可自然传播给人类并造成严重后果的低致病性禽流感病毒时，应予以通报。

禽流感监测原则是提高禽流感监测的敏感性和疫情报告的及时性，做到早发现、早报告、早隔离、早治疗，并提高禽流感疫情监测报告质量，及时、准确地掌握禽流感的发病情况和流行病学分布特征，为制订科学、有效的预防控制措施提供依据。任何单位和个人不得隐瞒、缓报、谎报或授意他人隐瞒、缓报、谎报。

（二）高致病性禽流感预警监测

1. 专项排查

对各地区开展横向到边、纵向到底的排查，迅速摸清家禽存栏、疫苗免疫、抗体及抗原检测等情况。

2. 专项监测

在排查的基础上，重点对某些区域附近的散养户进行监测，采集家禽血清和咽肛拭子，完成高致病性禽流感抗体和病原学监测。

3. 疫情分析

根据监测排查结果，组织疫情形势分析会，梳理薄弱环节和关键点，形成高致病性禽流感疫情风险评估报告，并督促指导养殖户立行立改、采取针对性措施消除疫情隐患。

（三）无高致病性禽流感感染监测

国家、地区或禽场宣布无高致病性禽流感时，应提供有效监测方案的证据。监测方案的设计将取决于流行病学情况，应提供家禽统计数据，实验室能够完成病毒检测和抗体测试。应证明在过去 12 个月内，接种疫苗和未接种疫苗易感的家禽均没有感染高致病性禽流感病毒。根据监测目标和流行病学情况，选择合理的样本量和置信水平。风险因素包括家禽生产类型、与野鸟直接或间接接触情况、不同年龄禽鸟共存、活禽贸易、地表水污染、畜禽混养以及生物安全措施不足。

（四）野鸟禽流感监测

1. 提高认识

应加强对野生鸟类的监测，检测到高致病性禽流感时，积极搜寻和监测死亡或垂死的野生鸟类。对野生鸟类的监测应针对一年中更容易感染的时间、物种和地点。

2. 被动监测

即对发现死亡的鸟类进行采样，是对野生鸟类进行监测的适当方法，因为感染高致病性禽流感可能会导致某些物种的死亡。死亡事件或发现死亡的鸟类集群应向当地兽医当局报告并进行调查，包括收集样本并提交给实验室进行适当的测试。

3. 主动监测

为了检测某些高致病性禽流感病毒株，可能需要对活的野生鸟类进行采样，这些病毒株会在野生鸟类中产生感染而不会死亡。此外，它还增加了对禽流感病毒生态学和进化的了解。

4. 实验室检测

采集成鸟和幼鸟的喉肛棉拭样品，使用荧光 RT - PCR 试验检测鸟类样品中是否含有禽流感病毒。采集野鸟的血清样本，通过检测血清中的抗体，了解野鸟中是否存在禽流感病毒。将采集到的野鸟粪便和羽毛样品进行分离培养，然后通过血凝试验和免疫学试验等方法检测是否存在禽流感病毒。

（五）家禽低致病性禽流感监测

低致病性禽流感可使禽类出现轻度呼吸道症状和消化道症状，食量减少，产蛋量下降，排黄绿色粪便，一般肿头、冠及肉髯，脚部出现蓝紫色血斑，饮水量减少，可能会出现零星死亡。低致病性禽流感病毒的暴发和传播所会增加病毒变异的风险。

对于低致病性禽流感的监测，可以使用病毒分离鉴定、血清学和反转录聚合酶链式反应（RT - PCR）等技术进行相关检测，同时加强对高致病性禽流感的早期检测。

（六）DIVA 监测

禽流感 DIVA 监测是一种用于区分感染禽和免疫禽的技术，旨在控制禽流感病毒的传播和扩散。通过采集禽类的血清样品，检测其中是否存在针对禽流感病毒的特异性抗体。感染禽会显示抗体阳性，而免疫禽则会产生抗体并具有免疫力，从而可以区分两者。

采集禽类的鼻咽拭子、口腔拭子或排泄物等样品，通过聚合酶链式反应（RT‑PCR）等技术检测是否存在禽流感病毒的抗原成分。感染禽将显示抗原阳性，而免疫禽则显示抗原阴性。采集感染禽的咽拭子、气管拭子或肺组织等样品，在细胞培养或鸡胚中进行病毒分离培养，以鉴定是否存在禽流感病毒。通过采集感染禽的病毒基因组样品，利用基因测序等技术对病毒基因组进行检测和分析，以鉴定其亚型和毒株特点。

需要注意的是，不同的 DIVA 监测方法具有不同的优缺点，包括检测灵敏度、特异性、成本和时间等方面。在实际应用中，需要根据具体情况选择适合的 DIVA 监测方法，并结合其他防控措施，共同实施综合性的禽流感防控方案。

四、疫苗使用和管理

禽流感灭活油乳剂疫苗需要冷藏在 2～8 ℃ 的环境中，并避免光照。在冬季运输疫苗时，应特别注意防冻。接种疫苗的鸡必须是健康状态良好的，无异常临床表现。接种前，应确保疫苗处于常温，并充分摇匀。使用灭菌器械，及时更换针头，最好一只鸡一个针头。疫苗一般通过颈部皮下或胸部肌肉注射的方式接种。对于 2～5 周龄的鸡，每只应接种 0.3 mL 的疫苗；对于 5 周龄以上的鸡，每只应接种 0.5 mL 的疫苗。在疫苗接种后，应将用过的疫苗瓶、器具和未用完的疫苗等进行无害化处理。

禽流感疫苗的血凝素和神经氨酸酶亚型应与流行病毒相同，并通过在未接种疫苗的哨兵鸟中检测病毒或针对病毒的抗体来识别受感染的禽群。具体的疫苗使用和管理方案应根据疫病防控机构的要求和疫苗说明书进行操作。

第十五节　新　城　疫

新城疫（ND）是一种由新城疫病毒引起的急性、热性、败血性和高度接触性传染病，常见于禽类。这种病毒可以导致禽类出现高热、呼吸困难、下痢、神经紊乱、黏膜和浆膜出血等症状，且具有很高的发病率和病死率。新城疫被列为一类传染病，是危害养禽业的一种主要传染病。新城疫广泛流行于非洲、亚洲和美洲的许多国家和地区。

新城疫防控应加强饲养管理，增强家禽抵抗力，提供充足清洁的饮水，注意通风换气。定期消毒，杀灭病原，减少环境中病原体数量。制定合理免疫程序，选用高质量疫苗，严格掌握疫苗使用方法。发现疫情及时上报，并积极采取有效措施封锁病禽场、隔离病禽、消毒等。

一、检疫措施

新城疫在口岸的检疫措施主要包括以下方面：①工作人员应穿着防护服和手套，并佩戴口罩和护目镜。②检疫人员应加强对进出口货物的检验和监督，特别是对来自疫区的动物和动物产品的检查。③对来自疫区的旅客和交通工具也应进行检疫，如采样进行病毒检测等。④在口岸设立隔离场所和消毒设施，以便对疑似病例进行隔离和治疗，同时对相关物品和交通工具进行消毒处理。⑤及时报告疫情，并按照国家有关规定采取紧急措施，包括封锁疫区、销毁患病动物及其产品等。

二、诊断

(一) 现场诊断

新城疫的感染症状主要表现在呼吸道症状、神经症状、黏膜和浆膜出血等方面。在现场诊断时，可以根据以下步骤进行。

1. 观察临床症状

观察病禽是否出现发热、咳嗽、呼吸困难、下痢、神经症状等。这些症状可能是新城疫的典型表现，但也可能与其他疾病混淆，需要根据具体情况进行判断。

2. 检查排泄物

新城疫病禽的排泄物通常会发生变化，如出现黄绿色或黄白色稀便等。通过对排泄物的观察，可以提供一定的参考信息。

3. 观察尸体症状

对于已经死亡的禽类，可以通过观察尸体症状来进行判断。新城疫的典型尸体症状包括口腔和眼、鼻有黏性分泌物、黏稠样的粪便，以及出现腹泻时带血、严重脱水和贫血等。

4. 进行实验室检测

现场诊断新城疫最好进行实验室检测，以便更准确地确定病情。实验室检测包括病毒分离、鉴定和基因测序等方法。

5. 在现场诊断时，还需要注意做好防护措施，避免感染传播

同时，一旦发现疫情应及时上报，并采取有效的隔离和消毒措施。

(二) 实验室诊断

1. 病原体检测

在活禽的气管、口咽和泄殖腔拭子（或粪便）中添加抗生素溶液制备悬浮液，或从死禽的粪便和合并的器官样本中制备，接种到 9~11 日龄胚蛋尿囊腔中，在 37 ℃下孵育 2~7 d。收取死亡或垂死胚胎尿囊液，以及孵化期结束时的所有胚胎，进行血凝活性测试，或者使用经验证的特定分子方法检测病毒基因组，利用 APMV-1 单特异性抗血清进行特异性血凝抑制试验，阳性尿囊液进行实时 RT-PCR 也可作为初步鉴定 APMV-1 的替代方法。脑内致病性指数（ICPI）≥0.7 的 APMV-1，或在 F2 蛋白的 C 末端有多个碱性氨基酸，在其 F 蛋白的 117 残基有苯丙氨酸，都被认为是毒力强的。

基于基因的检测最常用于常规诊断，为传统方法提供了快速、敏感、经济高效的替代方法。靶向高度保守基因的实时 RT-PCR 克服了 F、HN 基因的广泛异质性。临床样本一旦经过提取病毒 RNA 的处理，它们可以直接应用于测试，并可用于大量样本。使用高灵敏度和包容性筛选的实时 RT-PCR 确认检测后，应进行 F 基因测序，以确定病毒毒力（F 基因蛋白水解切割位点）和病毒基因型。重要的是，所选择的测试已被证明能够灵敏地检测已知正在传播的病毒或潜在的新毒株。

通过实时 RT-PCR 进行筛选试验，以鉴定 APMV-1 强毒和弱毒。对于任何阳性检测，可以使用针对融合切割位点的额外检测来鉴定具有与 NDV 兼容的切割位点的病毒。由于融合切割位点的可变性，如果使用实时 RT - PCR 来识别在一个国家或地区流行的所有毒力基因型，则可能需要一次以上的测试，因此，基因测序是首选方法。

2. 血清学检测

血凝抑制（HI）试验在 ND 血清学中应用最广泛，其诊断作用取决于待测禽类的疫苗免疫状态和 ND 流行状况。ELISA 可用于 ND 血清学检测，并且有许多商业检测试剂盒可用。

三、监测

（一）新城疫监测策略

1. 专业人员

实施新城疫监测计划需要该领域有能力和经验的专业人员，实施过程应全面记录。应仔细设计监测方案并遵照执行，以证明没有新城疫病毒感染或传播，避免结果不可靠、成本过高等情形。

2. 监测对象和范围

主要对鸡、鸭、鹅、火鸡、鸽、鹌鹑等动物进行监测。重点对种禽场、商品禽场、活禽市场的家禽进行监测。感染可能性增加时可开展有针对性监测。例如，针对可能表现出明显临床症状的特定禽鸟（如未接种疫苗的鸡）可进行临床监测。而病毒学和血清学检测可以针对可能没有表现出 ND 临床症状且没有常规接种疫苗的监测对象（如鸭子）。监测还可能针对特定风险的家禽种群，例如与野生鸟类的直接或间接接触、多龄家禽，包括活禽市场在内的当地贸易模式、饲养多个品种以及生物安全措施不足。野生鸟类已被证明在 ND 的当地流行病学中发挥作用的情况下，对野生鸟类的监测可能有助于提醒兽医服务部门注意可能接触到的家禽，特别是自由放养的家禽。

3. 监测方法

为了准确地确定家禽种群的 ND 状态，应同时使用多种监测方法。主动和被动监测应该持续进行，主动监测的频率应该根据 ND 的流行情况进行调整。监测应包括随机或有针对性的方法，并取决于当地的流行病学情况。在监测中应使用临床、病毒学和血清学等多种方法。如果使用替代测试方法，则需要根据 WOAH 的标准验证其适用性。诊断测试的敏感性和特异性是选择调查设计的关键因素，调查设计应该预测可能的假阳性和假阴性反应。应该包括补充测试和后续调查，以从原始采样单位以及可能与之有流行病学联系的群体中收集诊断材料。

4. 监测时间

各地根据实际情况安排，可与禽流感监测同时进行。每半年开展一次免疫抗体监测，发现可疑病例，随时采样，及时检测。

5. 监测内容和数量

应该包括对病原体进行监测、对免疫抗体进行监测，以及进行临床病例报告。根据监测目标和流行病学情况，应选择合理的调查设计和置信水平。用于检测的样本量和采样频率应取决于当地的历史和当前流行病学情况。

(二) 临床监测

新城疫临床监测是及时发现疫情、控制疫情传播的重要手段，需要加强监测力度和技术水平，提高监测结果的准确性和可靠性。通过对临床病例进行诊断和检测，可以确定疫情的病原和流行情况，为防控措施的制定提供参考。

(三) 病毒学监测

利用 RT - PCR 和 LAMP 等分子生物学技术、病毒中和试验等血清学方法、病毒分离和鉴定技术进行新城疫病毒学监测。监测可针对高危禽群、确认可疑临床病例、对未接种疫苗的种群或哨兵禽的阳性血清学结果进行随访。也可针对每日正常死亡进行检测，如果风险增加，例如在接种疫苗时感染或在疫情流行时，就有必要开展病毒学监测。通过将病毒分离出来并进行生物学特性分析，可以了解病毒的毒力、致病力等情况，为防控措施的制定提供参考。

(四) 血清学监测

新城疫血清学监测是通过对家禽血清中的抗体进行检测，评估家禽免疫接种的效果，并确定是否需要补种疫苗，是预防和控制新城疫的重要手段。新城疫血清学监测可以通过以下几种方式进行：①酶联免疫吸附试验（ELISA）：通过检测家禽血清中特异性抗体的水平，来推断家禽体内新城疫病毒的感染情况。②血凝抑制试验（HI）：通过检测家禽血清对新城疫病毒的血凝抑制作用，来确定家禽体内抗体的存在与否。③中和试验：通过检测家禽血清对新城疫病毒的中和能力，来确定家禽体内抗体的中和作用。

血清学监测不能用于区分 NDV 和其他 APMV - 1，在进行疫苗接种的地方，血清学监测的价值有限。病毒抗体检测结果呈阳性可能有 5 个原因：APMV - 1 自然感染、ND 疫苗接种、接触疫苗病毒、来自接种疫苗或受感染的母源抗体及非特异性测试反应。这时应通过进行彻底的流行病学调查，进一步调查血清阳性、未接种疫苗的鸡群。由于血清阳性结果不一定表明感染，应使用病毒学方法来确认这些禽群中是否存在新城疫病毒。在获得将接种疫苗的动物与感染 APMV - 1 的动物区分开来的有效策略和工具之前，不应使用血清学工具来识别疫苗接种禽群中的新城疫病毒感染。

(五) 哨兵家禽的使用

新城疫哨兵家禽可以作为监测新城疫病毒的重要手段，其作用主要包括以下几个方面：①及时侦察病原，预警可能威胁到家禽的疫情，警告管理人员采取必要的防范措施。②通过定期检测哨兵家禽健康状况、抗体变化和病原，来监控家禽的感染情况和病原的变异指数。③新城疫哨兵家禽在疾病防控中起着重要的预警作用，可以为预防、控制和扑灭工作提供重要参考。

哨兵家禽作为检测新城疫病毒传播的监测工具，可用于监测接种疫苗的禽群，这些禽群对病毒传播的临床疾病发展缓慢。哨兵家禽在免疫方面应该是抵抗力弱，可以用于接种疫苗的家禽之中，由管理情况、使用的疫苗类型和当地新城疫流行病学状况，决定应该放置哨兵家禽的生产单元、放置哨兵家禽的频率和对哨兵家禽的监测方法。

哨兵家禽应与目标禽群密切接触，但应明确与目标禽群区分开来。应定期观察哨兵家禽，以寻找临床疾病的证据以及通过及时实验室检测调查任何疾病症状。应证明用作哨兵的禽只极易感染，理想情况下会出现明显的临床疾病症状。如果哨点家禽不一定会出现明显的临床疾病，则应使用病毒学和血清学测试进行定期主动检测。主动测试制度和对结果的解释将取决于目标禽群中使用的疫苗类型。

四、疫苗使用和管理

1. 制定免疫计划
根据当地疫情流行情况、禽群状况和疫苗种类等，制定合理的免疫计划。一般而言，种鸡在产蛋前应至少接种 1 次新城疫疫苗；肉仔鸡应在 7～10 日龄首免，25～30 日龄加强免疫 1 次。

2. 选择合适的疫苗
应根据当地的疫情流行情况和鸡群的健康状况选择合适的疫苗种类。在我国，油佐剂灭活苗应用最广。火鸡疱疹病毒或禽痘病毒的重组新城疫疫苗，应满足生物安全要求。

3. 使用恰当的疫苗剂量
在使用新城疫疫苗时，应根据疫苗的种类和使用说明进行操作。一般来说，油佐剂灭活苗每只鸡需要注射 0.3 mL；弱毒冻干疫苗每只鸡需要滴鼻或点眼 0.04 mL。

4. 注意保存和运输
新城疫疫苗应该保存在干燥、避光和低温的地方。在运输过程中，应注意防潮、防高温和避免剧烈振荡。

5. 加强免疫管理
对于已经发生过新城疫的地区或鸡场，为了防止再次暴发新城疫，应对鸡群进行多次强化免疫。

第十六节 埃博拉出血热

埃博拉出血热（EHF）是一种由埃博拉病毒引起的急性出血性传染病。首次暴发于 1976 年的非洲，主要在苏丹、几内亚等地区流行。人类病死率高达50%～90%，其传播途径主要包括接触传播和空气传播。感染者的血液、分泌物和排泄物中病毒含量高，因此，与病人接触时，如果没有采取严格的防护措施，医护人员容易受到感染。

埃博拉出血热是一种人畜共患病，在动物中传播广泛。多种动物可以感染埃博拉病毒，包括非人类灵长类动物、蝙蝠、狗、猪等。野生动物是埃博拉病毒的自然宿主，特别是蝙蝠和灵长类动物。在非洲地区，蝙蝠被认为是埃博拉病毒的主要宿主和传播者，蝙蝠感染后不会出现明显的症状，但可以传播病毒。此外，灵长类动物也是埃博拉病毒的主要宿主之一，感染后可以出现症状并传播病毒。在非洲以外的地区，狗可以感染埃博拉病毒，但通常不会出现症状。猪也可以感染埃博拉病毒，但传播意义不大。在动物中，埃博拉病毒的传播主要通过接触感染动物的血液、分泌物和排泄物等，也可以通过捕食感染动物或处理感染动物的肉而传播。此外，有些动物身上的跳蚤和蜱等昆虫也可以传播埃博拉病毒。

针对动物中埃博拉出血热的预防和控制措施，主要包括减少人畜接触、开展宣传教育、定期消毒等。此外，针对蝙蝠、灵长类动物等野生动物的防控也需要加强，通过减少其种群数量、限制其活动范围等方式来降低病毒的传播风险。

一、检疫措施

1. 针对人感染埃博拉病毒的检疫措施

（1）对来自埃博拉病毒发生地的人员，如有发热、极度虚弱、头痛、肌痛、咽痛、结膜充血等症状，入境时应当进行卫生检疫申报，配合做好体温监测、医学排查等工作。

（2）对入境后 3 周内出现上述症状的人员，应当立即就医，并向医生说明近期的旅行史。

（3）来自刚果民主共和国的交通工具、集装箱、货物、行李物品、邮件、快件必须接受卫生检疫，其负责人、承运人、代理人或者货主应当配合卫生检疫工作，对可能被埃博拉病毒污染的，应当按照规定接受卫生处理。

2. 针对动物感染埃博拉病毒的检疫措施

（1）动物进口之前，必须进行严格的检验检疫措施，包括动物健康检查、病毒检测等。

（2）禁止来自疫区的动物进入我国境内。

（3）对来自疫区的动物及其相关产品进行严格检疫和监督，防止疫情传播。

（4）对进口动物及其产品进行消毒、隔离等措施，确保其安全可靠。

（5）对动物运输工具、包装物、饲料等物品进行严格的卫生处理，防止病毒传播。

二、诊断

（一）现场诊断

埃博拉患者会突起发热、极度乏力、肌肉疼痛、头痛和咽喉痛。随后会出现呕吐、腹泻、皮疹（如红色或紫色斑块），肾脏和肝脏功能受损，某些病例会同时有内出血和外出血。患者还可能出现反应迟钝、呆滞等症状。患病数天后，被埃博拉病毒感染的细胞会侵袭血管内部，导致血性液体从口腔、鼻子、肛门、阴道，甚至眼睛中渗出。这一阶段，患者的病情往往严重到休克和多器官衰竭。这些症状可能会因人而异，具体需要通过实验室检测来确认。当人们曾经去过已知存在埃博拉的地区，或者与已知或疑似患有埃博拉的人员接触过，并且开始出现上述症状时，应立即就医。

灵长类动物的埃博拉病史应包括动物是否接触过其他患病动物，是否出现发热、呕吐、腹泻、皮疹、出血等症状。体格检查应关注动物体温、心率、呼吸频率、血压等基本生命体征，以及是否有出血、淋巴结肿大，肝脏、脾脏、肾脏等是否有损伤等异常体征。实验室检查可以通过采动物的血液、唾液、组织等进行。这些样品可以进行抗原检测、抗体检测、核酸检测等。在操作过程中，需要注意的是，因为埃博拉病毒具有高度传染性，进行现场诊断的工作人员需要严格做好防护措施，避免自身感染。同时，如果诊断出动物感染了埃博拉病毒，应立即采取隔离和治疗措施，防止病毒扩散。

（二）实验室诊断

埃博拉病毒的实验室诊断主要包括以下几种方法。

1. 抗体检测

ELISA 是一种免疫分析方法，可检测血液、血清或其他体液中的特定抗原或抗体。对于埃博拉病毒，可以检测特异性 IgG 抗体或 IgM 抗体，其中 IgM 抗体出现较早，通常用于感染的早期诊断。

2. 抗原检测

可以用 ELISA 或 IFA 通过单克隆抗体检测血液、血清或组织匀浆中的埃博拉病毒抗原。

3. 核酸检测

核酸检测是一种确定病毒基因序列的方法，对于埃博拉病毒，可通过 RT－PCR 等核酸扩增技术检测血液或其他体液中的特定 RNA 序列。

4. 病毒分离

将血液、组织或体液接种到特定细胞系或动物模型中，以分离并确认埃博拉病毒的存在。

5. 病理学检查

在有条件的情况下，可以采取肝脏或其他相关器官的组织样本进行病理学检查，观察是否有埃博拉病毒感染相关的病理变化。

这些实验室诊断方法需要在生物安全三级（BSL－3）及以上级别的实验室进行，以确保实验过程的安全性。在样品采集、运输和实验室处理过程中，也需要遵循相关的生物安全规范和程序。

三、监测

埃博拉病毒的监测主要包括以下方面。

1. 流行病学监测

通过对流行病学数据的收集和分析，了解埃博拉病毒的传播情况，如疫情暴发的时间、地点、感染人类和动物数量等信息，以便及时采取防控措施。

2. 病毒监测

通过对感染动物的血液、唾液、尿液等样本进行抗原检测、抗体检测或核酸检测等方法，监测病毒在体内的复制情况，帮助评估病情和治疗效果。

3. 疫苗接种

通过对高风险人群进行疫苗接种，提高机体免疫力，减少感染和传播的风险。

4. 隔离和治疗

对感染者进行隔离和治疗，以减少病毒的传播和疫情的扩散。

5. 公众宣传教育

通过宣传教育，提高公众对埃博拉病毒的认知和防范意识，减少感染的风险。

需要注意的是，由于埃博拉病毒的高度传染性和危害性，对监测工作的要求较高，需要专业的实验室和仪器设备，同时需要严格按照生物安全规范进行操作。

四、疫苗研制

目前，已有埃博拉病毒疫苗被研制成功，并显示出了良好的防疫效果，能够在很大程度上预防埃博拉病毒的感染，保护人类的生命健康。然而，并不是所有人在注射过埃博拉病毒疫苗之后，都能够产生相应的抗体进而不被感染。

对于埃博拉病毒疫苗的使用，通常推荐接种两种，一种是规定性的预防接种，另一种是推荐性的预防接种。对于前往非洲地区的人群，建议注射埃博拉病毒疫苗以防止感染。

目前没有针对动物的埃博拉疫苗，但据报道，美国国立卫生研究院（NIH）进行了埃博拉疫苗猴体研究。在猴子实验中，第1剂疫苗在黑猩猩感冒病毒中包含埃博拉病毒基因，8只猴子接种了疫苗，并在十个月后暴露于强毒环境，其中2只猴子被感染。研究人员随后给猴子注射了第2种疫苗，为天花痘病毒中包含埃博拉病毒基因，结果在第1剂接种后十个月，4只猴子在暴露于高水平的埃博拉病毒环境后无症状出现。

第八章

国外动物检疫标准化概况

动物标准化检疫技术在世界各国的实施情况因国家或地区的不同而有所差异。欧盟的动物检疫系统非常严格，特别是对于进口的动物和动物产品，所有进口的动物和动物产品必须来自符合欧盟动物卫生标准的国家或地区，并且必须经过特定的检查和审批程序。美国农业部（USDA）负责监督和执行动物检疫计划，确保进口的动物和动物产品符合美国的动物卫生标准。日本农林水产省（MAFF）负责管理和执行日本的动物检疫计划，对进口的动物和动物产品实施严格的检验和审批程序。新加坡政府通过农业科技局（AVA）对进口的动物和动物产品实施严格的检疫措施，确保符合新加坡的动物卫生标准。印度农业部负责监督和管理印度的动物检疫系统，对进口的动物和动物产品实施严格的检验和审批程序。

动物标准化检疫技术在世界各国的实施效果因多种因素而异。动物检疫法规和政策的制定和执行对于动物标准化检疫技术的实施至关重要，如果法规和政策不完善或执行不力，动物标准化检疫技术的实施效果可能会受到影响。动物检疫工作需要一定的经济和财政支持，包括人力、物资和资金等，如果缺乏足够的支持和投入，动物标准化检疫技术的实施效果就会受到影响。动物标准化检疫技术需要一定的技术支持和人才储备，如果缺乏必要的技术和人才，动物标准化检疫技术的实施效果可能大打折扣。动物检疫工作还需要社会各方面的认知和支持，如果社会对于动物检疫工作缺乏足够的重视和支持，动物标准化检疫技术的实施效果也不会好。

一、美国

（一）动物检疫体系概述

美国动物检疫体系由政府、行业协会、教学科研机构、服务机构等组成。美国政府设立联邦农业部，下辖动植物检疫署，该机构全面负责美国动物疫病的防控、实验室检测，以及联邦动植物进出口检疫等工作。

美国建立了权责清晰、监管严密的动物疫病防控管理体系，主要包括政府兽医管理部门、兽医协会、兽医教学科研机构、动物医院或私人诊所、农场（畜禽养殖场）等。美国动物疫病检测诊断可分为联邦、州、地方兽医实验室这3个层次体系，联邦和州实验室由政府设立，实验室的人员及日常运行费用由相应政府财政保障。此外，美国还有州立实验室和大学实验室、企业实验室等也参与动物疫病诊断的体系中。

（二）美国动物检疫技术标准化的实践和特点

美国动物检疫技术标准化的实践和特点主要有以下几个方面。

1. 先进的动物检疫技术

美国在动物检疫技术方面处于领先地位，拥有先进的动物疫病检测和防控技术，能够有效地保护本国的动物和动物产品，同时也能够减少外来疫病的传入风险，保护本国畜牧业的健康发展。

2. 标准化体系完善

美国建立了完善的动物检疫技术标准化体系，包括联邦、州、地方兽医实验室等层次体系，参与动物疫病诊断和防控工作。此外，美国还有州立实验室和大学实验室、企业实验室等也参与其中。

3. 与国际贸易接轨

美国通过将本国的动物检疫要求纳入 WTO 规则，利用国际贸易规则来维护本国的动物和动物产品的出口利益。例如，美国可以运用 WTO 的 SPS 协议，通过科学合理的动物检疫措施，限制不符合其标准的动物和动物产品进口，保护本国市场和本国产品的利益。

4. 法律法规健全完善

美国联邦现行动物卫生法律 15 部、行政规章 134 部，调整内容主要涉及兽医机构组织、动物疫病防控、动物源性食品安全、兽药与饲料管理、动物福利、兽医管理等方面。这些法律法规的制定多由企业提出并推动，可操作性强，同时也具有即时性强的特点。

5. 突出以人为本的理念

在制定动物检疫技术标准时，美国注重突出以人为本的理念，将人畜共患病如布病、结核病等列为重点，并在实际工作中加大工作力度，突出了兽医工作为人类健康服务的理念。

美国在动物检疫技术标准化方面有着先进的水平和完善的管理体系，其标准化的实践和特点也具有科学性、系统性和可操作性等特点，这些经验和做法可以为其他国家提供借鉴和参考。

（三）美国动物检疫技术标准化对国际贸易的影响

美国动物及动物产品进口和出口贸易呈现出多样性和复杂性。进口方面，2021 年美国动物产品进口的价值增长了 28.9%，比新冠大流行前的 2019 年增长了 27%。其中，头部产品甲壳类动物（如螃蟹、对虾、龙虾、虾和小龙虾）占该类别进口价值的 1/4 以上，2021 年同比大幅增长 41.2%。在价值排名第 10 位的情况下，软体动物的同比涨幅最大，为 70.5%。此外，冷冻牛肉下跌 1.5%，而即食牛肉下降幅度最大，年底下降 10.4%。然而，美国禽肉及其制品出口额增长 14%，美国禽肉对墨西哥和哥伦比亚以外市场出口均有所增长。受经济动荡影响，中低收入国家消费者更青睐鸡肉等低成本动物蛋白。美国禽肉大量出口古巴、安哥拉和菲律宾等中低收入市场。在出口中国的所有禽类产品中，鸡爪占比最大，占 2022 年美国禽肉出口总量的 16%，高于上年的 13%。出口方面，巴西已抢占美国部分出口份额，但墨西哥仍为美国最大禽肉出口市场。受禽流感影响，韩国、南非和沙特阿拉伯等美国禽肉出口市场存在非关税壁垒和卫生准入问题。

美国在动物检疫技术方面的先进性及其标准化体系对国际贸易产生了深远的影响。美国凭借强大的疫病检测和防控能力，有效保护了本国的动物和动物产品，同时降低了由外来疫病传入的风险，为国内畜牧业健康发展提供了有力保障。

美国标准化动物检疫技术体系确保了其输出的动物和动物产品具有较高的质量安全水平，从而在国际市场上塑造了良好形象，提升了产品竞争力。此外，美国还将本国的动物检疫要求融入了 WTO 规则，利用国际贸易规则来维护本国的动物和动物产品的出口利益。例如，美国利用 WTO 的 SPS 协议，通过科学合理的动物检疫措施，限制不符合其标准的动物和动物产品进口，以保护本国市场和本国产品的利益。

然而，此举可能会对其他国家的出口贸易构成一定阻碍。例如，若美国的动物检疫标准过于严格，可能会导致其他国家的动物和动物产品难以进入美国市场，从而对其国家经济发展造成负面影响。为了确保国际贸易的顺利进行和各国的共同发展，建议各国在制定动物检疫标准时保持科学、公正和合理，并充分考虑到各国的实际情况和能力差异。

美国在动物进口方面，只有洛杉矶、迈阿密和纽约 3 个港口符合进口活禽或活反刍动物的条件。通过实施"严进宽出"的进出境检疫，可以达到简化出口程序，扩大出口数量；限制进口数量，维护本国利益；减少外来疫病发生的目的。美国非常重视风险分析工作，设有从事这些工作的专门工作组。按照《国际动物卫生法典》的规定，动物风险评估工作主要涉及生物学因素、国家因素和商品因素3个方面。如果三个层次其中任何一个层次存在风险，即拒绝从该国家进口动物及动物产品。通过风险分析，在商品进口以前，便实施了降低外来病入侵风险的措施。

二、加拿大

（一）动物检疫体系概述

加拿大拥有健全的动物检疫体系，三级行政管理体制确保了动物卫生工作的有效实施，相关法律和政策的制定与实施则进一步强化了其动植物产品的健康与安全。加拿大动物检疫体系由联邦、省和地区（市）三级构成。联邦一级负责全国动物卫生工作，保证动物健康，防止动物疾病在动物间及向人类传播，主要涉及动物卫生计划和饲料计划，由联邦、省和市三级行政管理体制实行管理。在省和地区（市）级别，各省依据自己的农业生产和动物饲养情况制定自己的动物检疫计划和政策，例如食品检验署等机构负责实施。

（二）加拿大动物检疫技术标准化的实践和特点

加拿大在动物检疫技术标准化方面也有着独特的实践和特点。

1. 与国际贸易接轨

加拿大的动物检疫技术标准化与国际贸易紧密相连。例如，加拿大的动植物检验检疫措施主要适用于3个方面：动物产品、植物产品和食品安全。食品安全卫生检验检疫主要由《食品和药物法》及《食品和药物规则》来规范，《动物健康法》和《植物保护法》以及其配套规则是加拿大动植物产品健康检验检疫方面的主要法律。这些法律法规不仅规范了本国的动植物检验检疫工作，也与国际贸易接轨，为加拿大的动植物产品出口提供了有力的保障。

2. 先进的动物检疫技术

加拿大在动物检疫技术方面处于领先地位，拥有先进的动物疫病检测和防控技术，能够有效地保护本国的动物和动物产品，同时也能够减少外来疫病的传入风险，保护本国畜牧业的健康发展。

3. 科学的管理体系

加拿大在动物检疫技术标准化方面建立了科学的管理体系，包括制定严格的法律法规、建立有效的监管机制、实施严格的检验检疫措施等。这些措施有效地保障了加拿大的动物和动物产品的质量和安全，同时也为加拿大的畜牧业和农业发展提供了有力的支持。

4. 可持续性发展

加拿大在动物检疫技术标准化方面注重可持续性发展，将环境保护和动物福利纳入其中。例如，《加拿大环境保护法》规定了严格的动植物检验检疫措施，以防止外来物种入侵和环境污染。这些措施不仅保障了加拿大的生态系统和动物福利，也有利于促进加拿大的农业和畜牧业可持续发展。

加拿大在动物检疫技术标准化方面拥有先进的水平和完善的管理体系，注重与国际贸易接轨、科学管理和可持续性发展，这些经验和做法可以为其他国家提供借鉴和参考。

（三）加拿大动物检疫技术标准化对国际贸易的影响

加拿大对进口动物产品实施了严格的规定和限制。例如，对于燕窝的进口，加拿大政府要求只有来自卫生条件良好的合法渠道的燕窝才能销售给消费者。此外，每次燕窝出口到加拿大的数量也是有限的。在出口方面，加拿大猪肉出口量占比很高，已经超过其国内总产量的 70%。自 2017 年第一季度开始，加拿大已取代美国，成为向中国出口猪肉最多的北美国家。此外，加拿大也是牛肉出口大国，每年会向多个国家出口大量牛肉。

加拿大动物检疫技术标准化对国际贸易有着重要的影响。加拿大通过制定和实施一系列严格的动物检疫技术标准和规则，能够确保其出口的动物和动物产品的质量和安全，从而在国际市场上树立了良好的形象，并增强了其产品的竞争力。

加拿大的动物检疫技术标准化对国际贸易的发展起到了积极的促进作用。加拿大的动植物检验检疫措施主要涵盖了动物产品、植物产品和食品安全 3 个方面。这些检验检疫措施主要由《食品和药物法》《食品和药物规则》进行规范，而《动物健康法》《植物保护法》及其配套规则则是加拿大动植物产品健康检验检疫方面的主要法律。

这些法律和标准的实施，可以保证加拿大出口的动植物产品的质量和安全，从而促进其与国际贸易的发展。同时，这些措施也能够保护消费者免受不安全动植物产品的侵害，维护了国际贸易的公平和公正性。

然而，加拿大的动物检疫技术标准化也可能对国际贸易造成一定的障碍。例如，如果其标准过于严格或不合理，可能会导致其他国家的动物和动物产品难以进入加拿大市场，从而对这些国家的经济发展造成负面影响。加拿大动物检疫技术标准化对国际贸易的影响是双重的。一方面，它能够促进国际贸易的发展；另一方面，如果其标准过于严格或不合理，也可能会对其他国家的出口贸易造成一定的障碍。因此，各国需要在遵守国际贸易规则的前提下，积极加强动物检疫技术标准化建设，提高动物疫病检测和防控能力，以确保本国动物和动物产品的质量和安全，并促进国际贸易的健康发展。

三、欧盟

（一）动物检疫体系概述

欧盟委员会负责协调成员国之间的动物检疫工作，并制定相关政策和标准。欧盟还设立了动物卫生风险评估委员会（AHAW），负责评估动物疫病的风险，为欧盟委员会提供科学建议和技术支持。各成员国设立了动物检疫机构，负责实施欧盟委员会制定的动物检疫政策和标准，对本国动物疫病进行监测和防控。各国还设立了海关、边境检查站等机构，对出口动物和动物产品进行严格的检验检疫，确保符合欧盟标准。在成员国内部，各地区也设立了动物检疫机构，负责对本地区动物疫病进行监测和防控。这些机构通常由当地政府设立，接受欧盟委员会和成员国动物检疫机构的指导和协调。欧盟还鼓励成员国之间进行合作与交流，推动动物检疫技术的创新和发展。欧盟还与世界卫生组织（WOAH）等国际组织保持密切联系，共同应对全球动物疫病挑战。

（二）欧盟动物检疫技术标准化的实践和特点

欧盟动物检疫技术标准化的实践和特点主要有以下几个方面。

1. 完善的法律法规体系

欧盟拥有完善的动物检疫法律法规体系，包括《欧盟动物卫生法》《欧盟动物检疫法》《欧盟食品和饲料安全管理法》等。这些法律法规明确了动物疫病的防控措施、检测要求、进出口审批程序、疫情通报和信息共享等方面的规定。

2. 科学严格的监管体系

欧盟建立了科学严格的动物检疫监管体系，包括欧盟层面和成员国层面的监管机构。欧盟动物检疫局（EURL）负责为欧盟委员会和成员国提供动物疫病的诊断和技术支持，同时对进口动物和动物产品的健康状况进行监测和评估。成员国则通过设立海关、边境检查站等机构，对出口动物和动物产品进行严格的检验检疫，确保符合欧盟标准。

3. 技术创新和合作

欧盟重视动物检疫技术的创新和合作。欧盟通过设立科研项目，鼓励成员国之间的合作与交流，推动动物检疫技术的创新和发展。欧盟还与世界卫生组织（WOAH）等国际组织保持密切联系，共同应对全球动物疫病挑战。

4. 与国际贸易紧密结合

欧盟动物检疫技术标准化与国际贸易紧密结合。欧盟通过将本国的动物检疫要求纳入WTO规则，利用国际贸易规则来维护本国的动物和动物产品的出口利益。同时，欧盟也积极推动国际动物卫生组织的标准制定和维护，促进国际贸易的健康发展。

5. 强调以人为本的理念

在制定动物检疫技术标准时，欧盟注重强调以人为本的理念，将人畜共患病如口蹄疫、禽流感等列为重点。欧盟通过加强动物疫病监测和防控，提高动物福利水平，保障公共健康和生态环境的可持续发展。

综上所述，欧盟动物检疫技术标准化具有完善的法律法规体系、科学严格的监管体系、技术创新和合作、与国际贸易紧密结合、强调以人为本的理念等特点。这些实践和特点为欧盟及其成员国的畜牧业发展和国际竞争力提供了有力保障，同时也为全球动物卫生水平的提升做出了贡献。

（三）欧盟动物检疫技术标准化对国际贸易的影响

欧盟作为一个经济共同体，成员国之间也进行着大量的动物及动物产品贸易。比如，西班牙和法国的猪肉产量很高，但是不能满足国内需求，所以它们也从其他国家进口猪肉。同时，欧盟也从第三国进口大量的动物及动物产品，包括肉类、奶制品、皮革制品等。这些产品必须符合欧盟的检验检疫标准，才能进入欧盟市场。欧盟对从第三国进口动物产品的管理非常严格，需要进行多项检验和审核。

欧盟动物检疫技术标准化对国际贸易有着重要的影响。第一，欧盟作为全球最大的经济体之一，其动物检疫技术标准化的实践和特点对于国际贸易有着引领和示范作用。欧盟动物检疫技术标准化通过制定和实施一系列的动物检疫技术标准和规则，能够确保其出口的动物和动物产品的质量和安全，从而在国际市场上树立良好的形象，增强其产品的竞争力。例如，欧盟对于进口动物和动物产品的检验检疫要求非常严格，需要符合欧盟的标准和规定，这使得欧盟的动物和动物产品在国际市场上具有较高的信誉和认可度。第二，欧盟动物检疫技术标准化也能够促进国际贸易的发展。欧盟的动物检疫技术标准和规则与国际标准接轨，符合国际贸易的要求，这使得欧盟与其他国家之间的贸易合作更加顺畅和便捷。例如，欧盟与美国之间的贸易合作，由于两者之间的动物检疫技术标准和规则相近，因此两者之间的贸易合作较为顺畅，减少了不必要的贸易壁垒和障碍。

然而，欧盟动物检疫技术标准化也可能对国际贸易造成一定的障碍。例如，如果其标准过于严格或不合理，可能会导致其他国家的动物和动物产品难以进入欧盟市场，从而对这些国家的经济发展造成负面影响。此外，欧盟动物检疫技术标准化的实践和特点也可能增加国际贸易的成本和不确定性，使得其他国家的企业在欧盟市场上难以获得竞争优势。

四、日本

（一）动物检疫体系概述

日本动物检疫体系在动植物及食品的检疫、防疫方面具有较高的水平，同时高度重视进境动物及产品检疫工作。建立了以《家畜传染病预防法》为主的动物防疫法律法规体系，明确了动物检疫的指导原则和实施细则，即禁止进口的动物及其产地名录。在动物检疫方面应用了进口动物及产品风险分析、检疫准入、检疫监管等制度。日本动物检疫体系还包括健全的国内动物卫生体系，对动物饲养、屠宰、加工、储存和流通等环节进行全面的卫生监督和管理，以确保国内动物产品的质量和安全。日本还与国际组织和其他国家开展合作与交流，借鉴国际先进经验，不断提高自身的动物检疫水平。

（二）日本动物检疫技术标准化的实践和特点

日本动物检疫技术标准化的实践和特点主要有以下几个方面。

1. 高水平的管理机构和专业人才

日本拥有高水平的动物检疫管理机构和专业的技术人员，这些机构和人员具备丰富的动物检疫经验和技术知识，能够有效地推动动物检疫技术标准化的进程。例如，日本动物卫生研究所是该国从事动物疫病科学研究的重要机构，拥有大量的科研人员和先进的实验室设备，为该国的动物检疫工作提供了强有力的技术支持。

2. 科学完善的法律法规体系

日本在动物检疫方面建立了科学完善的法律法规体系，包括《家畜传染病预防法》《动物防疫法》《饲料安全法》等。这些法律法规明确了动物疫病的预防、控制和监测等方面的具体要求，为动物检疫技术标准化的实践提供了有力的法律保障。

3. 严格的检验检疫程序

日本在动物检疫方面实行严格的检验检疫程序，对于进口动物和动物产品，要求来自经认可的出口国，并符合日本的检验检疫要求。检验检疫程序包括疫病监测、质量检查和安全管理等方面，以确保进口动物和动物产品的质量和安全。

4. 强调国际合作与交流

日本注重与国际组织和各国进行合作与交流，积极参与国际动物卫生标准的制定和实施，并通过合作项目和信息共享等方式，引进国外先进的动物检疫技术和管理经验，不断提升自身的动物检疫水平。

5. 可持续性发展理念

日本在动物检疫技术标准化过程中注重可持续性发展理念，强调动物福利、环境保护和公共健康等方面的协调发展。例如，日本在动物疫病的预防和控制方面，不仅关注疫病的传播和流行，还注重提高动物的健康水平，促进畜牧业的可持续发展。

（三）日本动物检疫技术标准化对国际贸易的影响

日本在动物及动物产品的进口和出口方面都非常活跃。在进口方面，日本从多个国家进口大量的动物及动物产品，包括宠物食品、饲料，以及各种动物用品等。例如，日本从美国、泰国、澳大利亚等国家进口牛肉、猪肉、禽肉等肉类产品，以及羊毛、皮革制品等。此外，日本还从海外市场进口各种宠物用品，如猫粮、狗粮、宠物玩具等。这些进口产品基本上都经过了海关检验检疫，确保符合日本国内的标准和要求。在出口方面，日本主要出口一些动物及动物产品，如牛肉、猪肉、禽肉等肉类产品。此外，日本还出口一些动物饲料、宠物食品以及其他动物用品等。日本对出口产品的质量把控非常严格，通常会进行多次检验和审核，以确保产品质量符合海外市场的标准。

日本动物检疫技术标准化对国际贸易的影响主要体现在以下几个方面。

1. 促进日本农产品出口

日本动物检疫技术标准化提高了日本农产品的质量，使得其符合国际市场的标准，从而促进了日本农产品的出口。例如，对于肉类、禽蛋、奶制品等动物源性食品，日本对其生产和加工过程制定了严格的标准和法规，确保其质量和安全，使得这些产品在国际市场上得到认可和信赖。

2. 增加国际贸易的复杂性

日本动物检疫技术标准化增加了国际贸易的复杂性。不同的国家和地区有不同的动物检疫要求和标准，这些差异使得国际贸易变得更为复杂和烦琐。例如，日本对进口动物和动物产品的检验检疫要求非常严格，需要符合日本的标准和法规，这使得其他国家的企业需要投入更多的时间和资源来满足这些要求。

3. 促进国际合作与交流

日本动物检疫技术标准化促进了国际合作与交流。日本积极参与国际动物卫生标准的制定和实施，并通过合作项目和信息共享等方式，引进国外先进的动物检疫技术和管理经验，不断提升自身的动物检疫水平。这种合作与交流有利于推动全球动物卫生水平的提升。

4. 对发展中国家造成挑战

日本动物检疫技术标准化对发展中国家造成了一定的挑战。由于发展中国家在动物检疫方面的技术水平和设施设备相对落后，可能难以满足日本等发达国家的动物检疫要求。这使得发展中国家在出口动物和动物产品时面临更大的困难和挑战。

五、澳大利亚

（一）动物检疫体系概述

澳大利亚动物检疫体系是一个联邦制下的多级管理体系，包括联邦一级和各州/领地的兽医管理部门。在联邦层面，澳大利亚有一个联邦兽医管理部门，即澳大利亚兽医管理委员会（AVBC），该机构负责协调和监督全国的动物检疫和动物福利工作。AVBC 与各州/领地的兽医管理部门密切合作，共同开展动物疫病的防控和监管工作。在州/领地层面，每个州/领地都有自己的兽医管理部门，这些部门在各自的地域范围内负责执行动物检疫和动物福利政策。例如，新南威尔士州农业部负责监管新南威尔士州内的动物和动物产品，维多利亚州兽医局则负责维多利亚州的动物和动物产品。

这些兽医管理部门都受到澳大利亚农业农村及水利部的监督和指导，以确保全国范围内的动物疫病防控工作的协调和有效。

（二）澳大利亚动物检疫技术标准化的实践和特点

1. 严格的法律法规体系

澳大利亚在动物检疫方面有着严格的法律法规体系，包括《生物安全法》《动植物检疫法》《饲料安全法》等。这些法律法规对动物检疫技术标准化的各个方面进行了详细的规定，为动物检疫工作提供了有力的法律保障。

2. 科学完善的检验检疫程序

澳大利亚在动物检疫方面实行科学完善的检验检疫程序。对于进口动物和动物产品，澳大利亚要求来自经认可的出口国，并符合澳大利亚的检验检疫要求。检验检疫程序包括疫病监测、质量检查和安全管理等方面，以确保进口动物和动物产品的质量和安全。

3. 强调国际合作与交流

澳大利亚注重与国际组织和各国进行合作与交流，积极参与国际动物卫生标准的制定和实施，并通过合作项目和信息共享等方式，引进国外先进的动物检疫技术和管理经验，不断提升自身的动物检疫水平。

4. 先进的动物检疫设施和技术

澳大利亚在动物检疫方面拥有先进的设施、仪器和技术手段。这些技术和设施的运用使得澳大利亚能够在动物检疫工作中更快速、准确地检测出有害生物、疫病和残留物质，确保了动物及其产品的质量和安全。

5. 可持续性发展理念

澳大利亚在动物检疫技术标准化过程中注重可持续性发展理念，强调动物福利、环境保护和公共健康等方面的协调发展。例如，澳大利亚在动物疫病的预防和控制方面，不仅关注疫病的传播和流行，还注重提高动物的健康水平，促进畜牧业的可持续发展。

（三）澳大利亚动物检疫技术标准化对国际贸易的影响

澳大利亚是一个在动物及动物产品进口和出口贸易方面非常活跃的国家。出口方面，澳大利亚的肉类、羊毛、羊绒、皮革制品、羊毛脂等动物产品在国际市场上具有很高的声誉。

特别是羊肉，澳大利亚是全球最大的羊肉出口国，每年出口大量的羊肉到亚洲、中东和欧洲等地区。此外，澳大利亚还出口活牛、奶制品、皮毛制品等动物产品，以满足全球不同国家和地区的需求。进口方面，澳大利亚也会从其他国家进口一些动物及动物产品，例如从美国、加拿大等国家进口牛肉和羊毛等。此外，澳大利亚还从中国、日本等国家进口一些奶制品和宠物食品等产品。

澳大利亚动物检疫技术标准化实行严格、科学和完善的检验检疫程序，确保了动物及其产品的质量和安全。这使得澳大利亚的动物及其产品在国际市场上具有较高的信誉度和竞争力，从而促进了澳大利亚的农产品出口。

澳大利亚动物检疫技术标准化与国际接轨，并得到国际社会的认可和信任。这使得澳大利亚的动物及其产品更容易获得进口国的认可和信任，有利于开拓国际市场。澳大利亚动物检疫技术标准化不仅关注本国动物疫病的预防和控制，还注重国际合作与交流，积极参与国际动物卫生标准的制定和实施。这使得澳大利亚与其他国家在动物检疫技术标准和规则方面更加兼容，提高了国际贸易的便利性。

澳大利亚动物检疫技术标准化注重国际合作与交流，与其他国家和国际组织开展广泛合作，共同推动全球动物卫生水平的提升。这种合作有利于共享资源、技术和经验，提高全球动物疫病防治能力和水平。澳大利亚动物检疫技术标准化不断投入研发，推动技术创新和进步。这些创新不仅有助于提升澳大利亚本国的动物疫病防治能力，也为国际社会提供了有益的经验和参考，推动了全球动物检疫技术的发展。

六、新西兰

（一）动物检疫体系概述

新西兰动物检疫体系是一个科学、全面且颇具特色的系统。其特点主要体现在以下几个方面。

1. 有一个明确的法律框架来支持其动物检疫工作

《生物安全法》是新西兰动物检疫的指导性法律，该法律对有害生物和有害生物体进行禁入限制、根除和实施有效管理。此外，还有一系列法规和标准对动物及其产品的检验、隔离场所的管理、动物福利以及应对外来动物疫病等方面进行了详细的规定。

2. 动物检疫工作由多个部门协同完成

新西兰农林部生物安全局负责制定动物和动物产品的进境卫生标准和临时隔离场所标准等。此外，新西兰食品安全局（NZFSA）负责实施动物产品标准，并建立了活动物和动物种质出口标准。在应对外来动物疫病方面，新西兰农林部与各级应对中心、生产加工企业等有关部门有明确的职责分工，形成了快速、有效的联防联控网络。

3. 动物检疫体系注重国际合作与交流

新西兰积极参与国际动物卫生标准的制定和实施，通过共享信息、交流经验和技术，与其他国家共同提高动物检疫水平。

（二）新西兰动物检疫技术标准化的实践和特点

新西兰动物检疫技术标准化的实践有健全的法律法规作为保障。新西兰政府制定了相关法律法规，对动物检疫技术标准化的各个方面进行了详细的规定，如《动物保护法》《动物和动物产品法规》等。这些法律法规为动物检疫工作提供了有力的法律保障。

新西兰在动物检疫技术方面注重创新和研发，引进和发展了先进的检验检疫技术，包括分子生物学检测技术、免疫学检测技术等。这些技术的应用提高了动物检疫的准确性和可靠性，有效预防了动物疫病的传入和传播。新西兰动物检疫队伍由高素质的检疫人员组成，他们接受过专业的培训和教育，具备扎实的专业知识和技能。这些检疫人员通过细致、高效的工作，确保了动物检疫技术标准化的有效实施。

新西兰动物检疫体系具有高效的监管机制。新西兰政府设立了专门的监管机构，对动物检疫工作进行监督和管理。这些监管机构通过定期检查、抽查等方式，对动物检疫工作进行评估和监督，确保动物检疫技术标准化的落实。新西兰在动物检疫技术标准化方面积极参与国际合作与交流。新西兰与多个国家签署了动物检疫合作协议，通过共享信息、交流经验和技术，共同提高动物检疫水平。同时，新西兰积极参加国际动物卫生组织的活动和技术合作项目，为推动全球动物检疫技术的发展作出了贡献。

（三）新西兰动物检疫技术标准化对国际贸易的影响

新西兰是世界上最大的羊肉出口国之一和第四大牛肉出口国，同时也是奶制品的重要出口国。这些产品主要出口到亚洲、欧洲和北美等地区。对于新西兰来说，中国是一个重要的出口市场。中国每年从新西兰进口大量的羊肉和牛肉，同时新西兰也是中国最大的羊肉进口来源国。此外，新西兰还向中国出口一些奶制品和宠物产品，例如宠物食品和新西兰特有的滋补品，如海藻、鹿鞭、鳕鱼肝油等。

新西兰动物检疫技术标准化实行科学、规范和系统的检验检疫程序，确保了动物及其产品的质量和安全。这使得新西兰的动物及其产品在国际市场上具有较高的信誉度和竞争力，从而促进了新西兰农产品的出口。新西兰动物检疫技术标准化与国际接轨，并得到国际社会的认可和信任。这使得新西兰的动物及其产品更容易获得进口国的认可和信任，有利于开拓国际市场。新西兰动物检疫技术标准化不仅关注本国动物疫病的预防和控制，还注重国际合作与交流，积极参与国际动物卫生标准的制定和实施。这使得新西兰与其他国家在动物检疫技术标准和规则方面更加兼容，提高了国际贸易的便利性。

新西兰动物检疫技术标准化注重国际合作与交流，与其他国家和国际组织开展广泛合作，共同推动全球动物卫生水平的提升。这种合作有利于共享资源、技术和经验，提高全球动物疫病防治能力和水平。新西兰动物检疫技术标准化不断投入研发，推动技术创新和进步。这些创新不仅有助于提升新西兰本国的动物疫病防治能力，也为国际社会提供了有益的经验和参考，推动了全球动物检疫技术的发展。

七、新加坡

（一）动物检疫体系概述

新加坡动物检疫体系是一个多级管理系统，由多个机构和部门组成，涉及新加坡农粮局、新加坡兽医管理局以及进口和出口商等。农粮局是负责制定和执行动物检疫政策的机构之一，其职责包括对动物及其产品的进口和出口进行审批和监管，确保符合新加坡动物检疫标准和规定。此外，还负责提供动物检疫技术咨询和培训，以及监督和管理动物检疫服务机构。

兽医管理局是新加坡另一个负责动物检疫的机构，主要职责包括对进口宠物进行审批和监管，以及对宠物和野生动物疫病的预防和控制。兽医管理局通过与农粮局密切合作，确保动物及其产品的质量和安全，以及防范动物疫病的传入和传播。进口和出口商在新加坡动物检疫体系中也扮演着重要角色。根据规定，进口和出口动物及其产品需要向兽医管理局申请许可证。进口商需要向兽医管理局提供有关进口动物的证明文件、疫苗接种证明、兽医健康证明等材料，并在进口前向兽医管理局申请进口许可证。出口商需要向兽医管理局申请出口许可证，并提供有关出口动物及其产品的证明文件和检验检疫文件。

（二）新加坡动物检疫技术标准化的实践和特点

1. 完善的法律法规体系

新加坡动物检疫技术标准化的实践有健全的法律法规作为保障。新加坡政府制定了相关法律法规，对动物检疫技术标准化的各个方面进行了详细的规定，如《动物和动物产品法令》《进口动物、鸟类和爬行动物法令》等。这些法律法规为动物检疫工作提供了有力的法律保障。

2. 先进的检验检疫技术

新加坡在动物检疫技术方面注重创新和研发，引进和发展了先进的检验检疫技术，包括分子生物学检测技术、免疫学检测技术等。这些技术的应用提高了动物检疫的准确性和可靠性，有效预防了动物疫病的传入和传播。

3. 高素质的检疫人员

新加坡动物检疫队伍由高素质的检疫人员组成，他们接受过专业的培训和教育，具备扎实的专业知识和技能。这些检疫人员通过细致、高效的工作，确保了动物检疫技术标准化的有效实施。

4. 高效的监管机制

新加坡动物检疫体系具有高效的监管机制。新加坡政府设立了专门的监管机构，对动物检疫工作进行监督和管理。这些监管机构通过定期检查、抽查等方式，对动物检疫工作进行评估和监督，确保动物检疫技术标准化的落实。

5. 国际合作与交流

新加坡在动物检疫技术标准化方面积极参与国际合作与交流。新加坡与多个国家签署了动物检疫合作协议，通过共享信息、交流经验和技术，共同提高动物检疫水平。同时，新加坡积极参加国际动物卫生组织的活动和技术合作项目，为推动全球动物检疫技术的发展作出了贡献。

（三）新加坡动物检疫技术标准化对国际贸易的影响

新加坡是一个城市国家，作为亚洲的一个富裕和高度发达的经济体，是一个主要的国际贸易中心之一，其动物及动物产品进口和出口贸易量可能受到其他国家和地区的影响。例如，新加坡可能会从美国、澳大利亚、新西兰等国家进口高质量的肉类和乳制品，同时也可能会向这些国家出口其本国的动物及动物产品。

新加坡动物检疫技术标准化实行科学、规范和系统的检验检疫程序，确保了动物及其产品的质量和安全。这使得新加坡的动物及其产品在国际市场上具有较高的信誉度和竞争力，从而促进了新加坡农产品的出口。新加坡动物检疫技术标准化与国际接轨，并得到国际社会的认可和信任。这使得新加坡的动物及其产品更容易获得进口国的认可和信任，有利于开拓国际市场。

新加坡动物检疫技术标准化不仅关注本国动物疫病的预防和控制，还注重国际合作与交流，积极参与国际动物卫生标准的制定和实施。这使得新加坡与其他国家在动物检疫技术标准和规则方面更加兼容，提高了国际贸易的便利性。新加坡动物检疫技术标准化注重国际合作与交流，与其他国家和国际组织开展广泛合作，共同推动全球动物卫生水平的提升。这种合作有利于共享资源、技术和经验，提高全球动物疫病防治能力和水平。

新加坡动物检疫技术标准化不断投入研发，推动技术创新和进步。这些创新不仅有助于提升新加坡本国的动物疫病防治能力，也为国际社会提供了有益的经验和参考，推动了全球动物检疫技术的发展。

八、印度

（一）动物检疫体系概述

印度动物检疫体系由中央到地方层层递进，从政策制定、技术支持到基层服务环环相扣。通过实施严格的动物检疫措施，印度能够有效地控制动物疫病的传播和流行，保障动物及其产品的质量和安全，维护公共健康和社会稳定。印度设立了中央动物检疫局（CBSE），主要负责制定动物检疫政策、标准、程序和方法，并监督其实施。中央动物检疫局下设多个分支机构，包括国家动物检疫实验室、动物检疫培训学院等，负责全国范围内的动物检疫技术指导和人员培训等工作。印度各邦设立了动物检疫机构，负责本地区的动物检疫工作。这些机构接受中央动物检疫局的指导和监督，执行中央动物检疫局制定的政策和标准。印度各县乡一级政府设立了动物检疫站或兽医机构，负责本地区的动物疫病监测、预防和控制工作。这些机构直接面对基层养殖户和经营者，提供技术支持和咨询服务。印度建立了国家动物检疫实验室网络，覆盖中央、地区和县乡各级动物检疫机构。这些实验室负责动物疫病的诊断、监测和科研工作，为动物检疫工作提供科学依据。

（二）印度动物检疫技术标准化的实践和特点

1. 法律法规和政策

印度通过制定相关法律法规和政策来实现动物检疫技术标准化。例如，印度通过实施《动物检疫法》和《家畜公共卫生法》等法律法规，确保动物及其产品的质量和安全。此外，印度还制定了一系列政策和措施来支持动物检疫技术的发展，如《动物疫病控制计划》等。

2. 机构和人才

印度设立了多个动物检疫相关机构，包括中央动物检疫局、动物检疫委员会等。这些机构拥有大量的专业人才和先进的设备，能够有效地进行动物检疫技术标准化的实践和研究。此外，印度还设立了多个兽医科学研究所，为动物检疫工作提供技术支持。

3. 技术创新和合作

印度重视动物检疫技术的创新和合作。在技术创新方面，印度积极投入研发，开展动物检疫技术研究和试验，取得了一系列创新成果。在合作方面，印度与多个国家签署了动物检疫合作协议，开展技术交流和人员互访，吸收国际先进经验和技术。

4. 与国际贸易结合

印度动物检疫技术标准化也与国际贸易紧密结合。印度通过实施严格的动物检疫措施，提高本国动物及其产品的质量和安全水平，增强其在国际市场上的竞争力。同时，印度也积极推动动物检疫领域的国际合作，为促进国际贸易的发展作出贡献。

5. 社会宣传和教育

印度重视动物检疫的社会宣传和教育。通过开展宣传活动、举办讲座、发行出版物等方式，提高公众对动物检疫重要性的认识，增强社会参与动物检疫的意识和能力。

（三）印度动物检疫技术标准化对国际贸易的影响

印度动物及动物产品国际贸易种类繁多，牛肉、珍珠等产品在国际市场上占有重要地位。印度是世界上最大的牛肉出口国，其出口的牛肉主要来自水牛。水牛肉比普通牛肉更耐嚼、更便宜，常常出现在亚洲人和中东人的餐桌上。因为这些地区的财富不断增加，刺激了对动物蛋白的需求。据美国农业部的数据，印度去年获得创纪录的出口收入，尽管增长率正在放缓。印度动物检疫技术标准化对国际贸易有重要影响，主要表现如下。

1. 增加贸易壁垒

印度动物检疫技术标准化对进口动物和动物产品要求较高，包括严格的检验检疫程序、特定的标准和认证制度等。这些要求可能增加进口动物和动物产品进入印度的难度，从而形成贸易壁垒。这些壁垒可能阻碍其他国家的企业在印度市场上获得竞争力，限制了国际贸易的发展。

2. 影响出口市场拓展

印度动物检疫技术标准化不仅关注国内动物疫病的预防和控制，还积极参与国际动物卫生标准的制定和实施。然而，由于不同国家和地区的动物检疫要求和标准存在差异，印度可能与其他国家在动物检疫技术标准和规则方面存在不兼容的情况。这可能导致印度出口的动物和动物产品难以符合其他国家的标准，从而限制了印度企业在国际市场的拓展。

3. 促进国际合作与交流

尽管印度动物检疫技术标准化可能增加国际贸易的复杂性，但它也促进了国际合作与交流。印度积极参与国际动物卫生组织（WOAH）等国际组织和合作框架下的活动，与其他国家共享动物疫病信息和经验，推动全球动物卫生水平的提升。这种合作有助于提高印度在全球动物疫病防治领域的地位和影响力。

4. 技术创新与提升

印度动物检疫技术标准化的实践和特点推动了动物检疫技术的创新和发展。印度在动物疫病诊断、监测和预防方面进行了大量的研究和技术投入，取得了一系列创新成果。这些技术创新不仅有助于提升印度本国的动物疫病防治能力，也为国际社会提供了有益的经验和参考。

九、俄罗斯

（一）动物检疫体系概述

俄罗斯的动物检疫体系在保护国家动植物健康和确保农产品质量安全方面发挥着至关重

要的作用。俄罗斯的动物检疫体系由多个联邦级机构和地方级机构组成。其中，联邦级机构主要包括俄罗斯联邦动植物检疫局和俄罗斯农业部下属的国家兽医局。地方级机构包括各地方兽医局和动物卫生监督机构，它们负责执行联邦级机构制定的政策，对动物及其产品的进口、出口和国内流通进行检疫和监督。俄罗斯动物检疫体系的主要职责是保护国家动植物健康和确保农产品质量安全。具体来说，这个体系负责制定动物防疫政策、法规和标准，并监督其实施；对动物及其产品的进口、出口进行检疫和监管，防止疫病的传入和扩散；对国内动物及其产品的生产、流通和销售进行监督，确保农产品质量安全。

俄罗斯动物检疫体系有一系列的法规和政策来规范动物检疫工作。其中，最具代表性的是《动物防疫法》和《养殖业健康管理规定》。这些法规和政策对动物检疫的各个环节进行了详细的规定，包括动物进出境检疫、疫病监测和控制、养殖场建设和运营等方面。为了确保动物检疫工作的有效实施，俄罗斯动物检疫体系设有专门的监督和执法机构。这些机构负责对动物检疫工作进行监督和管理，对违反相关法规和政策的行为进行处罚，以维护动物检疫工作的权威性和严肃性。

（二）俄罗斯动物检疫技术标准化的实践和特点

（1）俄罗斯有完善的动物检疫法律法规体系　其中包括了《动物防疫法》《动物检疫规程》《家禽疫苗接种技术规范》《畜禽传染病监测手册》等法律法规。这些法律法规对动物检疫技术标准化的各个方面进行了详细的规定，为动物检疫工作提供了有力的法律保障。

（2）俄罗斯动物检疫技术标准化的特点是严格而具体　所有动物及其制品的进口和出口都必须符合俄罗斯的动物防疫要求，否则会被拒绝进口或出口。在检疫流程中，从申请动物检疫到销毁处理，每一个环节都有具体的规定和操作要求。

在实施具体的检疫环节中，俄罗斯的动物检疫技术标准化还注重现场检查和实验室检测的结合。例如，在现场检查环节，会注意动物的健康状况，进行动物制品和药品变态反应监测等。在检测及检验环节，一般需要进行病原体检测、理化指标检测等项目。

（3）对于检验报告的审批也是俄罗斯动物检疫技术标准化实践中的一个重要环节。只有经过检验报告审批后，动物才能被放行，否则需要进行销毁处理。

（三）俄罗斯动物检疫技术标准化对国际贸易的影响

俄罗斯的动物及动物产品进口与出口贸易目前呈现出多样化的趋势，俄罗斯在 2022 年增加了肉类产品的出口量，总体增长了 13%。全球有超过 90 个国家从俄罗斯进口肉类、乳制品、蛋和鱼类食品、饮料、非食品产品、活体动物等。以中国为例，2021 年 1 月 1 日至 12 月 5 日，俄罗斯向中国出口了价值 10.2 亿美元的各种肉类，占俄罗斯所有肉类出口的 1/3 以上。其中，禽肉出口额为 2.3 亿美元，牛肉出口额为 1.31 亿美元。

俄罗斯动物检疫技术标准化对国际贸易有着重要的影响。俄罗斯动物检疫技术标准化可以确保国际贸易中动物产品的质量和安全，防止动物疾病和有害物质对人类健康和环境造成危害。俄罗斯动物检疫技术标准化可以提高国际贸易的效率和便利性。标准化的检疫程序和检测方法可以减少贸易过程中的不确定性和风险，提高贸易的效率和便利性。此外，俄罗斯动物检疫技术标准化还可以促进国际贸易的竞争和合作，标准化的检疫程序和检测方法可以促进各国之间的技术交流和合作，提高各国在国际贸易中的竞争力。

主 要 参 考 文 献

李伟，黄彬，2019. 分子诊断学 [M]. 北京：中国医药科技出版社.

梁成珠，雷质文，2017. 动物检疫实验室质量管理手册 [M]. 北京：中国质检出版社，中国标准出版社.

刘来福，2010. 病原微生物实验室生物安全管理和操作指南 [M]. 北京：中国标准出版社.

柳增善，任洪林，张守印，2012. 动物检疫检验学 [M]. 北京：科学出版社.

汤锦如，彭大新，2019. 动物检疫技术指南 [M]. 北京：中国农业出版社.